美丽中国建设评估指标

山东省水土保持率现状调查与实施目标

邢先双　衣学军　董明明　主编

化学工业出版社
·北京·

内容简介

《美丽中国建设评估指标——山东省水土保持率现状调查与实施目标》围绕“水土保持率”这一研究内容，以山东省水土保持率研究为例，探索山东省水土流失面积减少、水土流失强度降低和水土保持功能提升的多维度合理阈值。全书内容共分为四章，从以下几个方面论述：背景与任务，研究区域与方法，山东省水土保持率研究，县（市、区）水土保持率研究。书中对研究方法，各县（市、区）水土保持率均做了详细阐述。

本书可供水土保持管理人员及科研人员参考使用，也可供水土保持相关专业本科生、研究生学习参考。

图书在版编目（CIP）数据

美丽中国建设评估指标：山东省水土保持率现状调查与实施目标/邢先双，衣学军，董明明主编. .—北京：化学工业出版社，2022.9

ISBN 978-7-122-41972-9

Ⅰ.①美… Ⅱ.①邢…②衣…③董… Ⅲ.①水土保持-调查研究-山东 Ⅳ.①S157

中国版本图书馆 CIP 数据核字（2022）第 143864 号

责任编辑：刘丽菲　　装帧设计：张　辉

责任校对：宋　夏

出版发行：化学工业出版社（北京市东城区青年湖南街 13 号　邮政编码 100011）

印　　装：北京科印技术咨询服务有限公司数码印刷分部

710mm×1000mm　1/16　印张 14　字数 245 千字　2022 年 9 月北京第 1 版第 1 次印刷

购书咨询：010-64518888　　售后服务：010-64518899

网　　址：http：//www.cip.com.cn

凡购买本书，如有缺损质量问题，本社销售中心负责调换。

定　　价：88.00 元

前言

生态文明建设功在当代、利在千秋。生态文明建设对水土保持工作定位和目标提出了新要求。2019 年 7 月，水利部启动“新时代水土保持目标与对策研究”课题。2019 年 10 月，水利部召开全国江河流域水资源管理现场会，首次提出“水土保持率”概念，水土保持率重点回答“全国及不同区域水土流失面积降低到什么比例、强度下降到什么程度，水土流失状况就实现了根本好转，才能满足生态文明和美丽中国建设的总体要求和人民群众对美好生活的需要”等问题，以期为水土保持宏观决策与监管提供支撑。水土保持率已被纳入美丽中国建设评估指标体系和《黄河流域生态保护和高质量发展规划纲要》，下一阶段要全面发挥水土保持率对各地的目标引领作用，还需要在复核确认各区域和各省份阈值（远期目标值）结果的基础上，从空间上进一步分级到各市县，并纳入各级政府和水行政主管部门的相关规划，以便逐级明确任务、分区施策。本书以山东省水土保持率研究为例，探索山东省水土流失面积减少、水土流失强度降低和水土保持功能提升的多维度合理阈值，逐步形成“减量-降级-增效”的水土保持综合目标体系，为山东省生态文明建设提供可靠的科技支撑。

本书共分为四章，内容包括：背景与任务，研究区域与方法，山东省水土保持率研究，县（市、区）水土保持率研究。本书可供水土保持管理人员及科研人员参考使用，也可供水土保持相关专业本科生、研究生学习参考。

山东省水文中心、南京林业大学、山东农业大学合作完成山东省水土保持率研究工作。本书由山东省水文中心邢先双、衣学军、董明明主编，南京林业大学及山东农业大学部分老师参与编写。邢先双编写了本书的第 1、2、3 章；衣学军编写了第 4 章的前半部分，董明明编写了第 4 章的后半部分。全书由邢先双完成统稿。部分图片未在书中展示，可发邮件至 shuitubaochilv@163.com 获取。

由于编者水平有限，书中难免存在不足之处，诚恳地希望读者给予批评指正。

编者

2022 年 5 月

目录

4　县(市、区)水土保持率研究

1 背景与任务

1.1 水土保持率的概念

为深入践行习近平生态文明思想，按照习近平总书记“努力打造青山常在、绿水长流、空气常新的美丽中国”的重要指示精神，按照体现通用性、阶段性、不同区域特性的要求，聚焦生态环境良好、人居环境整洁等方面，构建评估指标体系，结合实际分阶段提出全国及各地区预期目标，由第三方机构开展美丽中国建设进程评估，引导各地区加快推进美丽中国建设。

建设生态文明，关系人民福祉，关乎民族未来。要清醒认识保护生态环境、治理环境污染的紧迫性和艰巨性，清醒认识加强生态文明建设的重要性和必要性，以对人民群众、对子孙后代高度负责的态度和责任，真正下决心把环境污染治理好、把生态环境建设好。

十九大报告中指出，人与自然是生命共同体，人类必须尊重自然、顺应自然、保护自然。我们要建设的现代化是人与自然和谐共生的现代化，既要创造更多物质财富和精神财富以满足人民日益增长的美好生活需要，也要提供更多优质生态产品以满足人民日益增长的优美生态环境需要。必须坚持节约优先、保护优先、自然恢复为主的方针，形成节约资源和保护环境的空间格局、产业结构、生产方式、生活方式，还自然以宁静、和谐、美丽。生态文明建设功在当代、利在千秋。我们要牢固树立社会主义生态文明观，推动形成人与自然和谐发展现代化建设新格局，为保护生态环境作出我们这代人的努力！

生态文明建设对新时代水土保持工作定位和目标提出了新要求。2019 年 7 月，水利部启动“新时代水土保持目标与对策研究”课题。2019 年 10 月，水利部在东营召开的全国江河流域水资源管理现场会上首次提出“水土保持率”概念，要求重点回答“全国及不同区域水土流失面积降低到什么比例、强度下降到什么程度，水土流失状况就实现了根本好转，才能满足生态文明和美丽中国建设的总体要求和人民群众对美好生活的需要”等问题，以期为新时期水土保持宏观决策与监管提供支撑。2020 年 3 月，国家发展改革委员会印发的《美丽中国建设评估指标体系及实施方案》，将水土保持率纳入美丽中国建设的 22 项评估指标之一。水土保持率是指区域内水土保持状况良好的面积（非水土流失面积）占国土面积的比例，是反映水土保持总体状况的宏观管理指标，是水土流失预防治理成效和自然禀赋水土保持功能在空间尺度的综合体现。

2021 年 2 月水利部下达了《水利部水土保持司关于开展水土保持率远期目标值复核工作的通知》（水保规划便字［2021］1 号），山东省水利厅启动水土保持率远期目标值（2050 年）的研究工作，组织研究并撰写山东省水土保持率远期目标值研究专题报告，并开展成果咨询及论证等工作。为进一步落实全省生态文明建设目标评价考核和水土保持目标责任考核等要求，在全省水土保持率确定的基础上，亟须研究不同地区、不同阶段水土保持率目标值及工作重点。本研究以县（市、区）为单元，在研究分析其水土流失状况、自然地理条件、经济社会发展水平和趋势的基础上，确定各县（市、区）2025 年和 2050 年水土保持率目标值，以强化水土流失宏观防治对策，为新时代水土保持工作提供科技支撑。

1.2 水土保持率根本任务

根据水土保持工作面临的形势和要求，研究“水土保持率”的根本任务就是要回答水土流失预防和治理到什么程度才算“行”与“好”这一重大问题。因此，这一概念的核心内涵是：符合自然规律并满足经济社会发展要求下，水土流失预防和治理应当达到的程度。具体而言，既涵盖面向广义水土保持的区域空间层面上，通过预防和治理，水土流失面积减少和强度降低应当达到的程度，也涵盖面向狭义水土保持的具体工作层面上，为实现水土流失面积减少和强度降低，各项预防和治理措施应当达到的程度，两个方面相互关联、彼此依存。其中：区域空间上水土流失面积减少、强度降低的目标，是工作层面上各项措施成效的综合体现；工作层面上各项措施应当达到的程度，要结合水土流失面积减少、强度降低目标确定，是其实现的前提和保障。

（1）根据《水利部水土保持司关于开展水土保持率远期目标值复核工作的通知》（水保规划便字［2021］1 号）附件《水土保持率确定方法指南》，在分析全省水土流失现状及特征的基础上，结合山东省区域实际，研究提出山东省水土保持率研判规则，确定 2025 年和 2050 年水土保持率目标值。

（2）基于山东省水土保持率研判规则、各阶段水土保持率目标值，以水土保持三级区为控制单元，提出三级区水土保持率研判规则；以县（市、区）为基本单位，在分析县域单元水土流失特征的基础上，结合县域实际，研究县域 2025 年和 2050 年水土保持率目标值。

2 研究区域与方法

2.1 工作依据

水土保持率已被纳入美丽中国建设评估指标体系和《黄河流域生态保护和高质量发展规划纲要》，要全面发挥水土保持率对各地的目标引领作用，还需要在复核确认各区域和各省份阈值（远期目标值）结果的基础上，从空间上进一步分级到各市县，并纳入各级政府和水行政主管部门的相关规划，以便逐级明确任务、分区施策。此外，按照水土保持率的内涵要义，未来还应不断探索全国和不同区域水土流失面积减少、水土流失强度降低和水土保持功能提升的多维度合理阈值，逐步形成“减量-降级-增效”的水土保持综合目标体系，为生态文明建设提供可靠的科技支撑。主要依据如下：

（1）《水利部水土保持司关于开展水土保持率远期目标值复核工作的通知》（水保规划便字［2021］1号）。

（2）《山东省人民政府关于全省水土保持规划（2016—2030年）的批复》（鲁政字［2016］270号）。

（3）山东省水土流失动态监测成果数据（2018—2020年）。

（4）《土壤侵蚀强度分类分级标准》（SL 190—2007）。

2.2 研究区域概况

山东省位于中国东部沿海、黄河下游，北纬34°22.9′～38°24.01′、东经114°47.5′～122°42.3′之间。境域包括半岛和内陆两部分，山东半岛伸入渤海、黄海之中，同辽东半岛遥相对峙；内陆部分自北而南与河北、河南、安徽、江苏4省接壤。全境南北最长420多公里，东西最宽700多公里，总面积15.79万平方公里，占全国总面积的1.64%，辖16个地级市。截至2021年9月，全省辖58个市辖区、26个县级市、52个县，合计136个县级区划。

境内中部山地突起，西南、西北低洼平坦，东部缓丘起伏，形成以山地丘陵为骨架、平原盆地交错环列其间的地形大势。泰山雄踞中部，主峰海拔1532.7m，为全省最高点。黄河三角洲海拔2～10m，为全省陆地最低处。境内地貌复杂，大体可分为中山、低山、丘陵、台地、盆地、山前平原、黄河冲积扇、黄河平原、黄河三角洲等9个基本地貌类型。山地占全省总面积的

15.5%，丘陵占13.2%，平原占55%，洼地占4.1%，湖沼平原占4.4%，其他占7.8%。

境内主要山脉，集中分布在鲁中南山丘区和胶东丘陵区。属鲁中南山丘区者，主要由片麻岩、花岗片麻岩组成；属胶东丘陵区者，由花岗岩组成。绝对高度在700m以上、面积150km^{2}以上的有泰山、蒙山、崂山、鲁山、沂山、徂徕山、昆嵛山、九顶山、艾山、牙山、大泽山等。

山东水系比较发达，自然河流的平均密度每平方公里在0.7km以上。干流长10km以上的河流有1500多条，其中在山东入海的有300多条。这些河流分属于淮河流域、黄河流域、海河流域、小清河流域和胶东水系，较重要的有黄河、徒骇河、马颊河、沂河、沭河、大汶河、小清河、胶莱河、潍河、大沽河、五龙河、大沽夹河、泗河、万福河、洙赵新河等。湖泊集中分布在鲁中南山丘区与鲁西南平原之间的鲁西湖带。以济宁为中心，分为两大湖群，以南为南四湖，以北为北五湖。南四湖包括微山湖、昭阳湖、独山湖、南阳湖，四湖相连，南北长122.6km，东西宽5～22.8km，总面积1266km^2，为全国十大淡水湖之一。南四湖容纳鲁、苏、豫、皖4省8地区的汇水，入湖河流40多条，流域面积3.17万平方公里，加之京杭大运河穿湖而过，兼有航运、灌溉、防洪、排涝、养殖之利。北五湖自北而南为东平湖、马踏湖、南旺湖、蜀山湖、马场湖，其中以东平湖最大，湖区总面积627km^2，蓄水总量40亿立方米。此外，还有麻大湖、白云湖、青沙湖等。

山东半岛三面环海，大陆海岸线北自无棣县的大口河河口，南至日照市的绣针河口，全长3345km，占全国大陆海岸线的1/6。沿海滩涂面积约3000km^2，15m等深线以内水域面积约13300km^2，两项共约16300km^2，为全省陆地面积的10.4%，开发利用海洋资源大有可为。全省海洋面积15.95万平方公里，近海海域中，有天然港湾20余处，共有海岛589个，海岛总面积约101.79km^2，海岛岸线长572.78km。

根据山东省第三次国土调查主要数据公报，全省现有耕地6461867.80hm^2（9692.80万亩）。其中，水田94817.22hm^2（142.22万亩），占1.47%；水浇地4674244.76hm^2（7011.37万亩），占72.33%；旱地1692805.82hm^2（2539.21万亩），占26.20%。菏泽、潍坊、德州、临沂4市耕地面积较大，占全省耕地的41.81%。位于2°以下坡度（含2°）的耕地5332462.69hm^2（7998.69万亩），占全省耕地的82.52%；位于2°～6°坡度（含6°）的耕地665678.45hm^2

(998.52万亩)，占10.30%；位于6°～15°坡度（含15°）的耕地420391.79hm^2(630.59万亩)，占6.51%；位于15°～25°坡度（含25°）的耕地41826.60hm^2(62.74万亩)，占0.65%；位于25°以上坡度的耕地1508.27hm^2（2.26万亩)，占0.02%。

园地1262370.81hm^2（1893.56万亩)。其中，果园1129075.57hm^2（1693.62万亩)，占89.44%；茶园13001.74hm^2（19.50万亩)，占1.03%；其他园地120293.50hm^2（180.44万亩)，占9.53%。园地主要分布在烟台、临沂、济南3市，占全省园地的52.64%。

林地2605345.40hm^2（3908.02万亩)。其中，乔木林地1339482.61hm^2(2009.22万亩)，占51.41%；竹林地566.11hm^2（0.85万亩)，占0.02%；灌木林地66951.56hm^2（100.43万亩)，占2.57%；其他林地1198345.12hm^2(1797.52万亩)，占46.00%。临沂、烟台、潍坊、济南4市林地面积较大，占全省林地的43.92%。

草地235220.85hm^2（352.83万亩)。草地主要分布在东营、烟台、潍坊、济南4市，占全省草地的56.73%，全部为其他草地。

湿地246243.56hm^2（369.37万亩)。湿地是“三调”新增的一级地类，包括7个二级地类。其中，沿海滩涂200392.11hm^2（300.59万亩)，占81.38%；内陆滩涂45792.70hm^2（68.69万亩)，占18.60%；沼泽地58.75hm^2（0.09万亩)，占0.02%；山东省无红树林地、森林沼泽、灌丛沼泽、沼泽草地。湿地主要分布在东营、潍坊、青岛、滨州、烟台、威海6市，占全省湿地的96.40%。

城镇村及工矿用地2806478.74hm^2（4209.72万亩)。其中，城市用地505194.75hm^2（757.79万亩)，占18.00%；建制镇用地392000.04hm^2（588.00万亩)，占13.97%；村庄用地1594040.24hm^2（2391.06万亩)，占56.80%；采矿用地273305.50hm^2（409.96万亩)，占9.74%；风景名胜及特殊用地41938.21hm^2（62.91万亩)，占1.49%。

交通运输用地446405.05hm^2（669.61万亩)。其中，铁路用地29915.39hm^2(44.87万亩)，占6.70%；轨道交通用地748.01hm^2（1.12万亩)，占0.17%；公路用地221153.90hm^2（331.73万亩)，占49.54%；农村道路177752.16hm^2(266.63万亩)，占39.82%；机场用地4965.40hm^2（7.45万亩)，占1.11%；港口码头用地11674.45hm^2（17.51万亩)，占2.62%；管道运输用地195.74hm^2

(0.30万亩)，占0.04%。

水域及水利设施用地1325355.23hm^2（1988.03万亩）。其中，河流水面262807.76hm^2（394.21万亩），占19.83%；湖泊水面119758.46hm^2（179.64万亩），占9.04%；水库水面154931.36hm^2（232.40万亩），占11.69%；坑塘水面350657.53hm^2（525.98万亩），占26.46%；沟渠348491.19hm^2（522.74万亩），占26.29%；水工建筑用地88708.93hm^2（133.06万亩），占6.69%。东营、济宁、潍坊、滨州4市水域及水利设施用地面积较大，占全省水域及水利设施用地的45.68%。

山东已发现矿产资源147种，占全国173种的84.97%；查明资源储量的有85种，占全国162种的52.46%。全省查明资源储量的矿产地2791处（含共伴生矿产地数566处）。

据2016年底全国保有资源总量统计，山东矿产资源列全国前10位的有74种，以非金属矿产居多（价值偏低）。其中，列全国第1位的有金、铪、自然硫等8种；列全国第2位的有菱镁矿、钛（钛铁矿）、玉石等10种；列第3位的有锆、片云母、化工用白云岩等12种；列第4位的有钍、铁、钛（金红石）等9种；列第5位的有石油、石墨（晶质石墨）、建筑用辉绿岩等4种；列第6位的有宝石、水泥用大理岩、石墨（隐晶质石墨）等7种；列第7位的有铝土矿、红柱石、冶金用白云岩等8种；列第8位的有镓、方解石、泥灰岩等7种；列第9位的有重晶石、银（伴生银）、玻璃用白云岩等5种；列第10位的有饰面用辉绿岩、钴、玻璃用砂等4种。

山东金矿主要分布在省域东北部的胶西北地区；铁矿分布较广，济南、淄博、莱芜、临沂、泰安、济宁、枣庄、潍坊、青岛、烟台、威海和日照等市均有分布；煤矿主要分布在济宁、菏泽、泰安、枣庄、济南等市；非金属矿产以鲁中、鲁南和胶东半岛居多。

地热资源作为清洁能源，在鲁西北地区层状分布，在其余地区呈点带状赋存，在全国占有相当比例。

山东矿产资源开采强度大，部分矿种保有程度不高。近几年胶北地区“焦家式”金矿部分矿区深部、纱岭矿区、三山岛北部海域矿区发现新矿体，－1200～－1500m煤炭资源预测评价，近海油田的发现，兖州翟村矿区、兰陵矿区、西沟矿区发现铁矿层等表明，山东省金、铁、煤、石油等重要矿产的后备资源依然存在良好的资源远景。

2.3 研究方法

2.3.1 水土流失面积与非水土流失面积

水土流失面积、非水土流失面积可依据年度水土流失动态监测成果获得。

(1) 水土流失面积

指区域内土壤侵蚀强度为轻度及以上的国土面积。土壤侵蚀强度分级统一参照《土壤侵蚀强度分类分级标准》(SL 190—2007)。

(2) 非水土流失面积

指区域内土壤侵蚀强度为轻度以下的国土面积。

2.3.2 水土保持率与水土保持率远期目标

(1) 水土保持率

指区域内水土保持状况良好的面积（非水土流失面积）占国土面积的比例，是反映水土保持总体状况的宏观管理指标，是水土流失预防治理成效和自然禀赋水土保持功能在空间尺度的综合体现。

水土保持率现状值＝(区域内土壤侵蚀强度轻度以下的现状国土面积÷区域国土面积)×100％。

(2) 水土保持率远期目标

指通过水土流失预防和治理，区域内水土保持状况良好的面积（非水土流失面积）占国土面积比例的上限；反映的是符合自然规律并满足经济社会发展要求，水土流失预防和治理应当达到的程度；远期目标年为2050年。

水土保持率远期目标值＝(区域内土壤侵蚀强度轻度以下的国土面积上限÷区域国土面积)×100％。

2.3.3 不需治理的水土流失面积与应当治理的水土流失面积

区域内不需治理的水土流失面积与应当治理的水土流失面积之和，应等于现存水土流失总面积。即确定了不需治理的水土流失面积后，其余现存水土流失面积均视为应当治理。

(1) 不需治理的水土流失面积

指区域内对生产、生活、生态无不利影响或影响较小，无需进行专门治理且难以自然恢复消除的水土流失面积。

(2) 应当治理的水土流失面积

指区域内对生产、生活、生态存在不利影响，需要实施针对性预防、治理措施的水土流失面积。应当治理的水土流失中又分为不可完全治理的和可以完全治理的水土流失。

2.3.4 不可完全治理的水土流失面积与可以完全治理的水土流失面积

(1) 不可完全治理的水土流失面积

指应当治理的水土流失中，受自然、经济、技术水平等限制，治理后不能将土壤侵蚀强度完全控制在轻度以下的面积。

(2) 可以完全治理的水土流失面积

指通过因地制宜、分类施策的综合防治，治理后土壤侵蚀强度能控制到轻度以下的水土流失面积。

2.4 技术路线

确定区域水土保持率阈值（远期目标）的技术流程中，针对各类水土流失、土地利用、地形坡度和植被覆盖等条件的空间单元，利用空间数据叠加分析，并综合多源地理或统计资料，合理研判远期水土保持情势是技术关键。对此，本书提出：首先将水土流失存量划定为不需治理和应当治理两类，两者面积之和等于现存水土流失总面积，即研判确定了不需治理的水土流失面积后，其余现存水土流失面积均视为应当治理；然后将应当治理的水土流失划定为不可完全治理（到轻度以上）和可以完全治理（到轻度以下）两类，两者面积之和等于应当治理的水土流失总面积，即研判确定了不可完全治理的水土流失后，其余应当治理的现存水土流失均视为可以完全治理，但需针对所划定的水土流失空间单元逐类分析适宜实施的措施、效果及其可行性。水土保持率目标确定的技术路线见图 2.4-1。

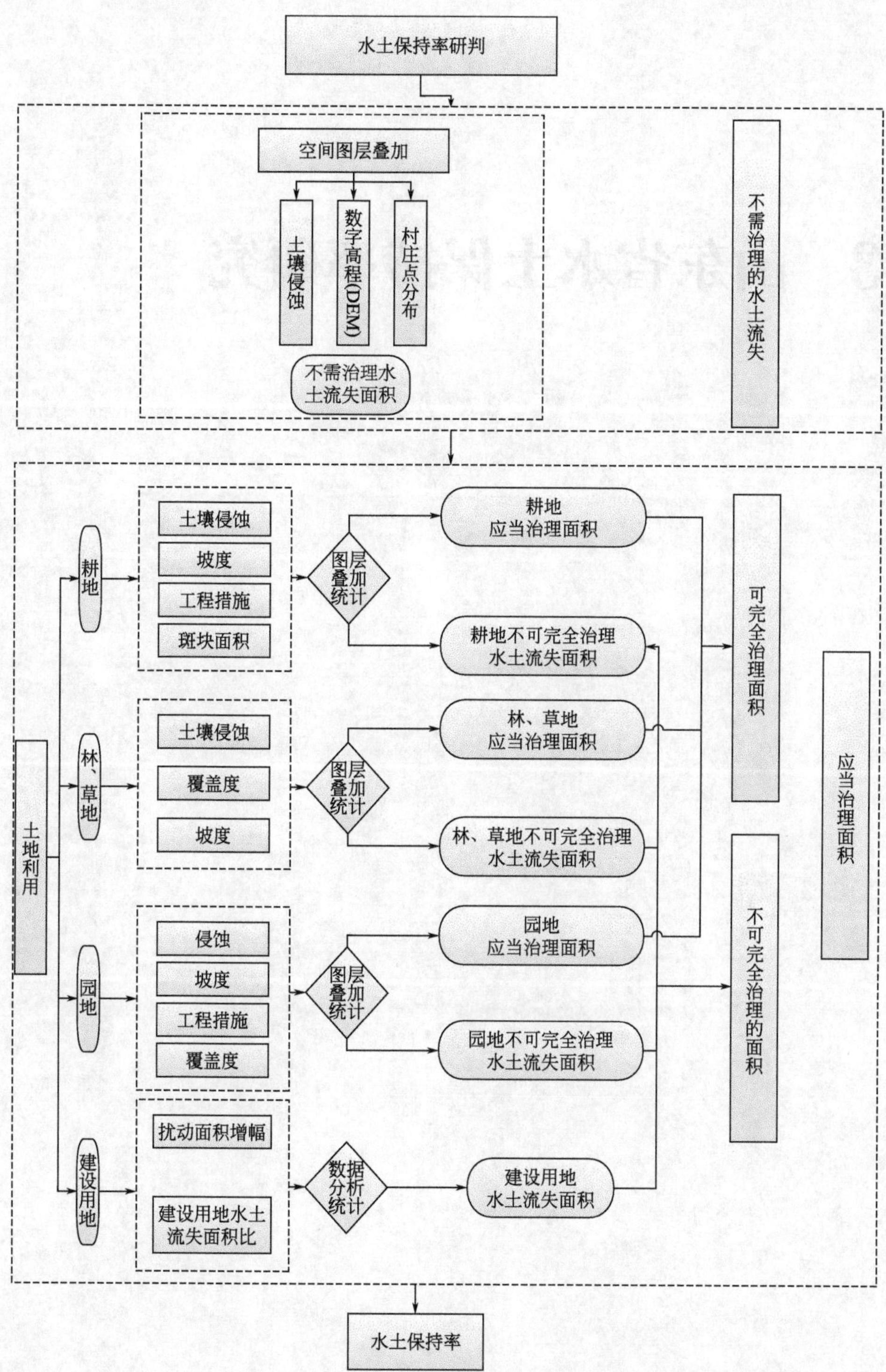

图 2.4-1 水土保持率目标确定技术路线

3 山东省水土保持率研究

3.1 全省水土流失特征分析

3.1.1 水土流失总体状况

根据水利部 2020 年全国水土流失动态监测成果，2020 年山东省水土流失面积 23777.25km^2，占全省国土面积的 15.03％。山东省水土流失类型包括水力侵蚀和风力侵蚀两类，其中，水力侵蚀面积 23050.63km^2，占水土流失总面积的 96.94％，占全省国土面积的 14.57％；风力侵蚀面积 726.62km^2，占水土流失总面积的 3.06％，占全省国土面积的 0.46％。全省水土流失面积中，轻度侵蚀面积 22097.93km^2，占水土流失总面积的 92.94％；中度侵蚀面积 1241.54km^2，占水土流失总面积的 5.22％；强烈侵蚀面积 315.22km^2，占水土流失总面积的 1.33％；极强烈侵蚀面积 97.90km^2，占水土流失总面积的 0.41％；剧烈侵蚀面积 24.66km^2，占水土流失总面积的 0.10％。全省水土流失以轻度侵蚀为主，中度以上侵蚀面积占比为 7.06％。与 2019 年相比，全省水土流失面积减少了 306.62km^2，减幅为 1.27％。

水土保持率由 2019 年的 84.78％提高到 84.97％，提高了 0.19％。其中，轻度侵蚀面积减少 41.48km^2，减幅 0.19％；中度侵蚀面积减少 139.41km^2，减幅 10.10％；强烈侵蚀面积减少 59.40km^2，减幅 15.86％；极强烈侵蚀面积减少 45.19km^2，减幅 31.58％；剧烈侵蚀面积减少 21.14km^2，减幅 46.16％。其中，水力侵蚀面积减少 299.13km^2，减幅 1.28％，轻度、中度、强烈、极强烈、剧烈水力侵蚀面积都减少，分别减少 34.04km^2、139.36km^2、59.40km^2、45.19km^2、21.14km^2，分别减幅 0.16％、10.09％、15.86％、31.58％、46.16％；风力侵蚀面积减少 7.49km^2，轻度、中度风力侵蚀面积分别减少 7.44km^2、0.05km^2，分别减幅 1.01％、100％。

山东省水土流失主要发生在耕地、林地和建设用地，其中，耕地水土流失面积 13849.79km^2，占水土流失总面积的 58.25％；林地水土流失面积 5164.27km^2，占水土流失总面积的 21.72％；建设用地水土流失面积 2060.03km^2，占水土流失总面积的 8.66％。

耕地中现有水土流失面积 13849.79km^2，其中非梯田耕地水土流失面积 7286.46km^2，主要发生在 2°～6°、≤2°和 6°～15°耕地上，水土流失面积分别为 3389.67km^2、2383.57km^2 和 1386.15km^2，分别占耕地水土流失面积的 24.47％、17.21％和 10.01％。梯田水土流失面积 6563.33km^2。按侵蚀类型分，耕地中水力侵蚀面积 13160.54km²，占比 95.02%；风力侵蚀面积 689.25km²，占比 4.98%。

园地、林地、草地现有水土流失面积 7625.34km²，占水土流失总面积的 32.07%。其中，园地现有水土流失面积 1830.17km²，以高覆盖、中高覆盖园地流失为主，水土流失面积分别为 809.62km²、728.14km²，占园地水土流失面积的 44.24%、39.79%。林地、草地现有水土流失面积 5164.27km²、630.90km²，不同覆盖状况林草地均有分布。

2020 年，全省现有人为扰动地块图斑 46770 个，面积 2356.23km²，人为扰动地块中现有水土流失面积 1026.25km²，占其土地面积的 43.55%。较 2019 年，新增人为扰动地块图斑 18055 个，面积 982.19km²，新增水土流失面积 247.48km²。

从空间分布来看，水土流失相对集中分布在胶东半岛丘陵区、鲁中南低山丘陵区，两个区域土地总面积 7.89 万平方公里，占全省土地总面积的 49.87%，水土流失面积 2.12 万平方公里，占全省水土流失总面积的 89.02%。其中，胶东半岛丘陵区水土流失面积 7350.80km²，以轻度侵蚀为主，主要发生在耕地、林地、园地上。鲁中南低山丘陵区水土流失面积 13816.52km²，以轻度侵蚀为主，主要发生在耕地、林地、建设用地上。

山东省土壤侵蚀强度面积统计见图 3.1-1。

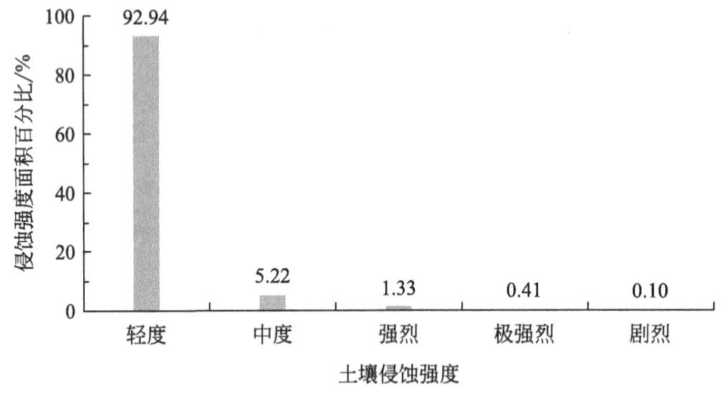

图 3.1-1 山东省土壤侵蚀强度面积统计

3.1.2 水土流失与高程

山东省 100m 以下高程占 71.31%，其次为 100～200m，占 16.18%。500m 以上占 1.25%，主要位于鲁中南低山丘陵区、胶东半岛丘陵区，1000m 以上仅占 0.01%，位于鲁中南低山丘陵区。不同高程等级面积分布见图 3.1-2(a)。

从水土流失的高程分布来看，水土流失主要集中于200m以下，占水土流失面积的63.97%，500m以上水土流失面积占3.66%，见图3.1-2(b)。

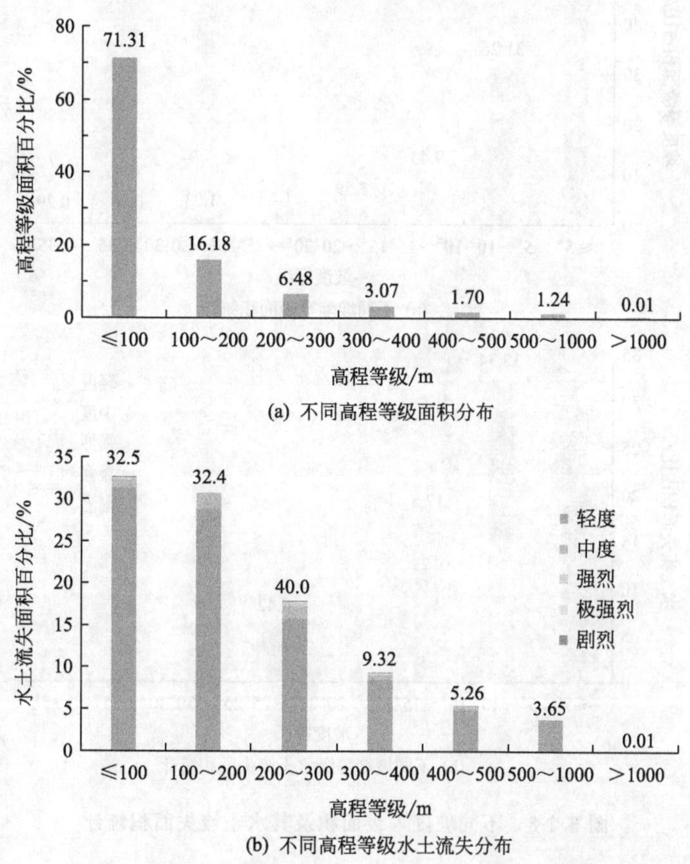

图3.1-2 不同高程等级面积及其水土流失面积统计

3.1.3 水土流失与坡度

根据图3.1-3(a)不同坡度等级面积百分比统计，可以看出：山东省坡度以≤5°平缓坡为主，占52.02%，其次为5°～10°，占31.26%，主要分布于山东省西北部、西南部区域；15°以上区域占7.29%，主要分布在鲁中南山地丘陵、胶东半岛丘陵区。

根据图3.1-3(b)不同坡度等级水土流失面积的分布来看，水土流失主要集中于5°～10°，占水土流失面积的32.34%；其次为≤5°区域，占水土流失面积的26.70%；15°以上水土流失面积占24.17%，尤其是25°以上区域，水土流失面积占7.8%。

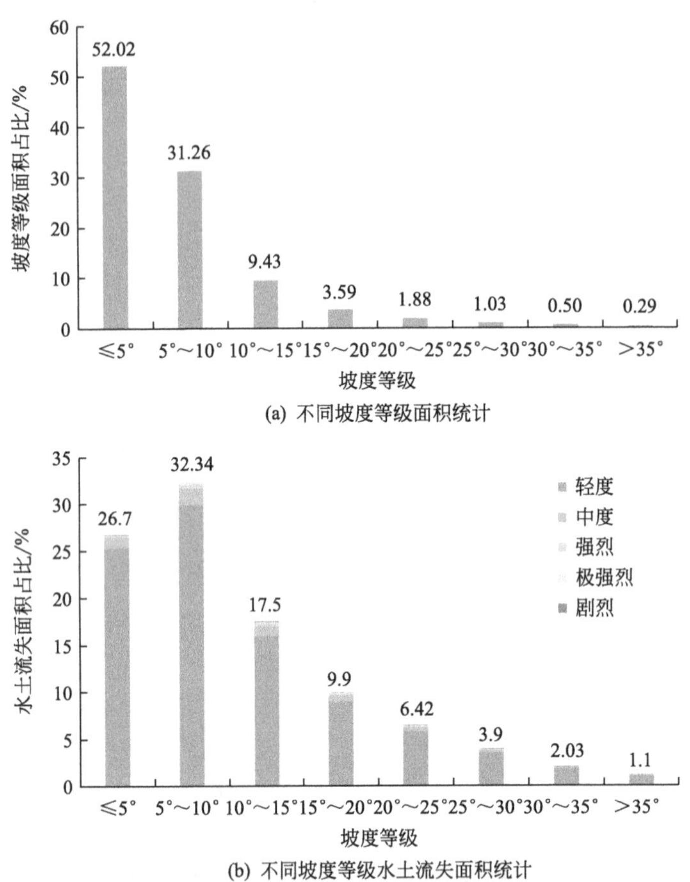

图 3.1-3 不同坡度等级面积及其水土流失面积统计

3.1.4 水土流失与土地利用

分析统计山东省土地利用数据，可以看出，全省土地利用类型以耕地为主，占 51.63%；其次为建设用地和林地，分别占区域面积的 19.11%和 12.57%。其中，林地、园地主要分布在鲁中低山丘陵区和胶东半岛丘陵区。

从各土地水土流失面积来看，耕地水土流失面积最大，占水土流失面积的 58.25%；其次为林地，占 21.72%。中度及以上侵蚀主要分布在耕地和建设用地。见图 3.1-4(b)。

3.1.5 水土流失与植被覆盖度

根据植被覆盖度统计数据可以看出，山东省植被覆盖度以高覆盖为主，占林地、园地、草地面积的 45.29%；其次为中高覆盖，占 30.46%；低覆盖和中低

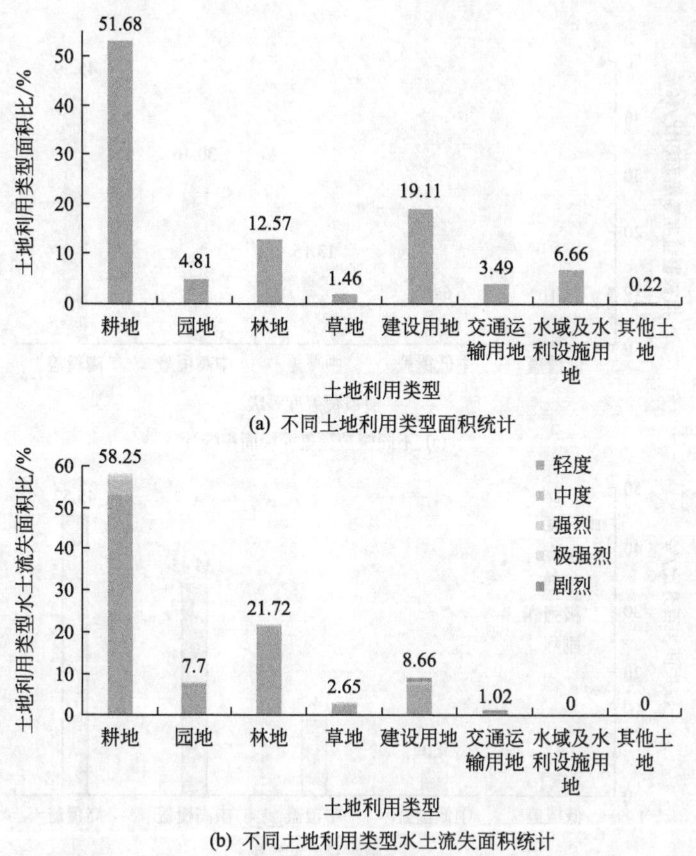

图 3.1-4 不同土地利用类型面积及其水土流失面积统计

覆盖面积较少。见图 3.1-5(a)。

通过统计各植被覆盖等级的水土流失状况，发现水土流失主要集中于高覆盖和中高覆盖。植被覆盖度主要反映林冠层状况，影响水土流失的因素除植被覆盖度外，还与林分类型、林分结构以及林下盖度有关。见图 3.1-5(b)。

3.1.6 水土流失与土壤类型

根据图 3.1-6(a) 土壤类型面积统计可知，山东省土壤类型潮土占比最大，占 36.29%，其次为粗骨土和褐土，分别占 14.64%和 14.26%。其中，潮土主要分布于鲁西和鲁北平原区，粗骨土和褐土主要分布于鲁中南低山丘陵、胶东半岛丘陵区。

根据不同土壤类型水土流失状况统计，山东省水土流失主要是粗骨土，占水土流失面积的 38.34%，其次为褐土、红黏土和棕壤，各占 16.26%、12.12%和 12.20%。此外，潮土和风沙土中存在风力侵蚀。见图 3.1-6(b)。

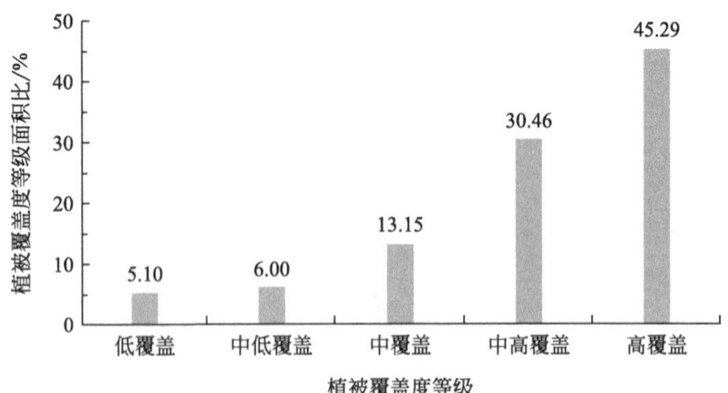

(a) 不同植被覆盖等级面积统计

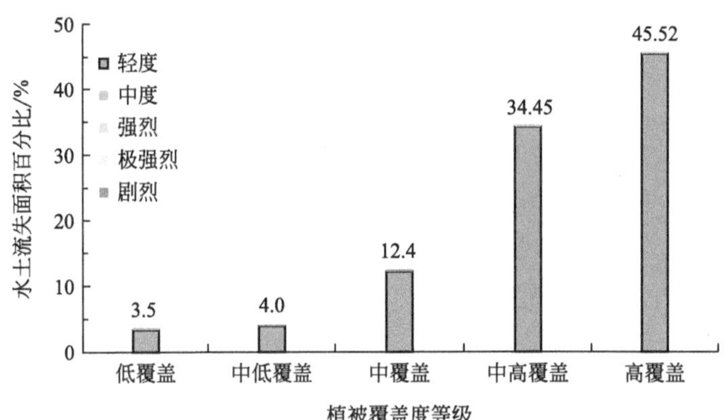

(b) 不同植被覆盖等级水土流失面积统计

图 3.1-5 不同植被覆盖度面积及其水土流失面积比统计

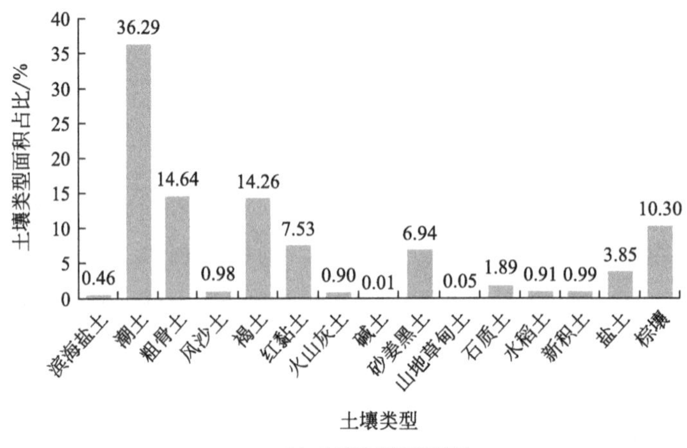

(a) 土壤类型面积统计

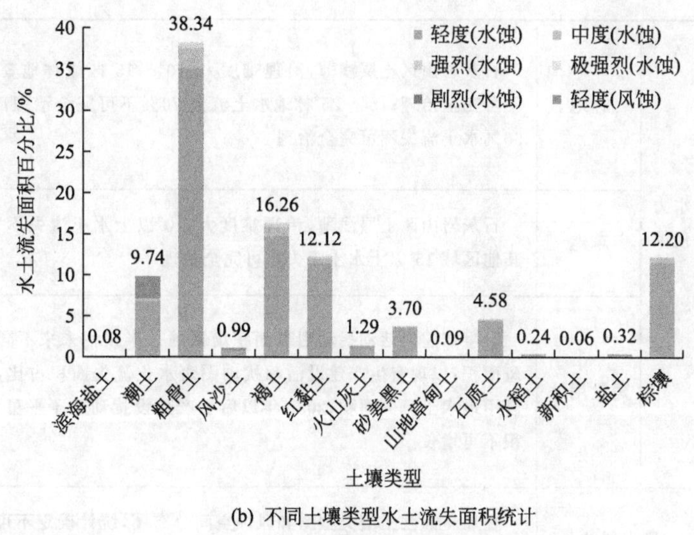

(b) 不同土壤类型水土流失面积统计

图 3.1-6　不同土壤类型面积及其水土流失面积比统计

3.2　省级研判规则及全省水土保持率研究

3.2.1　水土保持率远期目标值研判规则

山东省属于北方土石山区，根据《水土保持率确定方法指南》中有关北方土石山区的研判规则与条件，结合区域自然环境、社会经济和水土流失特征，在分析全省 2018～2020 年水土流失动态监测数据、径流小区多年观测数据的基础上，从海拔、坡度、土地利用、植被覆盖和生产建设活动等方面，对水土流失现状及其特征进行了系统梳理与统计，提出了 2050 年山东省水土保持率远期目标值研判规则，见表 3.2-1。

表 3.2-1　山东省水土保持率远期目标值研判规则

<table>
<tr><td>不需治理的水土流失</td><td colspan="3">以高程、村庄点和土壤侵蚀叠加统计水土流失累积百分点确定不需治理的水土流失面积</td></tr>
<tr><td rowspan="3">不可完全治理的水土流失</td><td rowspan="3">水力侵蚀</td><td>坡耕地</td><td>8°～15°坡耕地 60%水土流失不可完全治理，15°以上破碎坡耕地不可完全治理</td></tr>
<tr><td>旱地梯田</td><td>8°～15°旱地梯田 75%水土流失不可完全治理，15°以上旱地梯田不可完全治理</td></tr>
<tr><td>园地</td><td>石灰岩山地区，土层薄、立地条件差，水土流失不可完全治理；其他地区无梯田措施且 15°以上水土流失面积不可完全治理</td></tr>
</table>

续表

不可完全治理的水土流失	水力侵蚀	林地	石灰岩山区土层浅薄，治理难度大，10°～15°区域林地50%水土流失不可完全治理；15°～25°林地水土流失70%不可完全治理；25°以上林地90%水土流失不可完全治理
		草地	石灰岩山区土层浅薄，治理难度大，10°以上水土流失不可完全治理，其他区域15°以上水土流失不可完全治理
		建设用地	以生产建设活动扰动图斑面积增幅的一半预估未来不同时期扰动图斑面积；以现有生产建设活动扰动图斑水土流失面积占比，预估远期建设用地水土流失面积；2035年以后生产建设扰动趋于平稳，水土流失面积不再增长
	风力侵蚀		叠加易蚀性土壤类型图和风蚀空间分布图，统计确定不可完全治理风力侵蚀面积

3.2.2 山东省水土保持率确定

根据山东省水土保持率远期目标值研判规则、《水利部水土保持司关于再次确认省级水土保持率远期目标值并报送分阶段目标值的通知》，确定了山东省水土保持率远期目标值及分阶段目标值。

3.2.2.1 水土保持率远期目标值

2020年，现状水土流失面积为23777.25km^2。

2050年，远期应当治理的水土流失面积＝现状水土流失面积－远期不需治理水土流失面积＝远期不可完全治理的水土流失面积＋远期可完全治理的水土流失面积，即22401.97km^2。

2050年，远期存在的水土流失面积＝现状水土流失面积－远期可完全治理的水土流失面积，即10674.35km^2。

2050年，远期土壤侵蚀强度轻度以下的国土面积上限＝国土总面积－远期存在的水土流失面积，即147544.65km^2。

水土保持率远期目标值＝(区域内土壤侵蚀强度轻度以下的国土面积上限÷区域国土面积)×100%，即93.25%。

各指标计算结果详见表3.2-2。

表 3.2-2 水土保持率远期目标值一览表

<table>
<tr><td colspan="4">指标</td><td>面积/km²</td></tr>
<tr><td colspan="4">国土总面积</td><td>158219</td></tr>
<tr><td colspan="4">现状水土流失面积(2020 年)</td><td>23777.25</td></tr>
<tr><td rowspan="10">远期水土流失状况分析(2050 年)</td><td colspan="3">不需治理水土流失面积</td><td>1375.28</td></tr>
<tr><td colspan="3">应当治理的水土流失面积</td><td>22401.97</td></tr>
<tr><td rowspan="7">不可完全治理的水土流失面积</td><td rowspan="5">水力侵蚀</td><td>耕地</td><td>3557.81</td></tr>
<tr><td>园地</td><td>890.66</td></tr>
<tr><td>林地</td><td>2583.99</td></tr>
<tr><td>草地</td><td>385.5</td></tr>
<tr><td>建设用地</td><td>1362.65</td></tr>
<tr><td colspan="2">风力侵蚀</td><td>518.46</td></tr>
<tr><td colspan="2">合计</td><td>9299.07</td></tr>
<tr><td colspan="3">可完全治理的水土流失面积</td><td>13102.9</td></tr>
<tr><td colspan="4">远期存在的水土流失面积</td><td>10674.35</td></tr>
<tr><td colspan="4">远期土壤侵蚀强度轻度以下的国土面积上限</td><td>147544.65</td></tr>
<tr><td colspan="4">水土保持率远期目标值</td><td>93.25%</td></tr>
</table>

3.2.2.2 不同阶段水土保持率目标值

基于全省 2020 年水土保持率现状值、2050 年水土保持率远期目标值，结合年度水土流失降幅、区域社会经济发展趋势及生态环境建设需求，合理确定 2025 年水土保持率目标值，详见表 3.2-3。

表 3.2-3 水土保持率不同阶段目标值一览表

时间阶段	2020 年	2025 年	远期目标值
水土保持率/%	84.97	86.77	93.25

注：2025 年数据来源于水利部 2021 年 12 月印发的《水土保持“十四五”实施方案》。

4 县(市、区)水土保持率研究

4.1 基于三级区划的水土保持率研判规则

根据《山东省水土保持规划》，全省共划分为胶东半岛丘陵蓄水保土区、鲁中南低山丘陵土壤保持区、渤海湾生态维护区、黄泛平原防沙农田防护区4个三级区，涉及的县（市、区）见表4.1-1。

表4.1-1　山东省水土保持区划涉及县（市、区）一览表

区划名称	行政范围	
	设区市	县(市、区)
胶东半岛丘陵蓄水保土区	青岛市	市南区、市北区、黄岛区、崂山区、李沧区、城阳区、即墨区、胶州市、平度市、莱西市
	烟台市	莱山区、芝罘区、福山区、牟平区、蓬莱区、龙口市、莱阳市、莱州市、招远市、栖霞市、海阳市
	威海市	环翠区、文登区、乳山市、荣成市
鲁中南低山丘陵土壤保持区	济南市	市中区、历下区、槐荫区、历城区、长清区、章丘区、莱芜区、钢城区、平阴县
	淄博市	张店区、淄川区、博山区、临淄区、周村区、桓台县、沂源县
	枣庄市	薛城区、市中区、峄城区、台儿庄区、山亭区、滕州市
	潍坊市	坊子区、青州市、诸城市、安丘市、高密市、临朐县、昌乐县
	济宁市	曲阜市、邹城市、微山县、泗水县
	泰安市	泰山区、岱岳区、新泰市、肥城市、宁阳县、东平县
	日照市	东港区、岚山区、五莲县、莒县
	临沂市	兰山区、罗庄区、河东区、沂南县、郯城县、沂水县、兰陵县、费县、平邑县、莒南县、蒙阴县、临沭县
	滨州市	邹平市
渤海湾生态维护区	滨州市	沾化区、无棣县
	东营市	东营区、河口区、垦利区、利津县、广饶县
	潍坊市	奎文区、潍城区、寒亭区、寿光市、昌邑市
黄泛平原防沙农田防护区	济南市	天桥区、济阳区、商河县
	淄博市	高青县
	济宁市	任城区、兖州区、鱼台县、金乡县、嘉祥县、汶上县、梁山县

续表

区划名称	行政范围	
	设区市	县(市、区)
黄泛平原防沙农田防护区	德州市	德城区、陵城区、乐陵市、禹城市、宁津县、庆云县、临邑县、齐河县、平原县、夏津县、武城县
	聊城市	东昌府区、茌平区、临清市、阳谷县、莘县、东阿县、冠县、高唐县
	滨州市	滨城区、惠民县、阳信县、博兴县
	菏泽市	牡丹区、定陶区、曹县、单县、成武县、巨野县、郓城县、鄄城县、东明县

4.1.1 胶东半岛丘陵蓄水保土区研判规则

胶东半岛丘陵蓄水保土区包括 26 个县（市、区），水土保持主导基础功能为蓄水保水和土壤保持，同时，还有水源涵养、生态维护、农田防护等水土保持基础功能。该区海拔相对较缓，多为花岗岩、变质岩区，土层瘠薄，林木稀少，土地砂砾化严重，山体多从坡脚拔地而起，裸岩石砾地分布较多且陡峭。

根据不同高程下水土流失和村庄点和水土流失面积累积统计可知（见图 4.1-1），有 97.03%的村庄分布在高程≤200m 区域，高程 300m 以上村庄仅占 0.35%，人烟稀少，而 4.98%的水土流失分布在高程 300m 以上，主要是由于自然环境因素导致的水土流失。因此，确定高程 300m 以上区域水土流失为该区不需治理面积。

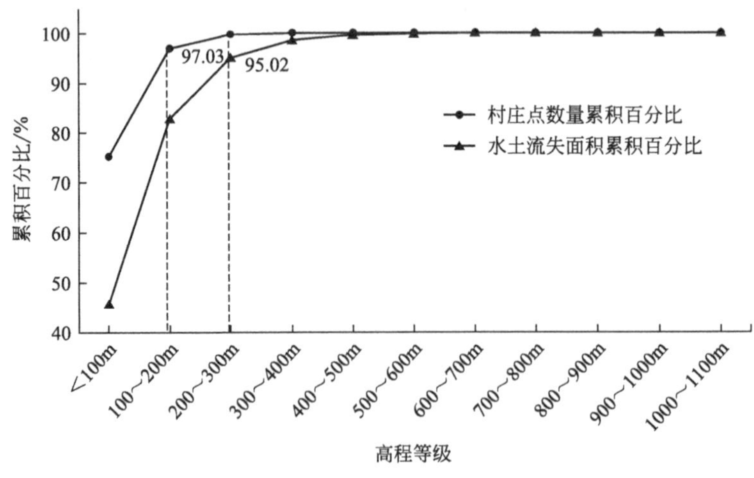

图 4.1-1　胶东半岛丘陵蓄水保土区村庄点和水土流失面积累积统计

针对胶东半岛丘陵蓄水保土区高程 300m 以下的应当治理区域，综合考虑不同土地利用类型的水土流失特点和主导因素，分别对耕地、园地、林地、草地和建设用地进行水力侵蚀不可完全治理水土流失面积研判。水域及水利设施用地、交通运输用地和其他土地经治理后，到 2050 年不存在水土流失，完全消减水土流失面积。因此，确定该区研判规则见表 4.1-2。

表 4.1-2 胶东半岛丘陵蓄水保土区远期研判规则

<table>
<tr><td>不需治理的水土流失</td><td colspan="4">高程 300m 以上水土流失不需治理</td></tr>
<tr><td rowspan="12">不可完全治理的水土流失</td><td rowspan="12">水力侵蚀</td><td rowspan="2">耕地</td><td>水浇地</td><td>水浇地经治理后水土流失可降为微度</td></tr>
<tr><td>旱地</td><td>旱地经过与其他图层叠加分析确定 8°以下可以通过修建水平梯田、平整田面等将水土流失消减至微度，8°～15°范围内坡耕地 60%水土流失不可完全治理，旱地梯田 75%水土流失不可完全治理；15°以上破碎坡耕地和旱地梯田不可完全治理。各县市可根据自然、社会和经济情况，结合当地的治理条件合理调整其消减比例</td></tr>
<tr><td rowspan="2">园地</td><td>石灰岩山区</td><td>受经营管理影响，林下盖度低，坡度对水土流失影响更高；石灰岩山区园地，土层浅薄，治理难度更大，水土流失较难治理，现有水土流失基本保留</td></tr>
<tr><td>非石灰岩山区</td><td>受经营管理影响，林下盖度低，坡度对水土流失影响更高，无梯田措施且 15°以上水土流失面积不可完全治理，覆盖度 75%以上园地水土流失难以消减</td></tr>
<tr><td rowspan="2">林地</td><td>石灰岩山区</td><td>覆盖度 75%以下林地根据坡度等级分布，消减部分水土流失面积，其中 10°以下可通过营造树盘、水平阶等消减水土流失面积。石灰岩山区有林地土层浅薄，治理难度较大，高覆盖林草地水土流失不可完全治理；75%以下覆盖度根据坡度有限消减水土流失：10°～15°区域林地 50%水土流失不可完全治理，15°～25°林地水土流失 70%不可完全治理，25°以上林地 90%水土流失不可完全治理</td></tr>
<tr><td>非石灰岩山区</td><td>非石灰岩山区 15°～25°林地水土流失 70%不可完全治理，25°以上林地 90%水土流失不可完全治理</td></tr>
<tr><td rowspan="2">草地</td><td>石灰岩山区</td><td>在石灰岩山区土层浅薄，治理难度较大，10°以上的水土流失不可完全治理</td></tr>
<tr><td>非石灰岩山区</td><td>非石灰岩山区 15°～25°水土流失不可完全治理，25°以上持续存在</td></tr>
<tr><td rowspan="2">建设用地</td><td>建成区</td><td>由于建成区区内实际已成片开发建设，具有基本完善的市政公用设施的城镇建设用地，极少产生不可治理的水土流失，故其消减比例的确定较非建成区更高</td></tr>
<tr><td>非建成区</td><td>水土流失根据各县生态、社会和经济情况，到 2035 年，生态环境根本好转，美丽中国目标基本实现。此后，生产建设活动扰动不再大规模、大幅度新增，建设用地水土流失面积也不再进一步增加</td></tr>
</table>

4.1.2 鲁中南低山丘陵土壤保持区研判规则

鲁中南低山丘陵土壤保持区包括56个县（市、区），水土保持主导基础功能为土壤保持，同时，还有水源涵养、蓄水保水、生态维护、水质维护等水土保持基础功能。该区域为山东省海拔最高的区域，最高海拔1527m，区域中部、西部、北部多为石灰岩、页岩，山坡陡峭，土层薄，地少人多，耕垦指数高；东南部为花岗岩、变质岩区，土层瘠薄，土地砂砾化严重，沟壑密度大。

根据不同高程下村庄点和水土流失面积累积统计可知（见图4.1-2），有95.38%的村庄分布在高程≤300m区域，高程500m以上村庄仅占0.39%，人烟稀少，而6.39%的水土流失面积分布在高程500m以上，主要是由于自然环境因素导致的水土流失。因此，确定高程500m以上区域的水土流失为不需治理面积。

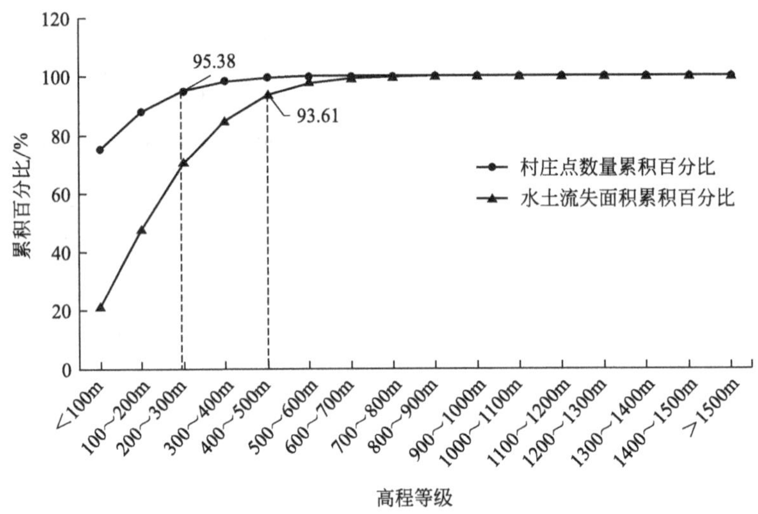

图4.1-2 鲁中南低山丘陵土壤保持区村庄点和水土流失面积累积统计

针对鲁中南低山丘陵土壤保持区高程500m以下的应当治理区域，综合考虑不同土地利用类型的水土流失特点和主导因素，分别对耕地、园地、林地、草地和建设用地进行水力侵蚀不可完全治理水土流失面积研判。水域及水利设施用地、交通运输用地和其他土地经治理后，到2050年不存在水土流失，完全消减水土流失面积。因此，确定该区研判规则见表4.1-3。

表 4.1-3 鲁中南低山丘陵土壤保持区远期研判规则

不需治理的水土流失	高程 500m 以上水土流失不需治理			
不可完全治理的水土流失	水力侵蚀	耕地	水浇地	水浇地经治理后水土流失可降为微度
			旱地	旱地经过与其他图层叠加分析确定 8°以下可以通过修建水平梯田、平整田面等将水土流失消减至微度，8°～15°范围内坡耕地 60%水土流失不可完全治理，旱地梯田 75%水土流失不可完全治理；15°以上破碎坡耕地和旱地梯田不可完全治理。各县市可根据自然、社会和经济情况，结合当地的治理条件合理调整其消减比例
		园地	石灰岩山区	受经营管理影响，林下盖度低，坡度对水土流失影响更高；石灰岩山区园地，土层浅薄，治理难度更大，水土流失较难治理，现有水土流失基本保留
			非石灰岩山区	受经营管理影响，林下盖度低，坡度对水土流失影响更高，无梯田措施且 15°以上水土流失面积不可完全治理，覆盖度 75%以上园地水土流失难以消减
		林地	石灰岩山区	覆盖度 75%以下林地根据坡度等级分布，消减部分水土流失面积，其中 10°以下可通过营造树盘、水平阶等消减水土流失面积。石灰岩山区有林地土层浅薄，治理难度较大，高覆盖林草地水土流失不可完全治理；75%以下覆盖度根据坡度有限消减水土流失：10°～15°区域林地 50%水土流失不可完全治理，15°～25°林地水土流失 70%不可完全治理，25°以上林地 90%水土流失不可完全治理
			非石灰岩山区	非石灰岩山区 15°～25°林地水土流失 70%不可完全治理，25°以上林地 90%水土流失不可完全治理
		草地	石灰岩山区	在石灰岩山区土层浅薄，治理难度较大，10°以上的水土流失不可完全治理
			非石灰岩山区	非石灰岩山区 15°～25°水土流失不可完全治理，25°以上持续存在
		建设用地	建成区	由于建成区区内实际已成片开发建设，具有基本完善的市政公用设施的城镇建设用地，极少产生不可治理的水土流失，故其消减比例的确定较非建成区更高
			非建成区	水土流失根据各县生态、社会和经济情况，到 2035 年，生态环境根本好转，美丽中国目标基本实现。此后，生产建设活动扰动不再大规模、大幅度新增，建设用地水土流失面积也不再进一步增加

4.1.3 渤海湾生态维护区研判规则

渤海湾生态维护区包括 12 个县（市、区），水土保持主导基础功能为生态维护。同时，还有农田防护、水质维护、防风固沙等水土保持基础功能。该区海拔相对较缓，多为平原区，土壤类型主要为潮土、盐土、褐土、砂姜黑土、风砂土，土地盐碱化较重、生产力水平低，林草覆盖率低。

该区域地势平坦，海拔主要集中在20m以下，占总面积的89.62%，以5°以下的缓坡为主，占78.42%；水土流失主要集中在20m以下区域，占总水土流失面积的77.07%，从不同坡度等级水土流失面积的分布来看，5°以下水土流失面积占总水土流失面积的69.03%，从水土流失的土地利用分布来看，水土流失主要集中在建设用地上，多为生产建设活动导致。

因此，针对渤海湾生态维护区，综合考虑不同土地利用类型的水土流失特点和主导因素，分别对耕地、园地、林地、草地和建设用地进行水力侵蚀不可完全治理水土流失面积研判。水域及水利设施用地、交通运输用地和其他土地经治理后，到2050年不存在水土流失，完全消减水土流失面积。因此，确定该区研判规则见表4.1-4。

表4.1-4　渤海湾生态维护区远期研判规则

<table>
<tr><td rowspan="8">不可完全治理的水土流失</td><td rowspan="8">水力侵蚀</td><td rowspan="2">耕地</td><td>水浇地</td><td>水浇地经治理后水土流失可降为微度</td></tr>
<tr><td>旱地</td><td>经过与其他图层叠加分析确定该区旱地可以通过修建水平梯田、平整田面等将水土流失基本消减至微度，但部分县（市、区）如潍城区、奎文区、昌邑市、寿光市等存在海拔相对较高，坡度较陡的区域，存在不可完全治理面积</td></tr>
<tr><td colspan="2">园地</td><td>受经营管理影响，园地林下盖度低，但该区域海拔较低，坡度较缓，园地水土流失通过一定措施可全部消减</td></tr>
<tr><td colspan="2">林地</td><td>该区域海拔低，坡度缓，林地水土流失可基本消减，但部分县（市、区）如潍城区、奎文区、昌邑市、寿光市等存在海拔较高，坡度较陡的区域，结合林地坡度等级分布情况合理确定消减比例</td></tr>
<tr><td colspan="2">草地</td><td>草地水土流失可全部消减</td></tr>
<tr><td rowspan="2">建设用地</td><td>建成区</td><td>由于建成区区内实际已成片开发建设，具有基本完善的市政公用设施的城镇建设用地，极少产生不可治理的水土流失，故其消减比例的确定较非建成区更高</td></tr>
<tr><td>非建成区</td><td>水土流失根据各县生态、社会和经济情况，到2035年，生态环境根本好转，美丽中国目标基本实现。此后，生产建设活动扰动不再大规模、大幅度新增，建设用地水土流失面积也不再进一步增加</td></tr>
</table>

4.1.4　黄泛平原防沙农田防护区研判规则

黄泛平原防沙农田防护区包括43个县（市、区），水土保持主导基础功能为防风固沙和农田防护，同时，还有水质维护和蓄水保水等水土保持基础功能。该区海拔相对较缓，多为平原区，土壤类型主要为风砂土、盐土、褐土、潮土、砂姜黑土，土地沙化、风沙危害严重、森林覆盖率低，该区要以防风固沙、营造林带林网、治沙改碱为重点。

该区域地势平坦，海拔主要集中在 50m 以下，其中 20m 以下占总面积的 29.03％，20～50m 占 54.94％，50～100m 占 15.99％，100m 以上仅占 0.04％；5°以下的缓坡，占 60.18％，5°～10°占 31.38％，10°以上仅占 8.44％。水土流失既有风力侵蚀，又有水力侵蚀，风力侵蚀占水土流失面积的 60.51％，主要集中在耕地上；水力侵蚀占 39.49％，主要集中在建设用地上，多为生产建设活动导致。水土流失主要集中在 50m 以下区域，占总水土流失面积的 66.68％，50～100m 占 32.27％，100m 以上仅占 1.05％；从不同坡度等级水土流失面积的分布来看，5°以下水土流失占总水土流失面积的 58.25％，5°～10°占 32.21％，10°以上仅占 9.54％。

因此，针对黄泛平原防沙农田防护区，综合考虑不同土地利用类型的水土流失特点和主导因素，分别对耕地、园地、林地、草地和建设用地进行水力侵蚀和风力侵蚀不可完全治理水土流失面积研判。水域及水利设施用地、交通运输用地和其他土地经治理后，到 2050 年不存在水土流失，完全消减水土流失面积。因此，确定该区研判规则见表 4.1-5。

表 4.1-5　黄泛平原防沙农田防护区研判规则

<table>
<tr><td rowspan="10">不可完全治理的水土流失</td><td colspan="3">风力侵蚀</td><td>风力侵蚀考虑砂质潮土等易蚀性土壤的耕地，风蚀不能完全治理到微度侵蚀，结合该县 2018～2020 年风力侵蚀数据确定该县的消减比例</td></tr>
<tr><td rowspan="9">水力侵蚀</td><td rowspan="3">耕地</td><td>水田</td><td>水田经治理后水土流失可降为微度</td></tr>
<tr><td>水浇地</td><td>水浇地经治理后水土流失可降为微度</td></tr>
<tr><td>旱地</td><td>旱地经分析确定可以通过修建水平梯田、平整田面等将水土流失基本消减至微度，个别县(市、区)如嘉祥县、梁山县、东明县等存在局部海拔相对较高，坡度较陡的区域，存在不可完全治理面积</td></tr>
<tr><td colspan="2">园地</td><td>受经营管理影响，园地林下盖度低，但该区域海拔较低，坡度较缓，园地水土流失可通过采取一定措施全部消减</td></tr>
<tr><td colspan="2">林地</td><td>该区域海拔低，坡度缓，林地水土流失可基本消减，但部分县(市、区)如嘉祥县、梁山县、东明县等存在海拔较高，坡度较陡的区域，结合林地坡度等级分布情况合理确定消减比例</td></tr>
<tr><td colspan="2">草地</td><td>草地水土流失可全部消减</td></tr>
<tr><td rowspan="2">建设用地</td><td>建成区</td><td>由于建成区区内实际已成片开发建设，具有基本完善的市政公用设施的城镇建设用地，极少产生不可治理的水土流失，故其消减比例的确定较非建成区更高</td></tr>
<tr><td>非建成区</td><td>水土流失根据各县生态、社会和经济情况，到 2035 年，生态环境根本好转，美丽中国目标基本实现。此后，生产建设活动扰动不再大规模、大幅度新增，建设用地水土流失面积也不再进一步增加</td></tr>
</table>

4.2 济南市

（1）水土流失现状

济南市2020年水土流失类型为水力侵蚀，面积1897.53km²，占行政面积18.21%，水土保持率现状值为81.79%。从侵蚀强度占比来看，土壤侵蚀强度以轻度侵蚀为主，轻度侵蚀面积1641.75km²，占水土流失面积的86.52%；中度侵蚀面积157.61km²，占8.31%；强烈侵蚀面积62.75km²，占3.31%；极强烈侵蚀面积28.98km²，占1.53%；剧烈侵蚀面积6.44m²，占0.34%。

从水土流失的土地利用分布来看，水土流失面积主要集中于耕地，其次为林地和建设用地。其中耕地水土流失面积908.49km²，以旱地侵蚀为主；林地水土流失面积583.68km²，以有林地轻度侵蚀为主；建设用地水土流失面积216.11km²，以轻度侵蚀为主。

（2）水土保持率远期目标值及分阶段目标值

济南市主要涉及鲁中南低山丘陵土壤保持区（9个县级行政区）和黄泛平原防沙农田防护区（3个县级行政区），根据鲁中南低山丘陵土壤保持区和黄泛平原防沙农田防护区研判规则及城市发展趋势，确定济南市2025年水土保持率目标值为85.00%，比现有水土保持率提升3.21%；远期目标值为91.09%，比现有水土保持率提升9.30%。远期目标值各指标计算结果详见表4.2-1。

表4.2-1　济南市水土保持率远期目标值一览表

<table>
<tr><th colspan="4">指标</th><th>面积/km²</th></tr>
<tr><td colspan="4">国土总面积</td><td>10423</td></tr>
<tr><td colspan="4">现状水土流失面积(2020年)</td><td>1897.53</td></tr>
<tr><td rowspan="10">远期水土流失状况分析(2050年)</td><td colspan="3">不需治理的水土流失面积</td><td>169.93</td></tr>
<tr><td colspan="3">应当治理的水土流失面积</td><td>1727.6</td></tr>
<tr><td rowspan="7">不可完全治理的水土流失面积</td><td rowspan="5">水力侵蚀</td><td>耕地</td><td>219.06</td></tr>
<tr><td>园地</td><td>3.86</td></tr>
<tr><td>林地</td><td>237.39</td></tr>
<tr><td>草地</td><td>100.99</td></tr>
<tr><td>建设用地</td><td>197</td></tr>
<tr><td colspan="2">风力侵蚀</td><td>0</td></tr>
<tr><td colspan="2">合计</td><td>758.3</td></tr>
<tr><td colspan="3">可完全治理的水土流失面积</td><td>969.3</td></tr>
<tr><td colspan="4">远期存在的水土流失面积</td><td>928.23</td></tr>
<tr><td colspan="4">远期土壤侵蚀强度轻度以下的国土面积上限</td><td>9494.77</td></tr>
<tr><td colspan="4">水土保持率远期目标值</td><td>91.09%</td></tr>
</table>

4.2.1 市中区

(1) 水土流失现状分析

2020年，市中区水土流失类型为水力侵蚀，面积64.25km²，占行政面积22.95%，水土保持率现状值为77.05%，水土流失主要分布于西南部和东部山区。从侵蚀强度占比来看，该区域水土流失以轻度侵蚀为主，面积为61.93km²，占水土流失总面积的96.4%；中度侵蚀面积为1.86km²，占水土流失总面积的2.89%；强烈侵蚀面积为0.02km²，占水土流失总面积的0.03%；极强烈侵蚀面积为0.44km²，占水土流失总面积的0.68%。

从水土流失的土地利用分布来看，林地水土流失面积最大，占水土流失面积的53.43%；其次为草地，占22.16%。

从水土流失的高程分布来看，市中区水土流失主要位于300m以下，占水土流失面积的64.96%；其次为300～500m，占水土流失面积的29.15%；500m以上占5.88%。

从不同坡度等级水土流失面积的分布来看，15°～20°和20°～25°，分别占水土流失面积的18.72%和18.15%；10°～15°，占水土流失面积的16.06%；25°以上，占水土流失面积的26.79%。

(2) 水土保持率远期目标值及分阶段目标值

根据鲁中南低山丘陵土壤保持区研判规则和城市发展趋势，确定市中区2025年水土保持率目标值为78.07%，比现有水土保持率提升1.02%；水土保持率远期目标值为87.86%，比现有水土保持率提升10.81%。远期目标值各指标计算结果详见表4.2-2。

表4.2-2 市中区水土保持率远期目标值一览表

<table>
<tr><th colspan="4">指标</th><th>面积/km²</th></tr>
<tr><td colspan="4">国土总面积</td><td>280</td></tr>
<tr><td colspan="4">现状水土流失面积(2020年)</td><td>64.25</td></tr>
<tr><td rowspan="7">远期水土流失状况分析
(2050年)</td><td colspan="3">不需治理的水土流失面积</td><td>3.71</td></tr>
<tr><td colspan="3">应当治理的水土流失面积</td><td>60.54</td></tr>
<tr><td rowspan="5">不可完全治理的水土流失面积</td><td rowspan="5">水力侵蚀</td><td>耕地</td><td>4.45</td></tr>
<tr><td>园地</td><td>0.01</td></tr>
<tr><td>林地</td><td>15.6</td></tr>
<tr><td>草地</td><td>6.9</td></tr>
<tr><td>建设用地</td><td>3.33</td></tr>
</table>

续表

指标			面积/km²
远期水土流失状况分析（2050 年）	不可完全治理的水土流失面积	风力侵蚀	0
		合计	30.29
	可完全治理的水土流失面积		30.25
远期存在的水土流失面积			34
远期土壤侵蚀强度轻度以下的国土面积上限			246
水土保持率远期目标值			87.86%

4.2.2 历下区

（1）水土流失现状

2020 年，历下区水土流失类型为水力侵蚀，面积 23.14km²，占行政面积 22.91%，水土保持率现状值为 77.09%，水土流失主要分布于该区南部。从侵蚀强度占比来看，历下区侵蚀主要为轻度侵蚀，面积为 23.02km²，占水土流失总面积的 99.48%；中度侵蚀面积为 0.1km²，占水土流失总面积的 0.43%；强烈侵蚀面积为 0.02km²，占水土流失总面积的 0.09%。

从水土流失的土地利用分布来看，林地水土流失面积最大，占水土流失面积的 72.99%；其次为建设用地，占 13.61%。

从水土流失的高程分布来看，历下区水土流失主要位于 300m 以下，占水土流失面积的 74.85%；其次为 300～500m，占水土流失面积的 25.15%。

从不同坡度等级水土流失面积的分布来看，15°～20°，占水土流失面积的 20.24%；20°～25°和 10°～15°，分别占水土流失面积的 18.06%和 17.93%；25°以上，占水土流失面积的 23.25%。

（2）水土保持率远期目标值及分阶段目标值

根据鲁中南低山丘陵土壤保持区研判规则和城市发展趋势，确定历下区 2025 年水土保持率目标值为 78.86%，比现有水土保持率提升 1.77%；水土保持率远期目标值为 87.13%，比现有水土保持率提升 10.04%。远期目标值各指标计算结果详见表 4.2-3。

表 4.2-3 历下区水土保持率远期目标值一览表

指标		面积/km²
国土总面积		101
现状水土流失面积(2020 年)		23.14
远期水土流失状况分析（2050 年）	不需治理的水土流失面积	0
	应当治理的水土流失面积	23.14

续表

<table>
<tr><th colspan="4">指标</th><th>面积/km²</th></tr>
<tr><td rowspan="8">远期水土流失状况分析（2050年）</td><td rowspan="7">不可完全治理的水土流失面积</td><td rowspan="5">水力侵蚀</td><td>耕地</td><td>0</td></tr>
<tr><td>园地</td><td>0.45</td></tr>
<tr><td>林地</td><td>10.65</td></tr>
<tr><td>草地</td><td>1.45</td></tr>
<tr><td>建设用地</td><td>0.45</td></tr>
<tr><td colspan="2">风力侵蚀</td><td>0</td></tr>
<tr><td colspan="2">合计</td><td>13</td></tr>
<tr><td colspan="3">可完全治理的水土流失面积</td><td>10.14</td></tr>
<tr><td colspan="4">远期存在的水土流失面积</td><td>13</td></tr>
<tr><td colspan="4">远期土壤侵蚀强度轻度以下的国土面积上限</td><td>88</td></tr>
<tr><td colspan="4">水土保持率远期目标值</td><td>87.13%</td></tr>
</table>

4.2.3 槐荫区

（1）水土流失现状

2020年，槐荫区水土流失类型为水力侵蚀，面积6.13km²，占行政面积4.06%，水土保持率现状值为95.94%，水土流失主要分布于南部区域。从侵蚀强度占比来看，槐荫区侵蚀主要为轻度侵蚀，面积为5.98km²，占水土流失总面积的97.55%；中度侵蚀面积为0.15km²，占水土流失总面积的2.45%。

从水土流失的土地利用分布来看，草地水土流失面积最大，占水土流失面积的35.73%；其次为建设用地，占27.08%。

从水土流失的高程分布来看，槐荫区水土流失全部位于300m以下，占水土流失面积的100%。

从不同坡度等级水土流失面积的分布来看，0°～5°，占水土流失面积的47.8%；5°～8°，占水土流失面积的22.84%；25°以上，占水土流失面积的1.96%。

（2）水土保持率远期目标值及分阶段目标值

根据鲁中南低山丘陵土壤保持区研判规则和城市发展趋势，确定槐荫区2025年水土保持率目标值为96.27%，比现有水土保持率提升0.33%；水土保持率远期目标值为98.81%，比现有水土保持率提升2.87%。远期目标值各指标计算结果详见表4.2-4。

表 4.2-4　槐荫区水土保持率远期目标值一览表

<table>
<tr><td colspan="4">指标</td><td>面积/km²</td></tr>
<tr><td colspan="4">国土总面积</td><td>151</td></tr>
<tr><td colspan="4">现状水土流失面积(2020 年)</td><td>6.13</td></tr>
<tr><td rowspan="10">远期水土流失状况分析
(2050 年)</td><td colspan="3">不需治理的水土流失面积</td><td>0</td></tr>
<tr><td colspan="3">应当治理的水土流失面积</td><td>6.13</td></tr>
<tr><td rowspan="7">不可完全治理的水土流失面积</td><td rowspan="5">水力侵蚀</td><td>耕地</td><td>0</td></tr>
<tr><td>园地</td><td>0</td></tr>
<tr><td>林地</td><td>0.54</td></tr>
<tr><td>草地</td><td>0.46</td></tr>
<tr><td>建设用地</td><td>0.8</td></tr>
<tr><td colspan="2">风力侵蚀</td><td>0</td></tr>
<tr><td colspan="2">合计</td><td>1.8</td></tr>
<tr><td colspan="3">可完全治理的水土流失面积</td><td>4.33</td></tr>
<tr><td colspan="4">远期存在的水土流失面积</td><td>1.8</td></tr>
<tr><td colspan="4">远期土壤侵蚀强度轻度以下的国土面积上限</td><td>149.2</td></tr>
<tr><td colspan="4">水土保持率远期目标值</td><td>98.81%</td></tr>
</table>

4.2.4　天桥区

(1) 水土流失现状

2020 年，天桥区水土流失类型为水力侵蚀，面积为 5.76km²，占行政面积 2.31%，水土保持率现状值为 97.69%，水土流失主要分布于中部区域。从侵蚀强度占比来看，该区域水土流失以轻度侵蚀为主，面积为 5.68km²，占水土流失总面积的 98.61%；中度侵蚀面积为 0.08km²，占 1.39%。

从水土流失的土地利用分布来看，建设用地水土流失面积最大，占水土流失面积的 33.68%；其次为草地，占 19.97%。

从水土流失的高程分布来看，水土流失主要集中于 20～50m 区域，占水土流失面积的 72.58%；其次为 20m 以下区域，占水土流失面积的 24.19%。

从不同坡度等级水土流失面积的分布来看，水土流失主要集中于 0°～5°，占水土流失面积的 53.82%；其次为 5°～8°区域，占水土流失面积的 25.35%；10°～15°以上水土流失面积占 8.16%；25°以上区域，水土流失面积占 0.87%。

(2) 水土保持率远期目标值及分阶段目标值

根据黄泛平原防沙农田防护区研判规则和城市发展趋势，确定天桥区 2025 年水土保持率目标值为 97.78%，比现有水土保持率提升 0.09%；水土保持率远期目标值为98.74%，比现有水土保持率提升1.05%。远期目标值各指标计算结果详见表4.2-5。

表4.2-5　天桥区水土保持率远期目标值一览表

<table>
<tr><td colspan="4">指标</td><td>面积/km²</td></tr>
<tr><td colspan="4">国土总面积</td><td>249</td></tr>
<tr><td colspan="4">现状水土流失面积（2020年）</td><td>5.76</td></tr>
<tr><td rowspan="10">远期水土流失状况分析（2050年）</td><td colspan="3">不需治理的水土流失面积</td><td>0</td></tr>
<tr><td colspan="3">应当治理的水土流失面积</td><td>5.76</td></tr>
<tr><td rowspan="7">不可完全治理的水土流失面积</td><td rowspan="5">水力侵蚀</td><td>耕地</td><td>0</td></tr>
<tr><td>园地</td><td>0</td></tr>
<tr><td>林地</td><td>0.12</td></tr>
<tr><td>草地</td><td>0.06</td></tr>
<tr><td>建设用地</td><td>2.96</td></tr>
<tr><td colspan="2">风力侵蚀</td><td>0</td></tr>
<tr><td colspan="2">合计</td><td>3.14</td></tr>
<tr><td colspan="3">可完全治理的水土流失面积</td><td>2.62</td></tr>
<tr><td colspan="4">远期存在的水土流失面积</td><td>3.14</td></tr>
<tr><td colspan="4">远期土壤侵蚀强度轻度以下的国土面积上限</td><td>245.86</td></tr>
<tr><td colspan="4">水土保持率远期目标值</td><td>98.74%</td></tr>
</table>

4.2.5 历城区

（1）水土流失现状

2020年，历城区水土流失类型为水力侵蚀，面积346.3km²，占行政面积26.68%，水土保持率现状值为73.32%，水土流失主要分布于中部区域。从侵蚀强度占比来看，历城区侵蚀主要为轻度侵蚀，面积为316.11km²，占水土流失总面积的91.28%；中度侵蚀面积为19.88km²，占水土流失总面积的5.74%；强烈侵蚀面积为5.54km²，占水土流失总面积的1.6%；极强烈侵蚀面积为3.39km²，占水土流失总面积的0.98%；剧烈侵蚀面积为1.38km²，占水土流失总面积的0.4%。

从水土流失的土地利用分布来看，耕地水土流失面积最大，占水土流失面积的32.89%；其次为林地和建设用地，分别占29.55%和25.42%。

从水土流失的高程分布来看，历城区水土流失主要位于300m以下，占水土流失面积的60.08%；其次为300～500m，占水土流失面积的30.9%；500m以上占 9.02%。

从不同坡度等级水土流失面积的分布来看，0°～5°，占水土流失面积的 25.6%；5°～8°，占水土流失面积的 14.37%；25°以上，占水土流失面积的 20.21%。

(2) 水土保持率远期目标值及分阶段目标值

根据鲁中南低山丘陵土壤保持区研判规则和城市发展趋势，确定历城区 2025 年水土保持率目标值为 79.36%，比现有水土保持率提升 6.04%；水土保持率远期目标值为 86.11%，比现有水土保持率提升 12.79%。远期目标值各指标计算结果详见表 4.2-6。

表 4.2-6 历城区水土保持率远期目标值一览表

<table>
<tr><th colspan="4">指标</th><th>面积/km²</th></tr>
<tr><td colspan="4">国土总面积</td><td>1298</td></tr>
<tr><td colspan="4">现状水土流失面积(2020 年)</td><td>346.3</td></tr>
<tr><td rowspan="10">远期水土流失状况分析（2050 年）</td><td colspan="3">不需治理的水土流失面积</td><td>29.65</td></tr>
<tr><td colspan="3">应当治理的水土流失面积</td><td>316.65</td></tr>
<tr><td rowspan="7">不可完全治理的水土流失面积</td><td rowspan="5">水力侵蚀</td><td>耕地</td><td>19.22</td></tr>
<tr><td>园地</td><td>0.68</td></tr>
<tr><td>林地</td><td>29.2</td></tr>
<tr><td>草地</td><td>19.77</td></tr>
<tr><td>建设用地</td><td>81.76</td></tr>
<tr><td colspan="2">风力侵蚀</td><td>0</td></tr>
<tr><td colspan="2">合计</td><td>150.63</td></tr>
<tr><td colspan="3">可完全治理的水土流失面积</td><td>166.02</td></tr>
<tr><td colspan="4">远期存在的水土流失面积</td><td>180.28</td></tr>
<tr><td colspan="4">远期土壤侵蚀强度轻度以下的国土面积上限</td><td>1117.72</td></tr>
<tr><td colspan="4">水土保持率远期目标值</td><td>86.11%</td></tr>
</table>

4.2.6 长清区

(1) 水土流失现状

2020 年，长清区水土流失类型为水力侵蚀，面积 345.05km²，占行政面积 29.29%，水土保持率现状值为 70.71%，水土流失主要分布于中部和南部山区。从侵蚀强度占比来看，长清区侵蚀主要为轻度侵蚀，面积为 250.39km²，占水土流失总面积的 72.57%；中度侵蚀面积为 53.55km²，占水土流失总面积的 15.52%；强烈侵蚀面积为 25.68km²，占水土流失总面积的 7.44%；极强烈侵蚀面积为 11.71km²，占水土流失总面积的 3.39%；剧烈侵蚀面积为 3.72km²，占水土流失总面积的 1.08%。

从水土流失的土地利用分布来看，耕地水土流失面积最大，占水土流失面积的 61.3%；其次为林地，占 26.34%。

从水土流失的高程分布来看，长清区水土流失主要位于 300m 以下区域，占水土流失面积的 83.86%；300～500m 区域占 13.91%；500～1000m 区域占 2.23%。

从不同坡度等级水土流失面积的分布来看，0°～5°，占水土流失面积的 22.97%；5°～8°，占水土流失面积的 19.28%；25°以上，占水土流失面积的 14.97%。

(2) 水土保持率远期目标值及分阶段目标值

根据鲁中南低山丘陵土壤保持区研判规则和城市发展趋势，确定长清区 2025 年水土保持率目标值为 77.34%，比现有水土保持率提升 6.63%；水土保持率远期目标值为 87.82%，比现有水土保持率提升 17.11%。远期目标值各指标计算结果详见表 4.2-7。

表 4.2-7 长清区水土保持率远期目标值一览表

<table>
<tr><th colspan="4">指标</th><th>面积/km²</th></tr>
<tr><td colspan="4">国土总面积</td><td>1178</td></tr>
<tr><td colspan="4">现状水土流失面积(2020 年)</td><td>345.05</td></tr>
<tr><td rowspan="12">远期水土流失状况分析(2050 年)</td><td colspan="3">不需治理的水土流失面积</td><td>7.7</td></tr>
<tr><td colspan="3">应当治理的水土流失面积</td><td>337.35</td></tr>
<tr><td rowspan="8">不可完全治理的水土流失面积</td><td rowspan="5">水力侵蚀</td><td>耕地</td><td>34.45</td></tr>
<tr><td>园地</td><td>0.23</td></tr>
<tr><td>林地</td><td>62.63</td></tr>
<tr><td>草地</td><td>16.27</td></tr>
<tr><td>建设用地</td><td>22.24</td></tr>
<tr><td colspan="2">风力侵蚀</td><td>0</td></tr>
<tr><td colspan="2">合计</td><td>135.82</td></tr>
<tr><td colspan="2"></td><td></td></tr>
<tr><td colspan="3">可完全治理的水土流失面积</td><td>201.53</td></tr>
<tr><td colspan="3"></td><td></td></tr>
<tr><td colspan="4">远期存在的水土流失面积</td><td>143.52</td></tr>
<tr><td colspan="4">远期土壤侵蚀强度轻度以下的国土面积上限</td><td>1034.48</td></tr>
<tr><td colspan="4">水土保持率远期目标值</td><td>87.82%</td></tr>
</table>

4.2.7 章丘区

(1) 水土流失现状

2020 年，章丘区水土流失类型为水力侵蚀，面积 398.3km²，占行政面积

21.47%，水土保持率现状值为78.53%，水土流失主要分布于南部山区。从侵蚀强度占比来看，章丘区侵蚀主要为轻度侵蚀，面积为389.39km²，占水土流失总面积的97.76%；中度侵蚀面积为7.91km²，占水土流失总面积的1.99%；强烈侵蚀面积为0.64km²，占水土流失总面积的0.16%；极强烈侵蚀面积为0.36km²，占水土流失总面积的0.09%。

从水土流失的土地利用分布来看，林地水土流失面积最大，占水土流失面积的60.44%；其次为耕地，占28.32%。

从水土流失的高程分布来看，300～500m，占水土流失面积的43.25%；300m以下区域占30.07%；500～1000m区域占26.68%。

从不同坡度等级水土流失面积的分布来看，10°～15°，占水土流失面积的17.1%；15°～20°，占水土流失面积的16.24%；35°以上，占水土流失面积的4.21%。

(2) 水土保持率远期目标值及分阶段目标值

根据鲁中南低山丘陵土壤保持区研判规则和城市发展趋势，确定章丘区2025年水土保持率目标值为83.39%，比现有水土保持率提升4.86%；水土保持率远期目标值为88.85%，比现有水土保持率提升10.32%。远期目标值各指标计算结果详见表4.2-8。

表4.2-8 章丘区水土保持率远期目标值一览表

<table>
<tr><th colspan="4">指标</th><th>面积/km²</th></tr>
<tr><td colspan="4">国土总面积</td><td>1855</td></tr>
<tr><td colspan="4">现状水土流失面积(2020年)</td><td>398.3</td></tr>
<tr><td rowspan="10">远期水土流失状况分析(2050年)</td><td colspan="3">不需治理的水土流失面积</td><td>93.97</td></tr>
<tr><td colspan="3">应当治理的水土流失面积</td><td>304.33</td></tr>
<tr><td rowspan="7">不可完全治理的水土流失面积</td><td rowspan="5">水力侵蚀</td><td>耕地</td><td>32.68</td></tr>
<tr><td>园地</td><td>2.13</td></tr>
<tr><td>林地</td><td>62.63</td></tr>
<tr><td>草地</td><td>2.1</td></tr>
<tr><td>建设用地</td><td>13.32</td></tr>
<tr><td colspan="2">风力侵蚀</td><td>0</td></tr>
<tr><td colspan="2">合计</td><td>112.86</td></tr>
<tr><td colspan="3">可完全治理的水土流失面积</td><td>191.47</td></tr>
<tr><td colspan="4">远期存在的水土流失面积</td><td>206.83</td></tr>
<tr><td colspan="4">远期土壤侵蚀强度轻度以下的国土面积上限</td><td>1648.17</td></tr>
<tr><td colspan="4">水土保持率远期目标值</td><td>88.85%</td></tr>
</table>

4.2.8 济阳区

（1）水土流失现状

2020年，济阳区水土流失类型为水力侵蚀，面积8.97km²，占行政面积0.83%，水土保持率现状值为99.13%，水土流失主要分布于东部区域。轻度侵蚀面积为8.46km²，占水土流失总面积的94.31%；中度侵蚀面积为0.51km²，占5.69%。

从水土流失的土地利用分布来看，耕地水土流失面积最大，占水土流失面积的69.5%；其次为建设用地，占14.68%。

从水土流失的高程分布来看，水土流失主要集中于20m以下，占水土流失面积的58%；其次为20～50m之间，占42%。

从不同坡度等级水土流失面积的分布来看，水土流失主要集中于0°～5°，占水土流失面积的62.76%；其次为5°～8°区域，占水土流失面积的24.19%；8°～10°以上，占水土流失面积的6.35%；25°以上，占水土流失面积的0.15%。

（2）水土保持率远期目标值及分阶段目标值

根据黄泛平原防沙农田防护区研判规则和城市发展趋势，确定济阳区2025年水土保持率目标值为99.22%，比现有水土保持率提升0.05%；水土保持率远期目标值为99.72%，比现有水土保持率提升0.55%。远期目标值各指标计算结果详见表4.2-9。

表4.2-9　济阳区水土保持率远期目标值一览表

<table>
<tr><th colspan="4">指标</th><th>面积/km²</th></tr>
<tr><td colspan="4">国土总面积</td><td>1076</td></tr>
<tr><td colspan="4">现状水土流失面积(2020年)</td><td>8.97</td></tr>
<tr><td rowspan="10">远期水土流失状况分析
(2050年)</td><td colspan="3">不需治理的水土流失面积</td><td>0</td></tr>
<tr><td colspan="3">应当治理的水土流失面积</td><td>8.97</td></tr>
<tr><td rowspan="7">不可完全治理的水土流失面积</td><td rowspan="5">水力侵蚀</td><td>耕地</td><td>0</td></tr>
<tr><td>园地</td><td>0</td></tr>
<tr><td>林地</td><td>0</td></tr>
<tr><td>草地</td><td>0.01</td></tr>
<tr><td>建设用地</td><td>3.01</td></tr>
<tr><td colspan="2">风力侵蚀</td><td>0</td></tr>
<tr><td colspan="2">合计</td><td>3.02</td></tr>
<tr><td colspan="3">可完全治理的水土流失面积</td><td>5.95</td></tr>
<tr><td colspan="4">远期存在的水土流失面积</td><td>3.02</td></tr>
<tr><td colspan="4">远期土壤侵蚀强度轻度以下的国土面积上限</td><td>1072.98</td></tr>
<tr><td colspan="4">水土保持率远期目标值</td><td>99.72%</td></tr>
</table>

4.2.9 莱芜区

（1）水土流失现状

2020年，莱芜区水土流失类型为水力侵蚀，面积423.17km²，占行政面积24.32％，水土保持率现状值为75.68％，水土流失主要分布于北部和南部地区。从侵蚀强度占比来看，莱芜区侵蚀主要为轻度侵蚀，面积为365.47km²，占水土流失总面积的86.36％；中度侵蚀面积为37.59km²，占水土流失总面积的8.88％；强烈侵蚀面积为14.83km²，占水土流失总面积的3.5％；极强烈侵蚀面积为5.06km²，占水土流失总面积的1.2％；剧烈侵蚀面积为0.22km²，占水土流失总面积的0.05％。

从水土流失的土地利用分布来看，耕地水土流失面积最大，占水土流失面积的75.3％；其次为建设用地，占7.63％。

从水土流失的高程分布来看，莱芜区水土流失主要位于300m以下，占水土流失面积的58.62％；其次为300～500m，占水土流失面积的34.84％；500m以上占6.54％。

从不同坡度等级水土流失面积的分布来看，0°～5°，占水土流失面积的28.88％；5°～8°，占水土流失面积的19.54％；25°以上，占水土流失面积的8.97％。

（2）水土保持率远期目标值及分阶段目标值

根据鲁中南低山丘陵土壤保持区研判规则和城市发展趋势，确定莱芜区2025年水土保持率目标值为79.12％，比现有水土保持率提升3.44％；水土保持率远期目标值为88.27％，比现有水土保持率提升12.59％。远期目标值各指标计算结果详见表4.2-10。

表4.2-10 莱芜区水土保持率远期目标值一览表

<table>
<tr><td colspan="4">指标</td><td>面积/km²</td></tr>
<tr><td colspan="4">国土总面积</td><td>1740</td></tr>
<tr><td colspan="4">现状水土流失面积(2020年)</td><td>423.17</td></tr>
<tr><td rowspan="7">远期水土流失状况分析
(2050年)</td><td colspan="3">不需治理的水土流失面积</td><td>31.89</td></tr>
<tr><td colspan="3">应当治理的水土流失面积</td><td>391.28</td></tr>
<tr><td rowspan="5">不可完全治理的水土流失面积</td><td rowspan="5">水力侵蚀</td><td>耕地</td><td>85.72</td></tr>
<tr><td>园地</td><td>0</td></tr>
<tr><td>林地</td><td>22.46</td></tr>
<tr><td>草地</td><td>27.38</td></tr>
<tr><td>建设用地</td><td>36.65</td></tr>
</table>

续表

指标			面积/km^2
远期水土流失状况分析（2050 年）	不可完全治理的水土流失面积	风力侵蚀	0
		合计	172.21
	可完全治理的水土流失面积		219.07
远期存在的水土流失面积			204.1
远期土壤侵蚀强度轻度以下的国土面积上限			1535.9
水土保持率远期目标值			88.27％

4.2.10 钢城区

（1）水土流失现状

2020 年，钢城区水土流失类型为水力侵蚀，面积 140.1km^2，占行政面积 27.69％，水土保持率现状值为 72.31％，水土流失主要分布于西部、南部和东部区域。从侵蚀强度占比来看，钢城区侵蚀主要为轻度侵蚀，面积为 84.16km^2，占水土流失总面积的 60.08％；中度侵蚀面积为 33.26km^2，占水土流失总面积的 23.74％；强烈侵蚀面积为 13.54km^2，占水土流失总面积的 9.66％；极强烈侵蚀面积为 8.02km^2，占水土流失总面积的 5.72％；剧烈侵蚀面积为 1.12km^2，占水土流失总面积的 0.8％。

从水土流失的土地利用分布来看，耕地水土流失面积最大，占水土流失面积的 60.61％；其次为林地，占 15.27％。

从水土流失的高程分布来看，钢城区水土流失主要位于 300～500m，占水土流失面积的 57.2％；其次位于 300m 以下，占水土流失面积的 40.65％；500m 以上仅占 2.15％。

从不同坡度等级水土流失面积的分布来看，10°～15°，占水土流失面积的 21.51％；0°～5°和 5°～8°，分别占水土流失面积的 17.22％和 17.98％；25°以上，占水土流失面积的 8.73％。

（2）水土保持率远期目标值及分阶段目标值

根据鲁中南低山丘陵土壤保持区研判规则和城市发展趋势，确定钢城区 2025 年水土保持率目标值为 74.97％，比现有水土保持率提升 2.66％；水土保持率远期目标值为 86.08％，比现有水土保持率提升 13.77％。远期目标值各指标计算结果详见表 4.2-11。

表 4.2-11　钢城区水土保持率远期目标值一览表

<table>
<tr><td colspan="4">指标</td><td>面积/km^2</td></tr>
<tr><td colspan="4">国土总面积</td><td>506</td></tr>
<tr><td colspan="4">现状水土流失面积(2020 年)</td><td>140.1</td></tr>
<tr><td rowspan="10">远期水土流失状况分析(2050 年)</td><td colspan="3">不需治理的水土流失面积</td><td>3.01</td></tr>
<tr><td colspan="3">应当治理的水土流失面积</td><td>137.09</td></tr>
<tr><td rowspan="7">不可完全治理的水土流失面积</td><td rowspan="5">水力侵蚀</td><td>耕地</td><td>23.57</td></tr>
<tr><td>园地</td><td>0</td></tr>
<tr><td>林地</td><td>13.29</td></tr>
<tr><td>草地</td><td>15.15</td></tr>
<tr><td>建设用地</td><td>15.42</td></tr>
<tr><td colspan="2">风力侵蚀</td><td>0</td></tr>
<tr><td colspan="2">合计</td><td>67.43</td></tr>
<tr><td colspan="3">可完全治理的水土流失面积</td><td>69.66</td></tr>
<tr><td colspan="4">远期存在的水土流失面积</td><td>70.44</td></tr>
<tr><td colspan="4">远期土壤侵蚀强度轻度以下的国土面积上限</td><td>435.56</td></tr>
<tr><td colspan="4">水土保持率远期目标值</td><td>86.08%</td></tr>
</table>

4.2.11 平阴县

(1) 水土流失现状

2020 年，平阴县水土流失类型为水力侵蚀，面积 120.34km^2，占行政面积 14.55%，水土保持率现状值为 85.45%，水土流失主要分布于西部、西南部和东北部区域。从侵蚀强度占比来看，平阴县侵蚀主要为轻度侵蚀，面积为 115.25km^2，占水土流失总面积的 95.77%；中度侵蚀面积为 2.68km^2，占水土流失总面积的 2.23%；强烈侵蚀面积为 2.41km^2，占水土流失总面积的 2%。

从水土流失的土地利用分布来看，耕地水土流失面积最大，占水土流失面积的 58.32%；其次为林地，占 17.05%。

从水土流失的高程分布来看，平阴县水土流失主要位于 300m 以下，占水土流失面积的 98.01%；其次为 300～500m 区域，占 1.99%。

从不同坡度等级水土流失面积的分布来看，0°～5°，占水土流失面积的 35.19%；5°～8°，占水土流失面积的 25.3%；25°以上，占水土流失面积的 2.9%。

(2) 水土保持率远期目标值及分阶段目标值

根据鲁中南低山丘陵土壤保持区研判规则和城市发展趋势，确定平阴县

2025 年水土保持率目标值为 86.37%，比现有水土保持率提升 0.92%；水土保持率远期目标值为 92.78%，比现有水土保持率提升 7.33%。远期目标值各指标计算结果详见表 4.2-12。

表 4.2-12　平阴县水土保持率远期目标值一览表

<table>
<tr><td colspan="4">指标</td><td>面积/km²</td></tr>
<tr><td colspan="4">国土总面积</td><td>827</td></tr>
<tr><td colspan="4">现状水土流失面积(2020 年)</td><td>120.34</td></tr>
<tr><td rowspan="10">远期水土流失状况分析(2050 年)</td><td colspan="3">不需治理的水土流失面积</td><td>0</td></tr>
<tr><td colspan="3">应当治理的水土流失面积</td><td>120.34</td></tr>
<tr><td rowspan="7">不可完全治理的水土流失面积</td><td rowspan="5">水力侵蚀</td><td>耕地</td><td>18.97</td></tr>
<tr><td>园地</td><td>0.36</td></tr>
<tr><td>林地</td><td>20.27</td></tr>
<tr><td>草地</td><td>11.33</td></tr>
<tr><td>建设用地</td><td>8.75</td></tr>
<tr><td colspan="2">风力侵蚀</td><td>0</td></tr>
<tr><td colspan="2">合计</td><td>59.68</td></tr>
<tr><td colspan="3">可完全治理的水土流失面积</td><td>60.66</td></tr>
<tr><td colspan="4">远期存在的水土流失面积</td><td>59.68</td></tr>
<tr><td colspan="4">远期土壤侵蚀强度轻度以下的国土面积上限</td><td>767.32</td></tr>
<tr><td colspan="4">水土保持率远期目标值</td><td>92.78%</td></tr>
</table>

4.2.12 商河县

(1) 水土流失现状

2020 年，商河县水土流失类型为水力侵蚀，面积 16.02km²，占行政面积 1.38%，水土保持率现状值为 98.62%，水土流失主要分布于西部和东部区域。商河县轻度侵蚀面积为 15.91km²，占水土流失总面积的 99.31%；中度侵蚀面积为 0.04km²，占水土流失总面积的 0.25%；强烈侵蚀面积为 0.07km²，占水土流失总面积的 0.44%。

从水土流失的土地利用分布来看，建设用地水土流失面积最大，占水土流失面积的 51.56%；其次为草地，占 14.61%。

从水土流失的高程分布来看，水土流失主要集中于 20m 以下，占水土流失面积的 91.62%。

从不同坡度等级水土流失面积的分布来看，水土流失主要集中于 0°～5°，占水土流失面积的 82.72%；其次为 5°～8°区域，占水土流失面积的 13.01%；8°～10°以上，占水土流失面积的 2.64%。

(2) 水土保持率远期目标值及分阶段目标值

根据黄泛平原防沙农田防护区研判规则和城市发展趋势，确定商河县 2025 年水土保持率目标值为 98.70%，比现有水土保持率提升 0.08%；水土保持率远期目标值为 99.28%，比现有水土保持率提升 0.66%。远期目标值各指标计算结果详见表 4.2-13。

表 4.2-13　商河县水土保持率远期目标值一览表

<table>
<tr><td colspan="4">指标</td><td>面积/km²</td></tr>
<tr><td colspan="4">国土总面积</td><td>1162</td></tr>
<tr><td colspan="4">现状水土流失面积(2020 年)</td><td>16.02</td></tr>
<tr><td rowspan="10">远期水土流失状况分析(2050 年)</td><td colspan="3">不需治理的水土流失面积</td><td>0</td></tr>
<tr><td colspan="3">应当治理的水土流失面积</td><td>16.02</td></tr>
<tr><td rowspan="7">不可完全治理的水土流失面积</td><td rowspan="5">水力侵蚀</td><td>耕地</td><td>0</td></tr>
<tr><td>园地</td><td>0</td></tr>
<tr><td>林地</td><td>0</td></tr>
<tr><td>草地</td><td>0.11</td></tr>
<tr><td>建设用地</td><td>8.31</td></tr>
<tr><td colspan="2">风力侵蚀</td><td>0</td></tr>
<tr><td colspan="2">合计</td><td>8.42</td></tr>
<tr><td colspan="3">可完全治理的水土流失面积</td><td>7.6</td></tr>
<tr><td colspan="4">远期存在的水土流失面积</td><td>8.42</td></tr>
<tr><td colspan="4">远期土壤侵蚀强度轻度以下的国土面积上限</td><td>1153.58</td></tr>
<tr><td colspan="4">水土保持率远期目标值</td><td>99.28%</td></tr>
</table>

4.3 青岛市

(1) 水土流失现状

青岛市 2020 年水土流失类型为水力侵蚀，面积 1525.88km²，占行政面积 13.79%，水土保持率现状值为 86.21%。水土流失区土壤侵蚀强度以轻度侵蚀为主，轻度侵蚀面积 1463.81km²，占水土流失总面积的 95.93%；中度侵蚀面积 43.03km²，占水土流失总面积的 2.82%；强烈侵蚀面积 10.5km²，占水土流失总面积的 0.69%；极强烈侵蚀面积 6.01km²，占水土流失总面积的 0.39%；

剧烈侵蚀面积 2.53km²，占水土流失总面积的 0.17%。

从水土流失的土地利用分布来看，青岛市水土流失面积主要集中于耕地，其次为林地和建设用地。其中，耕地水土流失面积 1150.71km²，以旱地轻度侵蚀为主；林地水土流失面积 191.84km²，以有林地轻度侵蚀为主；建设用地水土流失面积 120.41km²，以轻度侵蚀为主。

(2) 水土保持率远期目标值及分阶段目标值

青岛市位于胶东半岛丘陵蓄水保土区，根据胶东半岛丘陵蓄水保土区的研判规则和城市发展趋势，确定青岛市 2025 年水土保持率目标值为 88.50%，比现有水土保持率提升 2.29%；水土保持率远期目标值为 95.84%，比现有水土保持率提升 9.63%。远期目标值各指标计算结果详见表 4.3-1。

表 4.3-1 青岛市水土保持率远期目标值一览表

<table>
<tr><th colspan="4">指标</th><th>面积/km²</th></tr>
<tr><td colspan="4">国土总面积</td><td>11064</td></tr>
<tr><td colspan="4">现状水土流失面积(2020 年)</td><td>1525.88</td></tr>
<tr><td rowspan="10">远期水土流失状况分析(2050 年)</td><td colspan="3">不需治理的水土流失面积</td><td>55.03</td></tr>
<tr><td colspan="3">应当治理的水土流失面积</td><td>1470.85</td></tr>
<tr><td rowspan="7">不可完全治理的水土流失面积</td><td rowspan="5">水力侵蚀</td><td>耕地</td><td>279.9</td></tr>
<tr><td>园地</td><td>3.52</td></tr>
<tr><td>林地</td><td>78.54</td></tr>
<tr><td>草地</td><td>1.34</td></tr>
<tr><td>建设用地</td><td>41.48</td></tr>
<tr><td colspan="2">风力侵蚀</td><td>0</td></tr>
<tr><td colspan="2">合计</td><td>404.78</td></tr>
<tr><td colspan="3">可完全治理的水土流失面积</td><td>1066.07</td></tr>
<tr><td colspan="4">远期存在的水土流失面积</td><td>459.81</td></tr>
<tr><td colspan="4">远期土壤侵蚀强度轻度以下的国土面积上限</td><td>10604.19</td></tr>
<tr><td colspan="4">水土保持率远期目标值</td><td>95.84%</td></tr>
</table>

4.3.1 市南区

(1) 水土流失现状

2020 年，市南区水土流失类型为水力侵蚀，面积 0.7km²，占行政面积 2.33%，水土保持率现状值为 97.67%，水土流失主要分布于东部区域。从侵蚀强度占比来看，该区域水土流失全部为轻度侵蚀，面积为 0.7km²。

从水土流失的土地利用分布来看，林地水土流失面积最大，占水土流失总面积的 64.29%；其次为建设用地，占 35.71%。

从水土流失的高程分布来看，水土流失集中于 300m 以下，占水土流失面积的 100%。

从不同坡度等级水土流失面积的分布来看，10°～15°，占水土流失面积的 22.86%；15°～20°，占水土流失面积的 21.43%；5°～8°以上，占水土流失面积的 12.86%；25°以上，占水土流失面积的 8.57%。

(2) 水土保持率远期目标值及分阶段目标值

根据胶东半岛丘陵蓄水保土区的研判规则和城市发展趋势，确定市南区 2025 年水土保持率目标值为 97.80%，比现有水土保持率提升 0.13%；水土保持率远期目标值为 99.07%，比现有水土保持率提升 1.40%。远期目标值各指标计算结果详见表 4.3-2。

表 4.3-2 市南区水土保持率远期目标值一览表

<table>
<tr><th colspan="4">指标</th><th>面积/km²</th></tr>
<tr><td colspan="4">国土总面积</td><td>30</td></tr>
<tr><td colspan="4">现状水土流失面积(2020 年)</td><td>0.7</td></tr>
<tr><td rowspan="10">远期水土流失状况分析(2050 年)</td><td colspan="3">不需治理的水土流失面积</td><td>0</td></tr>
<tr><td colspan="3">应当治理的水土流失面积</td><td>0.7</td></tr>
<tr><td rowspan="7">不可完全治理的水土流失面积</td><td rowspan="5">水力侵蚀</td><td>耕地</td><td>0</td></tr>
<tr><td>园地</td><td>0</td></tr>
<tr><td>林地</td><td>0.28</td></tr>
<tr><td>草地</td><td>0</td></tr>
<tr><td>建设用地</td><td>0</td></tr>
<tr><td colspan="2">风力侵蚀</td><td>0</td></tr>
<tr><td colspan="2">合计</td><td>0.28</td></tr>
<tr><td colspan="3">可完全治理的水土流失面积</td><td>0.42</td></tr>
<tr><td colspan="4">远期存在的水土流失面积</td><td>0.28</td></tr>
<tr><td colspan="4">远期土壤侵蚀强度轻度以下的国土面积上限</td><td>29.72</td></tr>
<tr><td colspan="4">水土保持率远期目标值</td><td>99.07%</td></tr>
</table>

4.3.2 市北区

(1) 水土流失现状

2020 年，市北区水土流失类型为水力侵蚀，面积 2.06km²，占行政面积

3.27%，水土保持率现状值为96.73%，水土流失主要分布于东部和北部区域。从侵蚀强度占比来看，该区域水土流失以轻度侵蚀为主，面积为2.05km²，占水土流失总面积的99.51%；中度侵蚀面积为0.01km²，占水土流失总面积的0.49%。

从水土流失的土地利用分布来看，建设用地水土流失面积最大，占水土流失总面积的64.08%；其次为林地，占35.92%。

从水土流失的高程分布来看，水土流失主要集中于300m以下，占水土流失总面积的100%。

从不同坡度等级水土流失面积的分布来看，0°～5°，占水土流失总面积的30.58%；10°～15°，占水土流失面积的20.87%；5°～8°以上，占水土流失总面积的19.42%；25°以上，占水土流失总面积的2.43%。

(2) 水土保持率远期目标值及分阶段目标值

根据胶东半岛丘陵蓄水保土区的研判规则和城市发展趋势，确定市北区2025年水土保持率目标值为96.94%，比现有水土保持率提升0.21%；水土保持率远期目标值为99.48%，比现有水土保持率提升2.75%。远期目标值各指标计算结果详见表4.3-3。

表4.3-3　市北区水土保持率远期目标值一览表

<table>
<tr><th colspan="4">指标</th><th>面积/km²</th></tr>
<tr><td colspan="4">国土总面积</td><td>63</td></tr>
<tr><td colspan="4">现状水土流失面积(2020年)</td><td>2.06</td></tr>
<tr><td rowspan="11">远期水土流失状况分析
(2050年)</td><td colspan="3">不需治理的水土流失面积</td><td>0</td></tr>
<tr><td colspan="3">应当治理的水土流失面积</td><td>2.06</td></tr>
<tr><td rowspan="8">不可完全治理的水土流失面积</td><td rowspan="5">水力侵蚀</td><td>耕地</td><td>0</td></tr>
<tr><td>园地</td><td>0</td></tr>
<tr><td>林地</td><td>0.33</td></tr>
<tr><td>草地</td><td>0</td></tr>
<tr><td>建设用地</td><td>0</td></tr>
<tr><td colspan="2">风力侵蚀</td><td>0</td></tr>
<tr><td colspan="2">合计</td><td>0.33</td></tr>
<tr><td colspan="2">可完全治理的水土流失面积</td><td>1.73</td></tr>
<tr><td colspan="3">远期存在的水土流失面积</td><td>0.33</td></tr>
<tr><td colspan="4">远期土壤侵蚀强度轻度以下的国土面积上限</td><td>62.67</td></tr>
<tr><td colspan="4">水土保持率远期目标值</td><td>99.48%</td></tr>
</table>

4.3.3 黄岛区

(1) 水土流失现状

2020年，黄岛区水土流失类型为水力侵蚀，面积462.46km²，占行政面积22.06%，水土保持率现状值为77.94%，水土流失主要分布于西部和南部区域。从侵蚀强度占比来看，该区域水土流失以轻度侵蚀为主，面积为439.36km²，占水土流失总面积的95%；中度侵蚀面积为16.64km²，占水土流失总面积的3.6%；强烈侵蚀面积为3.76km²，占水土流失总面积的0.81%；极强烈侵蚀面积为2.01km²，占水土流失总面积的0.43%；剧烈侵蚀面积为0.69km²，占水土流失总面积的0.15%。

从水土流失的土地利用分布来看，耕地水土流失面积最大，占水土流失总面积的84.53%；其次为林地，占8.14%。

从水土流失的高程分布来看，水土流失主要集中于300m以下，占水土流失总面积的98.17%；300～500m以上水土流失面积占1.57%；500～1000m以上水土流失面积占0.26%。

从不同坡度等级水土流失面积的分布来看，0°～5°，占水土流失总面积的37.05%；5°～8°，占水土流失总面积的24.31%；10°～15°以上，占水土流失总面积的15.95%；25°以上，占水土流失总面积的2.93%。

(2) 水土保持率远期目标值及分阶段目标值

根据胶东半岛丘陵蓄水保土区的研判规则和城市发展趋势，确定黄岛区2025年水土保持率目标值为82.93%，比现有水土保持率提升4.99%；水土保持率远期目标值为93.37%，比现有水土保持率提升15.43%。远期目标值各指标计算结果详见表4.3-4。

表4.3-4 黄岛区水土保持率远期目标值一览表

<table>
<tr><th colspan="4">指标</th><th>面积/km²</th></tr>
<tr><td colspan="4">国土总面积</td><td>2096</td></tr>
<tr><td colspan="4">现状水土流失面积(2020年)</td><td>462.46</td></tr>
<tr><td rowspan="7">远期水土流失状况分析
(2050年)</td><td colspan="3">不需治理的水土流失面积</td><td>9.75</td></tr>
<tr><td colspan="3">应当治理的水土流失面积</td><td>452.71</td></tr>
<tr><td rowspan="5">不可完全治理的水土流失面积</td><td rowspan="5">水力侵蚀</td><td>耕地</td><td>103.32</td></tr>
<tr><td>园地</td><td>0.32</td></tr>
<tr><td>林地</td><td>15.04</td></tr>
<tr><td>草地</td><td>0</td></tr>
<tr><td>建设用地</td><td>10.59</td></tr>
</table>

续表

指标			面积/km^2
远期水土流失状况分析（2050 年）	不可完全治理的水土流失面积	风力侵蚀	0
		合计	129.27
	可完全治理的水土流失面积		323.44
远期存在的水土流失面积			139.02
远期土壤侵蚀强度轻度以下的国土面积上限			1956.98
水土保持率远期目标值			93.37％

4.3.4 崂山区

(1) 水土流失现状

2020 年，崂山区水土流失类型为水力侵蚀，面积 38.19km^2，占行政面积 9.64％，水土保持率现状值为 90.36％，水土流失主要分布于西南部和东部区域。从侵蚀强度占比来看，该区域水土流失以轻度侵蚀为主，面积为 37.69km^2，占水土流失总面积的 98.69％；中度侵蚀面积为 0.36km^2，占水土流失总面积的 0.94％；强烈侵蚀面积为 0.04km^2，占水土流失总面积的 0.1％；极强烈侵蚀面积为 0.04km^2，占水土流失总面积的 0.1％；剧烈侵蚀面积为 0.06，占水土流失总面积的 0.16％。

从水土流失的土地利用分布来看，林地水土流失面积最大，占水土流失总面积的 57.03％；其次为建设用地，占水土流失总面积的 18.75％。

从水土流失的高程分布来看，水土流失主要集中于 300m 以下，占水土流失总面积的 62.16％；300～500m，占水土流失总面积的 12.31％；500～1000m 以上，占水土流失总面积的 25.53％。

从不同坡度等级水土流失面积的分布来看，25°～30°水土流失面积最多，占 14.22％；0°～5°，占水土流失总面积的 6.91％；5°～8°，占水土流失总面积的 9.11％；10°～15°，占水土流失总面积的 6.26％；25°以上，占水土流失总面积的 37.65％。

(2) 水土保持率远期目标值及分阶段目标值

根据胶东半岛丘陵蓄水保土区的研判规则和城市发展趋势，确定崂山区 2025 年水土保持率目标值为 90.55％，比现有水土保持率提升 0.19％；水土保持率远期目标值为 93.01％，比现有水土保持率提升 2.65％。远期目标值各指标计算结果详见表 4.3-5。

表 4.3-5　崂山区水土保持率远期目标值一览表

<table>
<tr><td colspan="4">指标</td><td>面积/km²</td></tr>
<tr><td colspan="4">国土总面积</td><td>396</td></tr>
<tr><td colspan="4">现状水土流失面积(2020 年)</td><td>38.19</td></tr>
<tr><td rowspan="10">远期水土流失状况分析(2050 年)</td><td colspan="3">不需治理的水土流失面积</td><td>16.66</td></tr>
<tr><td colspan="3">应当治理的水土流失面积</td><td>21.53</td></tr>
<tr><td rowspan="7">不可完全治理的水土流失面积</td><td rowspan="5">水力侵蚀</td><td>耕地</td><td>2.98</td></tr>
<tr><td>园地</td><td>0</td></tr>
<tr><td>林地</td><td>7.15</td></tr>
<tr><td>草地</td><td>0.54</td></tr>
<tr><td>建设用地</td><td>0.37</td></tr>
<tr><td colspan="2">风力侵蚀</td><td>0</td></tr>
<tr><td colspan="2">合计</td><td>11.04</td></tr>
<tr><td colspan="3">可完全治理的水土流失面积</td><td>10.49</td></tr>
<tr><td colspan="4">远期存在的水土流失面积</td><td>27.7</td></tr>
<tr><td colspan="4">远期土壤侵蚀强度轻度以下的国土面积上限</td><td>368.3</td></tr>
<tr><td colspan="4">水土保持率远期目标值</td><td>93.01%</td></tr>
</table>

4.3.5 李沧区

(1) 水土流失现状

2020 年，李沧区水土流失类型为水力侵蚀，面积 7.36km²，占行政面积 7.43%，水土保持率现状值为 92.57%，水土流失主要分布于北部区域。从侵蚀强度占比来看，水土流失以轻度侵蚀为主，面积为 7.35km²，占水土流失总面积的 99.86%；剧烈侵蚀面积为 0.01km²，占水土流失总面积的 0.14%。

从水土流失的土地利用分布来看，林地水土流失面积最大，占水土流失总面积的 94.43%；其次为耕地，占 5.16%。

从水土流失的高程分布来看，水土流失主要集中于 300m 以下，占水土流失总面积的 87.36%；300～500m 占水土流失总面积的 12.64%。

从不同坡度等级水土流失面积的分布来看，15°～20°，占水土流失总面积的 22.28%；10°～15°，占水土流失总面积的 19.29%；20°～25°以上，占水土流失总面积的 17.53%；25°以上，占水土流失总面积的 27.45%。

(2) 水土保持率远期目标值及分阶段目标值

根据胶东半岛丘陵蓄水保土区的研判规则和城市发展趋势，确定李沧区 2025 年水土保持率目标值为 93.04%，比现有水土保持率提升 0.47%；水土保持率远期目标值为 94.72%，比现有水土保持率提升 2.15%。远期目标值各指标计算结果详见表 4.3-6。

表 4.3-6　李沧区水土保持率远期目标值一览表

<table>
<tr><td colspan="4">指标</td><td>面积/km²</td></tr>
<tr><td colspan="4">国土总面积</td><td>99</td></tr>
<tr><td colspan="4">现状水土流失面积(2020 年)</td><td>7.36</td></tr>
<tr><td rowspan="10">远期水土流失状况分析
(2050 年)</td><td colspan="3">不需治理的水土流失面积</td><td>1.07</td></tr>
<tr><td colspan="3">应当治理的水土流失面积</td><td>6.29</td></tr>
<tr><td rowspan="7">不可完全治理的水土流失面积</td><td rowspan="5">水力侵蚀</td><td>耕地</td><td>0.25</td></tr>
<tr><td>园地</td><td>0</td></tr>
<tr><td>林地</td><td>3.91</td></tr>
<tr><td>草地</td><td>0</td></tr>
<tr><td>建设用地</td><td>0</td></tr>
<tr><td colspan="2">风力侵蚀</td><td>0</td></tr>
<tr><td colspan="2">合计</td><td>4.16</td></tr>
<tr><td colspan="3">可完全治理的水土流失面积</td><td>2.13</td></tr>
<tr><td colspan="4">远期存在的水土流失面积</td><td>5.23</td></tr>
<tr><td colspan="4">远期土壤侵蚀强度轻度以下的国土面积上限</td><td>93.77</td></tr>
<tr><td colspan="4">水土保持率远期目标值</td><td>94.72%</td></tr>
</table>

4.3.6 城阳区

(1) 水土流失现状

2020 年，城阳区水土流失类型为水力侵蚀，面积 85.38m²，占行政面积 16.05%，水土保持率现状值为 83.95%，水土流失主要分布于西部和东部区域。从侵蚀强度占比来看，该区域水土流失以轻度侵蚀为主，面积为 80.34km²，占水土流失总面积的 94.1%；中度侵蚀面积为 3.49km²，占水土流失总面积的 4.09%；强烈侵蚀面积为 0.86km²，占水土流失总面积的 1.01%；极强烈侵蚀面积为 0.49km²，占水土流失总面积的 0.57%；剧烈侵蚀面积为 0.2km²，占水土流失总面积的 0.23%。

从水土流失的土地利用分布来看，建设用地水土流失面积最大，占水土流失总面积的 44.13%；其次为耕地和林地，分别占 17.37%和 16.78%。

从水土流失的高程分布来看，水土流失主要集中于 300m 以下，占水土流失总面积的 86.52%；其次为 300～500m，占 12.11%，500m 以上占 1.37%。

从不同坡度等级水土流失面积的分布来看，0°～5°，占水土流失总面积的41.44%；20°～25°，占水土流失总面积的10.13%；5°～8°，占水土流失总面积的10.58%；25°以上，占水土流失面积的15.14%。

(2) 水土保持率远期目标值及分阶段目标值

根据胶东半岛丘陵蓄水保土区的研判规则和城市发展趋势，确定城阳区2025年水土保持率目标值为84.58%，比现有水土保持率提升0.63%；水土保持率远期目标值为94.29%，比现有水土保持率提升10.34%。远期目标值各指标计算结果详见表4.3-7。

表4.3-7 城阳区水土保持率远期目标值一览表

<table>
<tr><th colspan="4">指标</th><th>面积/km²</th></tr>
<tr><td colspan="4">国土总面积</td><td>532</td></tr>
<tr><td colspan="4">现状水土流失面积(2020年)</td><td>85.38</td></tr>
<tr><td rowspan="10">远期水土流失状况分析(2050年)</td><td colspan="3">不需治理的水土流失面积</td><td>13.27</td></tr>
<tr><td colspan="3">应当治理的水土流失面积</td><td>72.11</td></tr>
<tr><td rowspan="7">不可完全治理的水土流失面积</td><td rowspan="5">水力侵蚀</td><td>耕地</td><td>1.73</td></tr>
<tr><td>园地</td><td>0</td></tr>
<tr><td>林地</td><td>15.15</td></tr>
<tr><td>草地</td><td>0.01</td></tr>
<tr><td>建设用地</td><td>0.24</td></tr>
<tr><td colspan="2">风力侵蚀</td><td>0</td></tr>
<tr><td colspan="2">合计</td><td>17.13</td></tr>
<tr><td colspan="3">可完全治理的水土流失面积</td><td>54.98</td></tr>
<tr><td colspan="4">远期存在的水土流失面积</td><td>30.4</td></tr>
<tr><td colspan="4">远期土壤侵蚀强度轻度以下的国土面积上限</td><td>501.6</td></tr>
<tr><td colspan="4">水土保持率远期目标值</td><td>94.29%</td></tr>
</table>

4.3.7 即墨区

(1) 水土流失现状

2020年，即墨区水土流失类型为水力侵蚀，面积178.13km²，占行政面积10.01%，水土保持率现状值为89.99%，水土流失主要分布于南部和东部区域。从侵蚀强度占比来看，该区域水土流失以轻度侵蚀为主，面积为172.84km²，占水土流失总面积的97.03%；中度侵蚀面积为3.41km²，占水土流失总面积的1.91%；强烈侵蚀面积为0.9km²，占水土流失总面积的0.51%；极强烈侵蚀面积为 0.6km²，占水土流失总面积的 0.34%；剧烈侵蚀面积为 0.38km²，占水土流失总面积的 0.21%。

从水土流失的土地利用分布来看，耕地水土流失面积最大，占水土流失总面积的 60.74%；其次为林地，占 24.98%。

从水土流失的高程分布来看，水土流失主要集中于 300m 以下，占水土流失总面积的 100%。

从不同坡度等级水土流失面积的分布来看，0°～5°，占水土流失总面积的 24.9%；5°～8°，占水土流失总面积的 24.16%；10°～15°以上，占水土流失总面积的占 19.13%，25°以上，占水土流失总面积的 3.76%。

(2) 水土保持率远期目标值及分阶段目标值

根据胶东半岛丘陵蓄水保土区的研判规则和城市发展趋势，确定即墨区 2025 年水土保持率目标值为 90.95%，比现有水土保持率提升 0.96%；水土保持率远期目标值为 96.61%，比现有水土保持率提升 6.62%。远期目标值各指标计算结果详见表 4.3-8。

表 4.3-8 即墨区水土保持率远期目标值一览表

<table>
<tr><th colspan="4">指标</th><th>面积/km²</th></tr>
<tr><td colspan="4">国土总面积</td><td>1780</td></tr>
<tr><td colspan="4">现状水土流失面积(2020 年)</td><td>178.13</td></tr>
<tr><td rowspan="10">远期水土流失状况分析
(2050 年)</td><td colspan="3">不需治理的水土流失面积</td><td>0</td></tr>
<tr><td colspan="3">应当治理的水土流失面积</td><td>178.13</td></tr>
<tr><td rowspan="7">不可完全治理的水土流失面积</td><td rowspan="5">水力侵蚀</td><td>耕地</td><td>28.29</td></tr>
<tr><td>园地</td><td>2.44</td></tr>
<tr><td>林地</td><td>24.27</td></tr>
<tr><td>草地</td><td>0.5</td></tr>
<tr><td>建设用地</td><td>4.82</td></tr>
<tr><td colspan="2">风力侵蚀</td><td>0</td></tr>
<tr><td colspan="2">合计</td><td>60.32</td></tr>
<tr><td colspan="3">可完全治理的水土流失面积</td><td>117.81</td></tr>
<tr><td colspan="4">远期存在的水土流失面积</td><td>60.32</td></tr>
<tr><td colspan="4">远期土壤侵蚀强度轻度以下的国土面积上限</td><td>1719.68</td></tr>
<tr><td colspan="4">水土保持率远期目标值</td><td>96.61%</td></tr>
</table>

4.3.8 胶州市

(1) 水土流失现状

2020 年，胶州市水土流失类型为水力侵蚀，面积 124.72km²，占行政面积

9.42%，水土保持率现状值为 90.58%，水土流失主要分布于中部和南部区域。从侵蚀强度占比来看，该区域水土流失以轻度侵蚀为主，面积为 121.32km²，占水土流失总面积的 97.27%；中度侵蚀面积为 2.48km²，占 1.99%；强烈侵蚀面积为 0.48km²，占水土流失总面积的 0.38%；极强烈侵蚀面积为 0.3km²，占水土流失总面积的 0.24%；剧烈侵蚀面积为 0.14km²，占水土流失总面积的 0.11%。

从水土流失的土地利用分布来看，耕地水土流失面积最大，占水土流失总面积的 69.93%；其次为建设用地，占 19.92%。

从水土流失的高程分布来看，水土流失主要集中于 300m 以下，占水土流失总面积的 100%。

从不同坡度等级水土流失面积的分布来看，0°～5°，占水土流失总面积的 36.94%；5°～8°，占水土流失总面积的 26.23%；10°～15°以上，占水土流失总面积的 16.57%，25°以上，占水土流失总面积的 0.84%。

(2) 水土保持率远期目标值及分阶段目标值

根据胶东半岛丘陵蓄水保土区的研判规则和城市发展趋势，确定胶州市 2025 年水土保持率目标值为 91.48%，比现有水土保持率提升 0.90%；水土保持率远期目标值为 97.34%，比现有水土保持率提升 6.76%。远期目标值各指标计算结果详见表 4.3-9。

表 4.3-9　胶州市水土保持率远期目标值一览表

<table>
<tr><th colspan="4">指标</th><th>面积/km²</th></tr>
<tr><td colspan="4">国土总面积</td><td>1324</td></tr>
<tr><td colspan="4">现状水土流失面积(2020 年)</td><td>124.72</td></tr>
<tr><td rowspan="10">远期水土流失状况分析
(2050 年)</td><td colspan="3">不需治理的水土流失面积</td><td>0</td></tr>
<tr><td colspan="3">应当治理的水土流失面积</td><td>124.72</td></tr>
<tr><td rowspan="7">不可完全治理的水土流失面积</td><td rowspan="5">水力侵蚀</td><td>耕地</td><td>25.89</td></tr>
<tr><td>园地</td><td>0.38</td></tr>
<tr><td>林地</td><td>0.39</td></tr>
<tr><td>草地</td><td>0.01</td></tr>
<tr><td>建设用地</td><td>8.6</td></tr>
<tr><td colspan="2">风力侵蚀</td><td>0</td></tr>
<tr><td colspan="2">合计</td><td>35.27</td></tr>
<tr><td colspan="3">可完全治理的水土流失面积</td><td>89.45</td></tr>
<tr><td colspan="4">远期存在的水土流失面积</td><td>35.27</td></tr>
<tr><td colspan="4">远期土壤侵蚀强度轻度以下的国土面积上限</td><td>1288.73</td></tr>
<tr><td colspan="4">水土保持率远期目标值</td><td>97.34%</td></tr>
</table>

4.3.9 平度市

(1) 水土流失现状

2020年，平度市水土流失类型为水力侵蚀，面积320.67km²，占行政面积10.01%，水土保持率现状值为89.99%，水土流失主要分布于西北部区域。从侵蚀强度占比来看，该区域水土流失以轻度侵蚀为主，面积为301.97km²，占水土流失总面积的94.17%；中度侵蚀面积为11.27km²，占水土流失总面积的3.51%；强烈侵蚀面积为3.94km²，占水土流失总面积的1.23%；极强烈侵蚀面积为2.46km²，占水土流失总面积的0.77%；剧烈侵蚀面积为1.03km²，占水土流失总面积的0.32%。

从水土流失的土地利用分布来看，耕地水土流失面积最大，占水土流失总面积的71.56%；其次为林地，占10.84%。

从水土流失的高程分布来看，水土流失主要集中于300m以下，占水土流失总面积的96.39%；300～500m占水土流失总面积的3.2%；500～1000m占水土流失总面积的0.42%。

从不同坡度等级水土流失面积的分布来看，0°～5°，占水土流失总面积的30.66%；5°～8°，占水土流失总面积的27.04%；10°～15°以上，占水土流失总面积的16.82%，25°以上，占水土流失总面积的3.25%。

(2) 水土保持率远期目标值及分阶段目标值

根据胶东半岛丘陵蓄水保土区的研判规则和城市发展趋势，确定平度市2025年水土保持率目标值为91.33%，比现有水土保持率提升1.43%；水土保持率远期目标值为96.72%，比现有水土保持率提升6.82%。远期目标值各指标计算结果详见表4.3-10。

表4.3-10 平度市水土保持率远期目标值一览表

指标				面积/km²
国土总面积				3176
现状水土流失面积(2020年)				320.67
远期水土流失状况分析(2050年)	不需治理的水土流失面积			13.36
	应当治理的水土流失面积			307.31
	不可完全治理的水土流失面积	水力侵蚀	耕地	67.74
			园地	0.36
			林地	11.84
			草地	0.28
			建设用地	10.68

续表

指标			面积/km^2
远期水土流失状况分析（2050年）	不可完全治理的水土流失面积	风力侵蚀	0
		合计	90.9
	可完全治理的水土流失面积		216.41
远期存在的水土流失面积			104.26
远期土壤侵蚀强度轻度以下的国土面积上限			3071.74
水土保持率远期目标值			96.72%

4.3.10 莱西市

（1）水土流失现状

2020年，莱西市水土流失类型为水力侵蚀，面积为306.21km^2，占行政面积19.53%，水土保持率现状值为80.47%，水土流失主要分布于南部和西北部区域。从侵蚀强度占比来看，该区域水土流失以轻度侵蚀为主，面积为300.19km^2，占水土流失总面积的98.03%；中度侵蚀面积为5.37km^2，占水土流失总面积的1.75%；强烈侵蚀面积为0.52km^2，占水土流失总面积的0.17%；极强烈侵蚀面积为0.11km^2，占水土流失总面积的0.04%；剧烈侵蚀面积为0.02km^2，占水土流失总面积的0.01%。

从水土流失的土地利用分布来看，耕地水土流失面积最大，占水土流失总面积的94.79%；其次为建设用地，占4.41%。

从水土流失的高程分布来看，水土流失主要集中于300m以下，占水土流失总面积的99.74%。

从不同坡度等级水土流失面积的分布来看，0°～5°，占水土流失总面积的44.94%；5°～8°，占水土流失总面积的29.05%；10°～15°以上，占水土流失总面积的11.43%，25°以上，占水土流失总面积的0.25%。

（2）水土保持率远期目标值及分阶段目标值

根据胶东半岛丘陵蓄水保土区的研判规则和城市发展趋势，确定莱西市2025年水土保持率目标值为84.89%，比现有水土保持率提升4.42%；水土保持率远期目标值为96.36%，比现有水土保持率提升15.89%。远期目标值各指标计算结果详见表4.3-11。

表 4.3-11 莱西市水土保持率远期目标值一览表

<table>
<tr><th colspan="4">指标</th><th>面积/km²</th></tr>
<tr><td colspan="4">国土总面积</td><td>1568</td></tr>
<tr><td colspan="4">现状水土流失面积(2020 年)</td><td>306.21</td></tr>
<tr><td rowspan="10">远期水土流失状况分析(2050 年)</td><td colspan="3">不需治理的水土流失面积</td><td>0.92</td></tr>
<tr><td colspan="3">应当治理的水土流失面积</td><td>305.29</td></tr>
<tr><td rowspan="7">不可完全治理的水土流失面积</td><td rowspan="5">水力侵蚀</td><td>耕地</td><td>49.7</td></tr>
<tr><td>园地</td><td>0.02</td></tr>
<tr><td>林地</td><td>0.18</td></tr>
<tr><td>草地</td><td>0</td></tr>
<tr><td>建设用地</td><td>6.18</td></tr>
<tr><td colspan="2">风力侵蚀</td><td>0</td></tr>
<tr><td colspan="2">合计</td><td>56.08</td></tr>
<tr><td colspan="3">可完全治理的水土流失面积</td><td>249.21</td></tr>
<tr><td colspan="4">远期存在的水土流失面积</td><td>57</td></tr>
<tr><td colspan="4">远期土壤侵蚀强度轻度以下的国土面积上限</td><td>1511</td></tr>
<tr><td colspan="4">水土保持率远期目标值</td><td>96.36%</td></tr>
</table>

4.4 淄博市

(1) 水土流失现状

淄博市 2020 年水土流失类型为水力侵蚀，面积 1474.53km²，占行政面积 24.72%，水土保持率现状值为 75.28%。从侵蚀强度来看，土壤侵蚀强度以轻度侵蚀为主。其中，轻度侵蚀面积 1401.82km²，占水土流失总面积的 95.10%；中度侵蚀面积 54.23km²，占水土流失总面积的 3.68%；强烈侵蚀面积 15.06km²，占水土流失总面积的 1.02%；极强烈侵蚀面积 1.7km²，占水土流失总面积的 0.12%；剧烈侵蚀面积 1.19km²，占水土流失总面积的 0.08%。

从水土流失的土地利用分布来看，林地居首位，其次为耕地和建设用地。其中，林地水土流失总面积 598.35km²，以有林地轻度侵蚀为主；耕地 435.53km²，以旱地轻度侵蚀为主；建设用地 172.39km²，以轻度侵蚀为主。

(2) 水土保持率远期目标值及分阶段目标值

淄博市主要涉及鲁中南低山丘陵土壤保持区（7 个县级行政区）和黄泛平原防沙农田防护区（1 个县级行政区），根据鲁中南低山丘陵土壤保持区和黄泛平原防沙农田防护区的研判规则和城市发展趋势，确定淄博市2025年水土保持率目标值为78.61%，比现有水土保持率提升3.33%；水土保持率远期目标值为87.28%，比现有水土保持率提升12.00%。远期目标值各指标计算结果详见表4.4-1。

表4.4-1　淄博市水土保持率远期目标值一览表

<table>
<tr><th colspan="4">指标</th><th>面积/km²</th></tr>
<tr><td colspan="4">国土总面积</td><td>5964</td></tr>
<tr><td colspan="4">现状水土流失面积(2020年)</td><td>1474.53</td></tr>
<tr><td rowspan="10">远期水土流失状况分析(2050年)</td><td colspan="3">不需治理的水土流失面积</td><td>289.47</td></tr>
<tr><td colspan="3">应当治理的水土流失面积</td><td>1185.06</td></tr>
<tr><td rowspan="7">不可完全治理的水土流失面积</td><td rowspan="5">水力侵蚀</td><td>耕地</td><td>105.46</td></tr>
<tr><td>园地</td><td>76.87</td></tr>
<tr><td>林地</td><td>156.5</td></tr>
<tr><td>草地</td><td>40.08</td></tr>
<tr><td>建设用地</td><td>90.32</td></tr>
<tr><td colspan="2">风力侵蚀</td><td>0</td></tr>
<tr><td colspan="2">合计</td><td>469.23</td></tr>
<tr><td colspan="3">可完全治理的水土流失面积</td><td>715.83</td></tr>
<tr><td colspan="4">远期存在的水土流失面积</td><td>758.7</td></tr>
<tr><td colspan="4">远期土壤侵蚀强度轻度以下的国土面积上限</td><td>5205.3</td></tr>
<tr><td colspan="4">水土保持率远期目标值</td><td>87.28</td></tr>
</table>

4.4.1 张店区

(1) 水土流失现状

2020年，张店区水土流失类型为水力侵蚀，面积24.56km²，占行政面积6.82%，水土保持率现状值为93.18%，水土流失主要分布于东部区域。从侵蚀强度占比来看，该区域水土流失以轻度侵蚀为主，面积为20.31km²，占水土流失总面积的82.7%；中度侵蚀面积为3.51km²，占水土流失总面积的14.29%；强烈侵蚀面积为0.74km²，占水土流失总面积的3.01%。

从水土流失的土地利用分布来看，建设用地水土流失面积最大，占水土流失总面积的45.93%；其次为耕地，占30.45%。

从水土流失的高程分布来看，张店区水土流失全部位于300m以下，占水土流失总面积的100%。

从不同坡度等级水土流失面积的分布来看，0°～5°，占水土流失总面积的

36.11%；5°～8°，占水土流失总面积的28.83%；25°以上，占水土流失总面积的0.61%。

(2) 水土保持率远期目标值及分阶段目标值

根据鲁中南低山丘陵土壤保持区研判规则和城市发展趋势，确定张店区2025年水土保持率目标值为93.61%，比现有水土保持率提升0.43%；水土保持率远期目标值为96.68%，比现有水土保持率提升3.50%。远期目标值各指标计算结果详见表4.4-2。

表4.4-2 张店区水土保持率远期目标值一览表

<table>
<tr><th colspan="4">指标</th><th>面积/km²</th></tr>
<tr><td colspan="4">国土总面积</td><td>360</td></tr>
<tr><td colspan="4">现状水土流失面积(2020年)</td><td>24.56</td></tr>
<tr><td rowspan="10">远期水土流失状况分析(2050年)</td><td colspan="3">不需治理的水土流失面积</td><td>0</td></tr>
<tr><td colspan="3">应当治理的水土流失面积</td><td>24.56</td></tr>
<tr><td rowspan="7">不可完全治理的水土流失面积</td><td rowspan="5">水力侵蚀</td><td>耕地</td><td>1.56</td></tr>
<tr><td>园地</td><td>0.94</td></tr>
<tr><td>林地</td><td>0.17</td></tr>
<tr><td>草地</td><td>0.61</td></tr>
<tr><td>建设用地</td><td>8.66</td></tr>
<tr><td colspan="2">风力侵蚀</td><td>0</td></tr>
<tr><td colspan="2">合计</td><td>11.94</td></tr>
<tr><td colspan="3">可完全治理的水土流失面积</td><td>12.62</td></tr>
<tr><td colspan="4">远期存在的水土流失面积</td><td>11.94</td></tr>
<tr><td colspan="4">远期土壤侵蚀强度轻度以下的国土面积上限</td><td>348.06</td></tr>
<tr><td colspan="4">水土保持率远期目标值</td><td>96.68%</td></tr>
</table>

4.4.2 淄川区

(1) 水土流失现状

2020年，淄川区水土流失类型为水力侵蚀，面积375.19km²，占行政面积39.08%，水土保持率现状值为60.92%，水土流失主要分布于西部、东部和南部。从侵蚀强度占比来看，该区域水土流失以轻度侵蚀为主，面积为350.46km²，占水土流失总面积的93.4%；中度侵蚀面积为17.32km²，占水土流失总面积的4.62%，强烈侵蚀面积为5.55km²，占水土流失总面积的1.46%；极强烈侵蚀面积为0.93km²，占水土流失总面积的0.25%；剧烈侵蚀面积为0.93km²，占水土流失总面积的0.25%。

从水土流失的土地利用分布来看，林地水土流失面积最大，占水土流失总面积的48.82%；其次为耕地，占27.49%。

从水土流失的高程分布来看，300～500m区域，占水土流失总面积的47.98%；300m以下，占29.45%，500～1000m，占22.57%。

从不同坡度等级水土流失面积的分布来看，10°～15°，占水土流失总面积的18.84%；15°～20°，占水土流失总面积的16.44%；25°以上，占水土流失总面积的20.71%。

(2) 水土保持率远期目标值及分阶段目标值

根据鲁中南低山丘陵土壤保持区研判规则和城市发展趋势，确定淄川区2025年水土保持率目标值为69.76%，比现有水土保持率提升8.84%；水土保持率远期目标值为80.10%，比现有水土保持率提升19.18%。远期目标值各指标计算结果详见表4.4-3。

表4.4-3 淄川区水土保持率远期目标值一览表

<table>
<tr><th colspan="4">指标</th><th>面积/km²</th></tr>
<tr><td colspan="4">国土总面积</td><td>960</td></tr>
<tr><td colspan="4">现状水土流失面积(2020年)</td><td>375.19</td></tr>
<tr><td rowspan="10">远期水土流失状况分析
(2050年)</td><td colspan="3">不需治理的水土流失面积</td><td>58.02</td></tr>
<tr><td colspan="3">应当治理的水土流失面积</td><td>317.17</td></tr>
<tr><td rowspan="7">不可完全治理的水土流失面积</td><td rowspan="5">水力侵蚀</td><td>耕地</td><td>31.14</td></tr>
<tr><td>园地</td><td>1.25</td></tr>
<tr><td>林地</td><td>47.76</td></tr>
<tr><td>草地</td><td>12.93</td></tr>
<tr><td>建设用地</td><td>39.92</td></tr>
<tr><td colspan="2">风力侵蚀</td><td>0</td></tr>
<tr><td colspan="2">合计</td><td>133</td></tr>
<tr><td colspan="3">可完全治理的水土流失面积</td><td>184.17</td></tr>
<tr><td colspan="4">远期存在的水土流失面积</td><td>191.02</td></tr>
<tr><td colspan="4">远期土壤侵蚀强度轻度以下的国土面积上限</td><td>768.98</td></tr>
<tr><td colspan="4">水土保持率远期目标值</td><td>80.10%</td></tr>
</table>

4.4.3 博山区

(1) 水土流失现状

2020年，博山区水土流失类型为水力侵蚀，面积273.62km²，占行政面积

39.2%，水土保持率现状值为60.8%，水土流失主要分布于西部和东部山区。从侵蚀强度占比来看，该区域水土流失以轻度侵蚀为主，面积为262.35km²，占水土流失总面积的95.88%；中度侵蚀面积为9.27km²，占水土流失总面积的3.39%；强烈侵蚀面积为1.45km²，占水土流失总面积的0.53%；极强烈侵蚀面积为0.4km²，占水土流失总面积的0.15%；剧烈侵蚀面积为0.15km²，占水土流失总面积的0.05%。

从水土流失的土地利用分布来看，林地水土流失面积最大，占水土流失面积的61.34%；其次为耕地，占24.3%。

从水土流失的高程分布来看，300～500m，占水土流失总面积的54.18%；500～1000m以上，占水土流失总面积的36.3%；300m以下，占水土流失总面积的9.49%；1000m以上，占水土流失总面积的0.03%。

从不同坡度等级水土流失面积的分布来看，10°～15°和15°～20°，分别占水土流失总面积的18.93%和18.45%；20°～25°，占水土流失总面积的16.7%；25°以上，占水土流失总面积的23.51%。

(2) 水土保持率远期目标值及分阶段目标值

根据鲁中南低山丘陵土壤保持区研判规则和城市发展趋势，确定博山区2025年水土保持率目标值为66.34%，比现有水土保持率提升5.54%；水土保持率远期目标值为77.49%，比现有水土保持率提升16.69%。远期目标值各指标计算结果详见表4.4-4。

表4.4-4 博山区水土保持率远期目标值一览表

指标				面积/km²
国土总面积				698
现状水土流失面积(2020年)				273.62
远期水土流失状况分析(2050年)	不需治理的水土流失面积			83.01
	应当治理的水土流失面积			190.61
	不可完全治理的水土流失面积	水力侵蚀	耕地	21.25
			园地	3.2
			林地	37.98
			草地	4.83
			建设用地	6.87
		风力侵蚀		0
		合计		74.13
	可完全治理的水土流失面积			116.48
远期存在的水土流失面积				157.14
远期土壤侵蚀强度轻度以下的国土面积上限				540.86
水土保持率远期目标值				77.49%

4.4.4 临淄区

(1) 水土流失现状

2020年，临淄区水土流失类型为水力侵蚀，面积84.57km^2，占行政面积12.74%，水土保持率现状值为87.26%，水土流失主要分布于南部。从侵蚀强度占比来看，该区域水土流失以轻度侵蚀为主，面积为80.18km^2，占水土流失总面积的94.81%；中度侵蚀面积为0.46km^2，占水土流失总面积的0.54%；强烈侵蚀面积为3.93km^2，占水土流失总面积的4.65%。

从水土流失的土地利用分布来看，耕地水土流失面积最大，占水土流失总面积的46.29%；其次为建设用地，占29.56%。

从水土流失的高程分布来看，临淄区水土流失主要位于300m以下，占水土流失总面积的95.58%；其次为300～500m，占水土流失总面积的4.42%。

从不同坡度等级水土流失面积的分布来看，0°～5°，占水土流失总面积的25.92%；5°～8°，占水土流失面积的24.17%；25°以上，占水土流失总面积的3.51%。

(2) 水土保持率远期目标值及分阶段目标值

根据鲁中南低山丘陵土壤保持区研判规则和城市发展趋势，确定临淄区水土保持率远期目标值为95.47%，比现有水土保持率提升8.21%。

根据鲁中南低山丘陵土壤保持区研判规则和城市发展趋势，确定临淄区2025年水土保持率目标值为88.19%，比现有水土保持率提升0.93%；水土保持率远期目标值为95.47%，比现有水土保持率提升8.21%。远期目标值各指标计算结果详见表4.4-5。

表4.4-5 临淄区水土保持率远期目标值一览表

指标				面积/km^2
国土总面积				664
现状水土流失面积(2020年)				84.57
远期水土流失状况分析(2050年)	不需治理的水土流失面积			0
	应当治理的水土流失面积			84.57
	不可完全治理的水土流失面积	水力侵蚀	耕地	7.21
			园地	2.69
			林地	6.42
			草地	5.36
			建设用地	8.43

续表

指标			面积/km²
远期水土流失状况分析(2050年)	不可完全治理的水土流失面积	风力侵蚀	0
		合计	30.11
	可完全治理的水土流失面积		54.46
远期存在的水土流失面积			30.11
远期土壤侵蚀强度轻度以下的国土面积上限			633.89
水土保持率远期目标值			95.47%

4.4.5 周村区

(1) 水土流失现状

2020年，周村区水土流失类型为水力侵蚀，面积26.72km²，占行政面积8.73%，水土保持率现状值为91.27%，水土流失主要分布于南部区域。从侵蚀强度占比来看，周村区侵蚀主要为轻度侵蚀，面积为26.26km²，占水土流失总面积的98.28%；中度侵蚀面积为0.12km²，占水土流失总面积的0.45%；强烈侵蚀面积为0.34km²，占水土流失总面积的1.27%。

从水土流失的土地利用分布来看，建设用地水土流失面积最大，占水土流失总面积的42.74%；其次为耕地，占38.62%。

从水土流失的高程分布来看，周村区水土流失全部位于300m以下，占水土流失总面积的100%。

从不同坡度等级水土流失面积的分布来看，0°～5°，占水土流失总面积的33.84%；5°～8°，占水土流失总面积的28.85%；25°以上，占水土流失总面积的0.52%。

(2) 水土保持率远期目标值及分阶段目标值

根据鲁中南低山丘陵土壤保持区研判规则和城市发展趋势，确定周村区2025年水土保持率目标值为92.11%，比现有水土保持率提升0.84%；水土保持率远期目标值为97.64%，比现有水土保持率提升6.37%。远期目标值各指标计算结果详见表4.4-6。

表4.4-6 周村区水土保持率远期目标值一览表

指标	面积/km²
国土总面积	306
现状水土流失面积(2020年)	26.72

续表

指标				面积/km²
远期水土流失状况分析（2050年）	不需治理的水土流失面积			0
	应当治理的水土流失面积			26.72
	不可完全治理的水土流失面积	水力侵蚀	耕地	2.01
			园地	0.35
			林地	0.59
			草地	0.02
			建设用地	4.25
		风力侵蚀		0
		合计		7.22
	可完全治理的水土流失面积			19.5
远期存在的水土流失面积				7.22
远期土壤侵蚀强度轻度以下的国土面积上限				298.78
水土保持率远期目标值				97.64%

4.4.6 桓台县

（1）水土流失现状

2020年，桓台县水土流失类型为水力侵蚀，面积15.18km²，占行政面积2.98%，水土保持率现状值为97.02%，水土流失主要分布于南部和西北部。从侵蚀强度占比来看，该区域水土流失以轻度侵蚀为主，面积为14.71km²，占水土流失总面积的96.9%；中度侵蚀面积为0.47km²，占水土流失总面积的3.1%。

从水土流失的土地利用分布来看，建设用地水土流失面积最大，占水土流失总面积的57.25%；其次为耕地，占42.48%。

从水土流失的高程分布来看，桓台县水土流失全部位于300m以下，占水土流失总面积的100%。

从不同坡度等级水土流失面积的分布来看，0°～5°，占水土流失总面积的27.27%；5°～8°区域，占水土流失面积的25.23%；25°以上，占水土流失总面积的1.65%。

（2）水土保持率远期目标值及分阶段目标值

根据鲁中南低山丘陵土壤保持区研判规则和城市发展趋势，确定桓台县2025年水土保持率目标值为97.21%，比现有水土保持率提升0.19%；水土保持率远期目标值为98.84%，比现有水土保持率提升1.82%。远期目标值各指标计算结果详见表4.4-7。

表4.4-7 桓台县水土保持率远期目标值一览表

<table>
<tr><th colspan="4">指标</th><th>面积/km²</th></tr>
<tr><td colspan="4">国土总面积</td><td>509</td></tr>
<tr><td colspan="4">现状水土流失面积(2020年)</td><td>15.18</td></tr>
<tr><td rowspan="10">远期水土流失状况分析
(2050年)</td><td colspan="3">不需治理的水土流失面积</td><td>0</td></tr>
<tr><td colspan="3">应当治理的水土流失面积</td><td>15.18</td></tr>
<tr><td rowspan="7">不可完全治理的水土
流失面积</td><td rowspan="5">水力侵蚀</td><td>耕地</td><td>0</td></tr>
<tr><td>园地</td><td>0</td></tr>
<tr><td>林地</td><td>0.01</td></tr>
<tr><td>草地</td><td>0</td></tr>
<tr><td>建设用地</td><td>5.91</td></tr>
<tr><td colspan="2">风力侵蚀</td><td>0</td></tr>
<tr><td colspan="2">合计</td><td>5.92</td></tr>
<tr><td colspan="3">可完全治理的水土流失面积</td><td>9.26</td></tr>
<tr><td colspan="4">远期存在的水土流失面积</td><td>5.92</td></tr>
<tr><td colspan="4">远期土壤侵蚀强度轻度以下的国土面积上限</td><td>503.08</td></tr>
<tr><td colspan="4">水土保持率远期目标值</td><td>98.84%</td></tr>
</table>

4.4.7 高青县

(1) 水土流失现状

2020年，高青县水土流失类型为水力侵蚀，面积为16.89m²，占行政面积2.03%，水土保持率现状值为97.97%，水土流失主要分布于西部和南部区域。从侵蚀强度占比来看，该区域水土流失以轻度侵蚀为主，面积为16.67km²，占水土流失总面积的98.7%；中度侵蚀面积为0.22km²，占水土流失总面积的1.3%。

从水土流失的土地利用分布来看，耕地水土流失面积最大，占水土流失总面积的55.18%；其次为建设用地和草地，分别占41.15%和1.95%。

从水土流失的高程分布来看，水土流失主要集中于20m以下，占水土流失总面积的92.53%。

从不同坡度等级水土流失面积的分布来看，0°～5°，占水土流失总面积的14.15%；5°～8°，占水土流失总面积的27.83%；10°～15°，占水土流失总面积的14.33%；25°以上，占水土流失总面积的0.3%。

(2) 水土保持率远期目标值及分阶段目标值

根据黄泛平原防沙农田防护区研判规则和城市发展趋势，确定高青县2025年水土保持率目标值为98.10%，比现有水土保持率提升0.13%；水土保持率远期目标值为99.25%，比现有水土保持率提升1.28%。远期目标值各指标计算结果详见表4.4-8。

表4.4-8 高青县水土保持率远期目标值一览表

<table>
<tr><th colspan="4">指标</th><th>面积/km²</th></tr>
<tr><td colspan="4">国土总面积</td><td>831</td></tr>
<tr><td colspan="4">现状水土流失面积(2020年)</td><td>16.89</td></tr>
<tr><td rowspan="10">远期水土流失状况分析(2050年)</td><td colspan="3">不需治理的水土流失面积</td><td>0</td></tr>
<tr><td colspan="3">应当治理的水土流失面积</td><td>16.89</td></tr>
<tr><td rowspan="7">不可完全治理的水土流失面积</td><td rowspan="5">水力侵蚀</td><td>耕地</td><td>0</td></tr>
<tr><td>园地</td><td>0</td></tr>
<tr><td>林地</td><td>0.01</td></tr>
<tr><td>草地</td><td>0</td></tr>
<tr><td>建设用地</td><td>6.21</td></tr>
<tr><td colspan="2">风力侵蚀</td><td>0</td></tr>
<tr><td colspan="2">合计</td><td>6.22</td></tr>
<tr><td colspan="3">可完全治理的水土流失面积</td><td>10.67</td></tr>
<tr><td colspan="4">远期存在的水土流失面积</td><td>6.22</td></tr>
<tr><td colspan="4">远期土壤侵蚀强度轻度以下的国土面积上限</td><td>824.78</td></tr>
<tr><td colspan="4">水土保持率远期目标值</td><td>99.25%</td></tr>
</table>

4.4.8 沂源县

(1) 水土流失现状

2020年，沂源县水土流失类型为水力侵蚀，面积为657.8km²，占行政面积40.21%，水土保持率现状值为59.79%，水土流失主要分布于北部和南部。从侵蚀强度占比来看，该区域水土流失以轻度侵蚀为主，面积为631.41km²，占水土流失总面积的95.98%；中度侵蚀面积为22.86km²，占水土流失总面积的3.48%；强烈侵蚀面积为3.05km²，占水土流失总面积的0.46%；极强烈侵蚀面积为0.37km²，占水土流失总面积的0.06%；剧烈侵蚀面积为0.11km²，占水土流失总面积的0.02%。

从水土流失的土地利用分布来看，林地最大，占水土流失总面积的

39.11%；其次为耕地和园地，分别占 23.55%和 21.94%。

从水土流失的高程分布来看，沂源县水土流失主要位于 300～500m，占水土流失总面积的 69.11%；其次为 500～1000m 区域，占 23.94%；300m 以下区域，占 6.95%。

从不同坡度等级水土流失面积的分布来看，10°～15°，占水土流失总面积的 22.19%；15°～20°，占水土流失总面积的 19.91%；35°以上，占水土流失总面积的 2.66%。

（2）水土保持率远期目标值及分阶段目标值

根据鲁中南低山丘陵土壤保持区研判规则和城市发展趋势，确定沂源县 2025 年水土保持率目标值为 63.66%，比现有水土保持率提升 3.87%；水土保持率远期目标值为 78.66%，比现有水土保持率提升 18.87%。远期目标值各指标计算结果详见表 4.4-9。

表 4.4-9　沂源县水土保持率远期目标值一览表

<table>
<tr><td colspan="4">指标</td><td>面积/km²</td></tr>
<tr><td colspan="4">国土总面积</td><td>1636</td></tr>
<tr><td colspan="4">现状水土流失面积(2020 年)</td><td>657.8</td></tr>
<tr><td rowspan="10">远期水土流失状况分析
(2050 年)</td><td colspan="3">不需治理的水土流失面积</td><td>148.44</td></tr>
<tr><td colspan="3">应当治理的水土流失面积</td><td>509.36</td></tr>
<tr><td rowspan="7">不可完全治理的水土流失面积</td><td rowspan="5">水力侵蚀</td><td>耕地</td><td>42.29</td></tr>
<tr><td>园地</td><td>68.44</td></tr>
<tr><td>林地</td><td>63.56</td></tr>
<tr><td>草地</td><td>16.33</td></tr>
<tr><td>建设用地</td><td>10.07</td></tr>
<tr><td colspan="2">风力侵蚀</td><td>0</td></tr>
<tr><td colspan="2">合计</td><td>200.69</td></tr>
<tr><td colspan="3">可完全治理的水土流失面积</td><td>308.67</td></tr>
<tr><td colspan="4">远期存在的水土流失面积</td><td>349.13</td></tr>
<tr><td colspan="4">远期土壤侵蚀强度轻度以下的国土面积上限</td><td>1286.87</td></tr>
<tr><td colspan="4">水土保持率远期目标值</td><td>78.66%</td></tr>
</table>

4.5 枣庄市

（1）水土流失现状

枣庄市 2020 年水土流失类型为水力侵蚀，面积 841.26km²，占行政面积

18.43%，水土保持率现状值为 81.57%。其中，轻度侵蚀面积 725.74km²，占水土流失总面积的 86.27%；中度侵蚀面积 94.34km²，占 11.21%；强烈侵蚀面积 17.2km²，占水土流失总面积的 2.04%；极强烈侵蚀面积 3.35km²，占水土流失总面积的 0.39%；剧烈侵蚀面积 0.63km²，占水土流失总面积的 0.07%。

从水土流失的土地利用分布来看，枣庄市水土流失面积主要集中于耕地；其次为林地和建设用地。其中，耕地水土流失面积 505.78km²，以旱地轻度侵蚀为主；林地 220.32km²，以有林地轻度侵蚀为主；建设用地 84.05km²，以轻度侵蚀为主。

(2) 水土保持率远期目标值及分阶段目标值

枣庄市位于鲁中南低山丘陵土壤保持区，根据鲁中南低山丘陵土壤保持区研判规则和城市发展趋势，确定枣庄市 2025 年水土保持率目标值为 84.55%，比现有水土保持率提升 2.98%；水土保持率远期目标值为 93.39%，比现有水土保持率提升 11.82%。远期目标值各指标计算结果详见表 4.5-1。

表 4.5-1 枣庄市水土保持率远期目标值一览表

<table>
<tr><th colspan="4">指标</th><th>面积/km²</th></tr>
<tr><td colspan="4">国土总面积</td><td>4564</td></tr>
<tr><td colspan="4">现状水土流失面积(2020 年)</td><td>841.26</td></tr>
<tr><td rowspan="11">远期水土流失状况分析(2050 年)</td><td colspan="3">不需治理的水土流失面积</td><td>0.65</td></tr>
<tr><td colspan="3">应当治理的水土流失面积</td><td>840.61</td></tr>
<tr><td rowspan="8">不可完全治理的水土流失面积</td><td rowspan="5">水力侵蚀</td><td>耕地</td><td>94.98</td></tr>
<tr><td>园地</td><td>13.61</td></tr>
<tr><td>林地</td><td>111.35</td></tr>
<tr><td>草地</td><td>0.2</td></tr>
<tr><td>建设用地</td><td>80.84</td></tr>
<tr><td colspan="2">风力侵蚀</td><td>0</td></tr>
<tr><td colspan="2">合计</td><td>300.98</td></tr>
<tr><td colspan="2"></td><td></td></tr>
<tr><td colspan="3">可完全治理的水土流失面积</td><td>539.63</td></tr>
<tr><td colspan="4">远期存在的水土流失面积</td><td>301.63</td></tr>
<tr><td colspan="4">远期土壤侵蚀强度轻度以下的国土面积上限</td><td>4262.37</td></tr>
<tr><td colspan="4">水土保持率远期目标值</td><td>93.39%</td></tr>
</table>

4.5.1 薛城区

(1) 水土流失现状

2020 年，薛城区水土流失类型为水力侵蚀，面积为 50.54km²，占行政面积

9.95％，水土保持率现状值为90.05％，水土流失主要分布于东部和中部区域。从侵蚀强度占比来看，该区域水土流失以轻度侵蚀为主，面积为45.06km²，占水土流失总面积的89.16％；中度侵蚀面积为4.29km²，占水土流失总面积的8.49％；强烈侵蚀面积为1.19km²，占水土流失总面积的2.35％。

从水土流失的土地利用分布来看，耕地水土流失面积最大，占水土流失面积的40.09％；其次为建设用地，占30.39％。

从水土流失高程分布看，薛城区水土流失主要位于300m以下，占98.87％；其次为300～500m区域，占1.13％。

从不同坡度等级水土流失面积的分布来看，0°～5°，占水土流失总面积的39.61％；5°～8°，占水土流失总面积的20.16％；25°以上，占水土流失总面积的6.55％。

(2) 水土保持率远期目标值及分阶段目标值

根据鲁中南低山丘陵土壤保持区研判规则和城市发展趋势，确定薛城区2025年水土保持率目标值为90.05％，比现有水土保持率提升0.63％；水土保持率远期目标值为94.08％，比现有水土保持率提升4.03％。远期目标值各指标计算结果详见表4.5-2。

表4.5-2 薛城区水土保持率远期目标值一览表

<table>
<tr><td colspan="4">指标</td><td>面积/km²</td></tr>
<tr><td colspan="4">国土总面积</td><td>508</td></tr>
<tr><td colspan="4">现状水土流失面积(2020年)</td><td>50.54</td></tr>
<tr><td rowspan="10">远期水土流失状况分析
(2050年)</td><td colspan="3">不需治理的水土流失面积</td><td>0</td></tr>
<tr><td colspan="3">应当治理的水土流失面积</td><td>50.54</td></tr>
<tr><td rowspan="8">不可完全治理的水土
流失面积</td><td rowspan="5">水力侵蚀</td><td>耕地</td><td>2.1</td></tr>
<tr><td>园地</td><td>0.08</td></tr>
<tr><td>林地</td><td>7.52</td></tr>
<tr><td>草地</td><td>0</td></tr>
<tr><td>建设用地</td><td>20.39</td></tr>
<tr><td colspan="2">风力侵蚀</td><td>0</td></tr>
<tr><td colspan="2">合计</td><td>30.09</td></tr>
<tr><td colspan="2">可完全治理的水土流失面积</td><td>20.45</td></tr>
<tr><td colspan="4">远期存在的水土流失面积</td><td>30.09</td></tr>
<tr><td colspan="4">远期土壤侵蚀强度轻度以下的国土面积上限</td><td>477.91</td></tr>
<tr><td colspan="4">水土保持率远期目标值</td><td>94.08％</td></tr>
</table>

4.5.2 市中区

(1) 水土流失现状

2020年，市中区水土流失类型为水力侵蚀，面积为118.42km²，占行政面积31.66%，水土保持率现状值为68.34%，水土流失主要分布于北部区域。从侵蚀强度占比来看，该区域水土流失以轻度侵蚀为主，面积为96.28km²，占水土流失总面积的81.3%；中度侵蚀面积为18.61km²，占水土流失总面积的15.72%；强烈侵蚀面积为3.53km²，占水土流失总面积的2.98%。

从水土流失的土地利用分布来看，耕地水土流失面积最大，占水土流失总面积的68.56%；其次为林地，占17.56%。

从水土流失的高程分布来看，市中区水土流失主要位于300m以下，占99.02%；其次为300～500m区域，占0.98%。

从不同坡度等级水土流失面积的分布来看，0°～5°，占水土流失总面积的33.98%；5°～8°，占水土流失总面积的21.89%；25°以上，占水土流失总面积的6.55%。

(2) 水土保持率远期目标值及分阶段目标值

根据鲁中南低山丘陵土壤保持区研判规则和城市发展趋势，确定市中区2025年水土保持率目标值为68.34%，比现有水土保持率提升4.47%；水土保持率远期目标值为90.25%，比现有水土保持率提升21.91%。远期目标值各指标计算结果详见表4.5-3。

表4.5-3 市中区水土保持率远期目标值一览表

<table>
<tr><th colspan="4">指标</th><th>面积/km²</th></tr>
<tr><td colspan="4">国土总面积</td><td>374</td></tr>
<tr><td colspan="4">现状水土流失面积(2020年)</td><td>118.42</td></tr>
<tr><td rowspan="10">远期水土流失状况分析(2050年)</td><td colspan="3">不需治理的水土流失面积</td><td>0</td></tr>
<tr><td colspan="3">应当治理的水土流失面积</td><td>118.42</td></tr>
<tr><td rowspan="7">不可完全治理的水土流失面积</td><td rowspan="5">水力侵蚀</td><td>耕地</td><td>12.97</td></tr>
<tr><td>园地</td><td>0</td></tr>
<tr><td>林地</td><td>8.42</td></tr>
<tr><td>草地</td><td>0</td></tr>
<tr><td>建设用地</td><td>15.08</td></tr>
<tr><td colspan="2">风力侵蚀</td><td>0</td></tr>
<tr><td colspan="2">合计</td><td>36.47</td></tr>
<tr><td colspan="3">可完全治理的水土流失面积</td><td>81.95</td></tr>
<tr><td colspan="4">远期存在的水土流失面积</td><td>36.47</td></tr>
<tr><td colspan="4">远期土壤侵蚀强度轻度以下的国土面积上限</td><td>337.53</td></tr>
<tr><td colspan="4">水土保持率远期目标值</td><td>90.25%</td></tr>
</table>

4.5.3 峄城区

(1) 水土流失现状

2020 年，峄城区水土流失类型为水力侵蚀，面积为 81.74km²，占行政面积 12.87%，水土保持率现状值为 87.13%，水土流失主要分布于北部和中部区域。从侵蚀强度占比来看，该区域水土流失以轻度侵蚀为主，面积为 70.33km²，占水土流失总面积的 86.04%；中度侵蚀面积为 9.57km²，占水土流失总面积的 11.71%；强烈侵蚀面积为 1.84km²，占水土流失总面积的 2.25%。

从水土流失的土地利用分布来看，林地水土流失面积最大，占水土流失面积的 41.57%；其次为耕地，占 39.32%。

从水土流失的高程分布来看，峄城区水土流失主要位于 300m 以下，占 99.69%；其次为 300～500m 区域，占 0.31%。

从不同坡度等级水土流失面积的分布来看，0°～5°，占水土流失总面积的 21.41%；5°～8°和 10°～15°，占水土流失总面积的 18.07%和 18.83%；35°以上，占水土流失总面积的 1.27%。

(2) 水土保持率远期目标值及分阶段目标值

根据鲁中南低山丘陵土壤保持区研判规则和城市发展趋势，确定峄城区 2025 年水土保持率目标值为 88.95%，比现有水土保持率提升 1.82%；水土保持率远期目标值为 94.27%，比现有水土保持率提升 7.14%。远期目标值各指标计算结果详见表 4.5-4。

表 4.5-4 峄城区水土保持率远期目标值一览表

<table>
<tr><th colspan="4">指标</th><th>面积/km²</th></tr>
<tr><td colspan="4">国土总面积</td><td>635</td></tr>
<tr><td colspan="4">现状水土流失面积(2020 年)</td><td>81.74</td></tr>
<tr><td rowspan="11">远期水土流失状况分析
(2050 年)</td><td colspan="3">不需治理的水土流失面积</td><td>0</td></tr>
<tr><td colspan="3">应当治理的水土流失面积</td><td>81.74</td></tr>
<tr><td rowspan="8">不可完全治理的水土流失面积</td><td rowspan="5">水力侵蚀</td><td>耕地</td><td>7.44</td></tr>
<tr><td>园地</td><td>0</td></tr>
<tr><td>林地</td><td>12.39</td></tr>
<tr><td>草地</td><td>0</td></tr>
<tr><td>建设用地</td><td>16.56</td></tr>
<tr><td colspan="2">风力侵蚀</td><td>0</td></tr>
<tr><td colspan="2">合计</td><td>36.39</td></tr>
<tr><td colspan="2"></td><td></td></tr>
<tr><td colspan="3">可完全治理的水土流失面积</td><td>45.35</td></tr>
<tr><td colspan="4">远期存在的水土流失面积</td><td>36.39</td></tr>
<tr><td colspan="4">远期土壤侵蚀强度轻度以下的国土面积上限</td><td>598.61</td></tr>
<tr><td colspan="4">水土保持率远期目标值</td><td>94.27%</td></tr>
</table>

4.5.4 台儿庄区

(1) 水土流失现状

2020年，台儿庄区水土流失类型为水力侵蚀，面积为45.74km^2，占行政面积8.58%，水土保持率现状值为91.42%，水土流失主要分布在南部区域。从侵蚀强度占比来看，该区域水土流失以轻度侵蚀为主，面积为38.41km^2，占水土流失总面积的83.98%；中度侵蚀面积为6.14km^2，占水土流失总面积的13.42%；强烈侵蚀面积为1.19km^2，占水土流失总面积的2.6%。

从水土流失的土地利用分布来看，耕地水土流失面积最大，占水土流失面积的60.45%；其次为建设用地，占14.32%。

从水土流失的高程分布来看，台儿庄区水土流失全部位于300m以下，占水土流失总面积的100%。

从不同坡度等级水土流失面积的分布来看，0°～5°，占水土流失总面积的44.55%；5°～8°，占水土流失面积的25.47%；25°以上，占水土流失总面积的1.86%。

(2) 水土保持率远期目标值及分阶段目标值

根据鲁中南低山丘陵土壤保持区研判规则和城市发展趋势，确定台儿庄区2025年水土保持率目标值为92.04%，比现有水土保持率提升0.62%；水土保持率远期目标值为97.19%，比现有水土保持率提升5.77%。远期目标值各指标计算结果详见表4.5-5。

表4.5-5 台儿庄区水土保持率远期目标值一览表

<table>
<tr><td colspan="4">指标</td><td>面积/km^2</td></tr>
<tr><td colspan="4">国土总面积</td><td>533</td></tr>
<tr><td colspan="4">现状水土流失面积(2020年)</td><td>45.74</td></tr>
<tr><td rowspan="10">远期水土流失状况分析(2050年)</td><td colspan="3">不需治理的水土流失面积</td><td>0</td></tr>
<tr><td colspan="3">应当治理的水土流失面积</td><td>45.74</td></tr>
<tr><td rowspan="7">不可完全治理的水土流失面积</td><td rowspan="5">水力侵蚀</td><td>耕地</td><td>3.34</td></tr>
<tr><td>园地</td><td>0.12</td></tr>
<tr><td>林地</td><td>2.81</td></tr>
<tr><td>草地</td><td>0</td></tr>
<tr><td>建设用地</td><td>8.7</td></tr>
<tr><td colspan="2">风力侵蚀</td><td>0</td></tr>
<tr><td colspan="2">合计</td><td>14.97</td></tr>
<tr><td colspan="3">可完全治理的水土流失面积</td><td>30.77</td></tr>
<tr><td colspan="4">远期存在的水土流失面积</td><td>14.97</td></tr>
<tr><td colspan="4">远期土壤侵蚀强度轻度以下的国土面积上限</td><td>518.03</td></tr>
<tr><td colspan="4">水土保持率远期目标值</td><td>97.19%</td></tr>
</table>

4.5.5 山亭区

(1) 水土流失现状

2020 年，山亭区水土流失类型为水力侵蚀，面积为 411.2km²，占行政面积 40.35%，水土保持率现状值为 59.65%，水土流失主要分布于东部和南部。从侵蚀强度占比来看，该区域水土流失以轻度侵蚀为主，面积为 366.89km²，占水土流失总面积的 89.23%；中度侵蚀面积为 35.69km²，占水土流失总面积的 8.68%；强烈侵蚀面积为 4.64km²，占水土流失总面积的 1.13%；极强烈侵蚀面积为 3.35km²，占水土流失总面积的 0.81%；剧烈侵蚀面积为 0.63km²，占水土流失总面积的 0.15%。

从水土流失的土地利用分布来看，耕地水土流失面积最大，占水土流失总面积的 51.76%；其次为林地，占 32.79%。

从水土流失的高程分布来看，山亭区水土流失主要位于 300m 以下，占水土流失总面积的 69.88%；其次为 300～500m 区域，占 29.97%；500～1000m 区域，占 0.15%。

从不同坡度等级水土流失面积的分布来看，10°～15°，占水土流失总面积的 19.63%；15°～20°区域，占水土流失总面积的 16.21%；35°以上，占水土流失总面积的 2.35%。

(2) 水土保持率远期目标值及分阶段目标值

根据鲁中南低山丘陵土壤保持区研判规则和城市发展趋势，确定山亭区 2025 年水土保持率目标值为 68.78%，比现有水土保持率提升 9.13%；水土保持率远期目标值为 86.02%，比现有水土保持率提升 26.37%。远期目标值各指标计算结果详见表 4.5-6。

表 4.5-6 山亭区水土保持率远期目标值一览表

<table>
<tr><th colspan="4">指标</th><th>面积/km²</th></tr>
<tr><td colspan="4">国土总面积</td><td>1019</td></tr>
<tr><td colspan="4">现状水土流失面积(2020 年)</td><td>411.2</td></tr>
<tr><td rowspan="7">远期水土流失状况分析
(2050 年)</td><td colspan="3">不需治理的水土流失面积</td><td>0.63</td></tr>
<tr><td colspan="3">应当治理的水土流失面积</td><td>410.57</td></tr>
<tr><td rowspan="5">不可完全治理的水土流失面积</td><td rowspan="5">水力侵蚀</td><td>耕地</td><td>54.36</td></tr>
<tr><td>园地</td><td>13.35</td></tr>
<tr><td>林地</td><td>63.68</td></tr>
<tr><td>草地</td><td>0.2</td></tr>
<tr><td>建设用地</td><td>10.23</td></tr>
</table>

续表

指标			面积/km^2
远期水土流失状况分析（2050年）	不可完全治理的水土流失面积	风力侵蚀	0
		合计	141.82
	可完全治理的水土流失面积		268.75
远期存在的水土流失面积			142.45
远期土壤侵蚀强度轻度以下的国土面积上限			876.55
水土保持率远期目标值			86.02%

4.5.6 滕州市

（1）水土流失现状

2020年，滕州市水土流失类型为水力侵蚀，面积为133.62km^2，占行政面积8.94%，水土保持率现状值为91.06%，水土流失主要分布于东部和北部区域。从侵蚀强度占比来看，该区域水土流失以轻度侵蚀为主，面积为108.77km^2，占水土流失总面积的81.4%；中度侵蚀面积为20.04km^2，占水土流失总面积的15%；强烈侵蚀面积为4.81km^2，占水土流失总面积的3.6%。

从水土流失的土地利用分布来看，耕地水土流失面积最大，占水土流失总面积的69.89%；其次为林地，占21.88%。

从水土流失的高程分布来看，滕州市水土流失主要位于300m以下，占水土流失总面积的99.16%；300～500m区域，占0.83%；500～1000m区域，占0.01%。

从不同坡度等级水土流失面积的分布来看，0°～5°，占水土流失总面积的44.09%；5°～8°，占水土流失总面积的23.33%；25°以上，占水土流失总面积的3.91%。

（2）水土保持率远期目标值及分阶段目标值

根据鲁中南低山丘陵土壤保持区研判规则和城市发展趋势，确定滕州市2025年水土保持率目标值为91.63%，比现有水土保持率提升0.57%；水土保持率远期目标值为97.24%，比现有水土保持率提升6.18%。远期目标值各指标计算结果详见表4.5-7。

表4.5-7 滕州市水土保持率远期目标值一览表

指标	面积/km^2
国土总面积	1495
现状水土流失面积(2020年)	133.62

续表

<table>
<tr><th colspan="4">指标</th><th>面积/km²</th></tr>
<tr><td rowspan="10">远期水土流失状况分析
(2050 年)</td><td colspan="3">不需治理的水土流失面积</td><td>0.02</td></tr>
<tr><td colspan="3">应当治理的水土流失面积</td><td>133.6</td></tr>
<tr><td rowspan="7">不可完全治理的水土流失面积</td><td rowspan="5">水力侵蚀</td><td>耕地</td><td>14.77</td></tr>
<tr><td>园地</td><td>0.06</td></tr>
<tr><td>林地</td><td>16.53</td></tr>
<tr><td>草地</td><td>0</td></tr>
<tr><td>建设用地</td><td>9.88</td></tr>
<tr><td colspan="2">风力侵蚀</td><td>0</td></tr>
<tr><td colspan="2">合计</td><td>41.24</td></tr>
<tr><td colspan="3">可完全治理的水土流失面积</td><td>92.36</td></tr>
<tr><td colspan="4">远期存在的水土流失面积</td><td>41.26</td></tr>
<tr><td colspan="4">远期土壤侵蚀强度轻度以下的国土面积上限</td><td>1453.74</td></tr>
<tr><td colspan="4">水土保持率远期目标值</td><td>97.24%</td></tr>
</table>

4.6 东营市

(1) 水土流失现状

东营市 2020 年水土流失类型为水力侵蚀，面积 51.32km²，占行政面积 0.6%，水土保持率现状值为 99.4%。从侵蚀强度占比来看，东营市土壤侵蚀全部为轻度侵蚀，面积 51.32km²。

从水土流失的土地利用分布来看，耕地水土流失面积 11.1km²，以旱地轻度侵蚀为主；草地水土流失面积 18.9km²，以轻度侵蚀为主；建设用地水土流失面积 20.69km²，以轻度侵蚀为主。

(2) 水土保持率远期目标值及分阶段目标值

东营市位于渤海湾生态维护区，根据渤海湾生态维护区的研判规则和城市发展趋势，确定东营市 2025 年水土保持率目标值为 99.43%，比现有水土保持率提升 0.03%；水土保持率远期目标值为 99.67%，比现有水土保持率提升 0.27%。远期目标值各指标计算结果详见表 4.6-1。

表 4.6-1　东营市水土保持率远期目标值一览表

指标	面积/km²
国土总面积	8617
现状水土流失面积(2020 年)	51.32

续表

<table>
<tr><th colspan="4">指标</th><th>面积/km²</th></tr>
<tr><td rowspan="11">远期水土流失状况分析
(2050年)</td><td colspan="3">不需治理的水土流失面积</td><td>0</td></tr>
<tr><td colspan="3">应当治理的水土流失面积</td><td>51.32</td></tr>
<tr><td rowspan="7">不可完全治理的水土流失面积</td><td rowspan="5">水力侵蚀</td><td>耕地</td><td>0</td></tr>
<tr><td>园地</td><td>0.01</td></tr>
<tr><td>林地</td><td>0</td></tr>
<tr><td>草地</td><td>0.03</td></tr>
<tr><td>建设用地</td><td>28.19</td></tr>
<tr><td colspan="2">风力侵蚀</td><td>0</td></tr>
<tr><td colspan="2">合计</td><td>28.23</td></tr>
<tr><td colspan="3">可完全治理的水土流失面积</td><td>23.09</td></tr>
<tr><td colspan="4">远期存在的水土流失面积</td><td>28.23</td></tr>
<tr><td colspan="4">远期土壤侵蚀强度轻度以下的国土面积上限</td><td>8588.77</td></tr>
<tr><td colspan="4">水土保持率远期目标值</td><td>99.67%</td></tr>
</table>

4.6.1 东营区

(1) 水土流失现状

2020年，东营区水土流失类型为水力侵蚀，面积为8.91km²，占行政面积0.75%，水土保持率现状值为99.25%，水土流失主要分布于东部。从侵蚀强度占比来看，该区域水土流失以轻度侵蚀为主，面积为8.91km²，占水土流失总面积的100%。

从水土流失的土地利用分布来看，草地水土流失面积最大，占水土流失总面积的94.61%；其次为耕地，占5.27%。

从水土流失的高程分布来看，水土流失主要集中于20m以下，占水土流失总面积的98.86%。

从不同坡度等级水土流失面积的分布来看，水土流失主要集中于0°～5°，占水土流失总面积的86.42%；5°～8°，占水土流失总面积的10.1%；8°～10°以上，占水土流失总面积的2.02%。

(2) 水土保持率远期目标值及分阶段目标值

根据渤海湾生态维护区的研判规则和城市发展趋势，确定东营区2025年水土保持率目标值为99.30%，比现有水土保持率提升0.05%；水土保持率远期目标值为99.88%，比现有水土保持率提升0.63%。远期目标值各指标计算结果详见表 4.6-2。

表 4.6-2 东营区水土保持率远期目标值一览表

<table>
<tr><td colspan="4">指标</td><td>面积/km²</td></tr>
<tr><td colspan="4">国土总面积</td><td>1187</td></tr>
<tr><td colspan="4">现状水土流失面积(2020 年)</td><td>8.91</td></tr>
<tr><td rowspan="10">远期水土流失状况分析(2050 年)</td><td colspan="3">不需治理的水土流失面积</td><td>0</td></tr>
<tr><td colspan="3">应当治理的水土流失面积</td><td>8.91</td></tr>
<tr><td rowspan="7">不可完全治理的水土流失面积</td><td rowspan="5">水力侵蚀</td><td>耕地</td><td>0</td></tr>
<tr><td>园地</td><td>0</td></tr>
<tr><td>林地</td><td>0</td></tr>
<tr><td>草地</td><td>0.01</td></tr>
<tr><td>建设用地</td><td>1.38</td></tr>
<tr><td colspan="2">风力侵蚀</td><td>0</td></tr>
<tr><td colspan="2">合计</td><td>1.39</td></tr>
<tr><td colspan="3">可完全治理的水土流失面积</td><td>7.52</td></tr>
<tr><td colspan="4">远期存在的水土流失面积</td><td>1.39</td></tr>
<tr><td colspan="4">远期土壤侵蚀强度轻度以下的国土面积上限</td><td>1185.61</td></tr>
<tr><td colspan="4">水土保持率远期目标值</td><td>99.88%</td></tr>
</table>

4.6.2 河口区

(1) 水土流失现状

2020 年，河口区水土流失类型为水力侵蚀，面积为 11.39km²，占行政面积 0.5%，水土保持率现状值为 99.5%，水土流失主要分布于东部和中部。从侵蚀强度占比来看，该区域水土流失以轻度侵蚀为主，面积为 11.39km²，占水土流失总面积的 100%。

从水土流失的土地利用分布来看，草地水土流失面积最大，占水土流失总面积的 65.5%；其次为建设用地，占 21.07%。

从水土流失的高程分布来看，水土流失主要集中于 20m 以下，占水土流失总面积的 98.99%。

从不同坡度等级水土流失面积的分布来看，水土流失主要集中于 0°～5°，占水土流失总面积的 88.15%；5°～8°，占水土流失面积的 8.96%；8°～10°以上，占水土流失总面积的 1.58%。

(2) 水土保持率远期目标值及分阶段目标值

根据渤海湾生态维护区的研判规则和城市发展趋势，确定河口区 2025 年水土保持率目标值为99.53%，比现有水土保持率提升0.03%；水土保持率远期目标值为99.86%，比现有水土保持率提升0.36%。远期目标值各指标计算结果详见表4.6-3。

表4.6-3　河口区水土保持率远期目标值一览表

<table>
<tr><th colspan="4">指标</th><th>面积/km²</th></tr>
<tr><td colspan="4">国土总面积</td><td>2267</td></tr>
<tr><td colspan="4">现状水土流失面积(2020年)</td><td>11.39</td></tr>
<tr><td rowspan="10">远期水土流失状况分析(2050年)</td><td colspan="3">不需治理的水土流失面积</td><td>0</td></tr>
<tr><td colspan="3">应当治理的水土流失面积</td><td>11.39</td></tr>
<tr><td rowspan="7">不可完全治理的水土流失面积</td><td rowspan="5">水力侵蚀</td><td>耕地</td><td>0</td></tr>
<tr><td>园地</td><td>0</td></tr>
<tr><td>林地</td><td>0</td></tr>
<tr><td>草地</td><td>0.01</td></tr>
<tr><td>建设用地</td><td>3.18</td></tr>
<tr><td colspan="2">风力侵蚀</td><td>0</td></tr>
<tr><td colspan="2">合计</td><td>3.19</td></tr>
<tr><td colspan="3">可完全治理的水土流失面积</td><td>8.2</td></tr>
<tr><td colspan="4">远期存在的水土流失面积</td><td>3.19</td></tr>
<tr><td colspan="4">远期土壤侵蚀强度轻度以下的国土面积上限</td><td>2263.81</td></tr>
<tr><td colspan="4">水土保持率远期目标值</td><td>99.86%</td></tr>
</table>

4.6.3 垦利区

(1) 水土流失现状

2020年，垦利区水土流失类型为水力侵蚀，面积为13.08km²，占行政面积0.56%，水土保持率现状值为99.44%，水土流失主要分布于南部区域。从侵蚀强度占比来看，该区域水土流失以轻度侵蚀为主，面积为13.08km²，占水土流失总面积的100%。

从水土流失的土地利用分布来看，建设用地水土流失面积最大，占水土流失总面积的72.86%；其次为耕地，占23.62%。

从水土流失的高程分布来看，水土流失主要集中于20m以下，占水土流失总面积的96.52%。

从不同坡度等级水土流失面积的分布来看，水土流失主要集中于0°～5°，占水土流失总面积的87.23%；5°～8°，占水土流失总面积的8.87%；8°～10°和10°～

15°，均占水土流失总面积的占 1.61%；25°以上，占水土流失总面积的 0.24%。

(2) 水土保持率远期目标值及分阶段目标值

根据渤海湾生态维护区的研判规则和城市发展趋势，确定垦利区 2025 年水土保持率目标值为 99.45%，比现有水土保持率提升 0.01%；水土保持率远期目标值为 99.49%，比现有水土保持率提升 0.05%。远期目标值各指标计算结果详见表 4.6-4。

表 4.6-4 垦利区水土保持率远期目标值一览表

<table>
<tr><th colspan="4">指标</th><th>面积/km²</th></tr>
<tr><td colspan="4">国土总面积</td><td>2331</td></tr>
<tr><td colspan="4">现状水土流失面积(2020 年)</td><td>13.08</td></tr>
<tr><td rowspan="10">远期水土流失状况分析(2050 年)</td><td colspan="3">不需治理的水土流失面积</td><td>0</td></tr>
<tr><td colspan="3">应当治理的水土流失面积</td><td>13.08</td></tr>
<tr><td rowspan="7">不可完全治理的水土流失面积</td><td rowspan="5">水力侵蚀</td><td>耕地</td><td>0</td></tr>
<tr><td>园地</td><td>0</td></tr>
<tr><td>林地</td><td>0</td></tr>
<tr><td>草地</td><td>0</td></tr>
<tr><td>建设用地</td><td>12</td></tr>
<tr><td colspan="2">风力侵蚀</td><td>0</td></tr>
<tr><td colspan="2">合计</td><td>12</td></tr>
<tr><td colspan="3">可完全治理的水土流失面积</td><td>1.08</td></tr>
<tr><td colspan="4">远期存在的水土流失面积</td><td>12</td></tr>
<tr><td colspan="4">远期土壤侵蚀强度轻度以下的国土面积上限</td><td>2319</td></tr>
<tr><td colspan="4">水土保持率远期目标值</td><td>99.49%</td></tr>
</table>

4.6.4 利津县

(1) 水土流失现状

2020 年，利津县水土流失类型为水力侵蚀，面积为 9.11km²，占行政面积 0.55%，水土保持率现状值为 99.45%，水土流失主要分布于该县的北部。从侵蚀强度占比来看，该区域水土流失以轻度侵蚀为主，面积为 9.11km²，占水土流失总面积的 100%。

从水土流失的土地利用分布来看，耕地水土流失面积最大，占水土流失总面积的 44.02%；其次为建设用地，占 31.28%。

从水土流失的高程分布来看，水土流失主要集中于 20m 以下，占水土流失总面积的95.71%。

从不同坡度等级水土流失面积的分布来看，水土流失主要集中于0°～5°，占水土流失总面积的76.07%；5°～8°，占水土流失总面积的19.32%；8°～10°，占水土流失总面积的1.87%；25°以上，占水土流失总面积的0.44%。

(2) 水土保持率远期目标值及分阶段目标值

根据渤海湾生态维护区的研判规则和城市发展趋势，确定利津县2025年水土保持率目标值为99.49，比现有水土保持率提升0.04%；水土保持率远期目标值为99.77%，比现有水土保持率提升0.32%。远期目标值各指标计算结果详见表4.6-5。

表4.6-5 利津县水土保持率远期目标值一览表

<table>
<tr><th colspan="4">指标</th><th>面积/km²</th></tr>
<tr><td colspan="4">国土总面积</td><td>1666</td></tr>
<tr><td colspan="4">现状水土流失面积(2020年)</td><td>9.11</td></tr>
<tr><td rowspan="11">远期水土流失状况分析(2050年)</td><td colspan="3">不需治理的水土流失面积</td><td>0</td></tr>
<tr><td colspan="3">应当治理的水土流失面积</td><td>9.11</td></tr>
<tr><td rowspan="7">不可完全治理的水土流失面积</td><td rowspan="5">水力侵蚀</td><td>耕地</td><td>0</td></tr>
<tr><td>园地</td><td>0</td></tr>
<tr><td>林地</td><td>0</td></tr>
<tr><td>草地</td><td>0.01</td></tr>
<tr><td>建设用地</td><td>3.78</td></tr>
<tr><td colspan="2">风力侵蚀</td><td>0</td></tr>
<tr><td colspan="2">合计</td><td>3.79</td></tr>
<tr><td colspan="3">可完全治理的水土流失面积</td><td>5.32</td></tr>
<tr><td colspan="3"></td><td></td></tr>
<tr><td colspan="4">远期存在的水土流失面积</td><td>3.79</td></tr>
<tr><td colspan="4">远期土壤侵蚀强度轻度以下的国土面积上限</td><td>1662.21</td></tr>
<tr><td colspan="4">水土保持率远期目标值</td><td>99.77%</td></tr>
</table>

4.6.5 广饶县

(1) 水土流失现状

2020年，广饶县水土流失类型为水力侵蚀，面积为8.83km²，占行政面积0.76%，水土保持率现状值为99.24%，水土流失主要分布于该县的中部区域。从侵蚀强度占比来看，该区域水土流失以轻度侵蚀为主，面积为8.83km²，占水土流失总面积的100%。

从水土流失的土地利用分布来看，建设用地水土流失面积最大，占水土流失总面积的 66.93%；其次为耕地，占 25.37%。

从水土流失的高程分布来看，水土流失主要集中于 20m 以下，占水土流失总面积的 91.58%。

从不同坡度等级水土流失面积的分布来看，0°～5°，占水土流失总面积的 63.76%；5°～8°，占水土流失总面积的 20.95%；10°～15°以上，占水土流失总面积的 7.13%。

(2) 水土保持率远期目标值及分阶段目标值

根据渤海湾生态维护区的研判规则和城市发展趋势，确定广饶县 2025 年水土保持率目标值为 99.24%，比现有水土保持率提升 0.02%；水土保持率远期目标值为 99.33%，比现有水土保持率提升 0.09%。远期目标值各指标计算结果详见表 4.6-6。

表 4.6-6 广饶县水土保持率远期目标值一览表

<table>
<tr><th colspan="4">指标</th><th>面积/km²</th></tr>
<tr><td colspan="4">国土总面积</td><td>1166</td></tr>
<tr><td colspan="4">现状水土流失面积(2020 年)</td><td>8.83</td></tr>
<tr><td rowspan="10">远期水土流失状况分析
(2050 年)</td><td colspan="3">不需治理的水土流失面积</td><td>0</td></tr>
<tr><td colspan="3">应当治理的水土流失面积</td><td>8.83</td></tr>
<tr><td rowspan="7">不可完全治理的水土流失面积</td><td rowspan="5">水力侵蚀</td><td>耕地</td><td>0</td></tr>
<tr><td>园地</td><td>0.01</td></tr>
<tr><td>林地</td><td>0</td></tr>
<tr><td>草地</td><td>0</td></tr>
<tr><td>建设用地</td><td>7.85</td></tr>
<tr><td colspan="2">风力侵蚀</td><td>0</td></tr>
<tr><td colspan="2">合计</td><td>7.86</td></tr>
<tr><td colspan="3">可完全治理的水土流失面积</td><td>0.97</td></tr>
<tr><td colspan="4">远期存在的水土流失面积</td><td>7.86</td></tr>
<tr><td colspan="4">远期土壤侵蚀强度轻度以下的国土面积上限</td><td>1158.14</td></tr>
<tr><td colspan="4">水土保持率远期目标值</td><td>99.33%</td></tr>
</table>

4.7 烟台市

(1) 水土流失现状

烟台市 2020 年水土流失类型为水力侵蚀，面积 4294.23km²，占行政面积

31.45%，水土保持率现状值为68.55%。土壤侵蚀强度以轻度为主。其中，轻度侵蚀面积4091.42km²，占水土流失总面积的95.27%；中度侵蚀面积175.36km²，占水土流失总面积的4.08%；强烈侵蚀面积24.74km²，占水土流失总面积的0.58%；极强烈侵蚀面积2.49km²，占水土流失总面积的0.06%；剧烈侵蚀面积0.22km²，占水土流失总面积的0.01%。

从水土流失的土地利用分布来看，耕地水土流失面积2043.81km²，以旱地轻度侵蚀为主；林地水土流失面积1164.81km²，以有林地轻度侵蚀为主；园地水土流失面积800.1km²，以果园轻度侵蚀为主。

（2）水土保持率远期目标值及分阶段目标值

烟台市位于胶东半岛丘陵蓄水保土区，根据胶东半岛丘陵蓄水保土区的研判规则和城市发展趋势，确定烟台市2025年水土保持率目标值为71.80%，比现有水土保持率提升3.25%；水土保持率远期目标值为87.41%，比现有水土保持率提升18.86%。远期目标值各指标计算结果详见表4.7-1。

表4.7-1　烟台市水土保持率远期目标值一览表

<table>
<tr><th colspan="4">指标</th><th>面积/km²</th></tr>
<tr><td colspan="4">国土总面积</td><td>13654</td></tr>
<tr><td colspan="4">现状水土流失面积(2020年)</td><td>4294.23</td></tr>
<tr><td rowspan="11">远期水土流失状况分析(2050年)</td><td colspan="3">不需治理的水土流失面积</td><td>325.51</td></tr>
<tr><td colspan="3">应当治理的水土流失面积</td><td>3968.72</td></tr>
<tr><td rowspan="7">不可完全治理的水土流失面积</td><td rowspan="5">水力侵蚀</td><td>耕地</td><td>560.07</td></tr>
<tr><td>园地</td><td>225.08</td></tr>
<tr><td>林地</td><td>403.99</td></tr>
<tr><td>草地</td><td>2.4</td></tr>
<tr><td>建设用地</td><td>201.52</td></tr>
<tr><td colspan="2">风力侵蚀</td><td>0</td></tr>
<tr><td colspan="2">合计</td><td>1393.06</td></tr>
<tr><td colspan="3">可完全治理的水土流失面积</td><td>2575.66</td></tr>
<tr><td colspan="4">远期存在的水土流失面积</td><td>1718.57</td></tr>
<tr><td colspan="4">远期土壤侵蚀强度轻度以下的国土面积上限</td><td>11935.43</td></tr>
<tr><td colspan="4">水土保持率远期目标值</td><td>87.41%</td></tr>
</table>

4.7.1　莱山区

（1）水土流失现状

2020年，莱山区水土流失类型为水力侵蚀，面积为86.87km²，占行政面积

30.48%，水土保持率现状值为69.52%，水土流失主要分布于该区中部和南部。从侵蚀强度占比来看，该区域水土流失以轻度侵蚀为主，面积为81.9km²，占水土流失总面积的94.28%；中度侵蚀面积为4.58km²，占水土流失总面积的5.27%；强烈侵蚀面积为0.2km²，占水土流失总面积的0.23%；极强烈侵蚀面积为0.19km²，占水土流失总面积的0.22%。

从水土流失的土地利用分布来看，林地水土流失面积最大，占水土流失总面积的35.26%；其次为园地，占31.75%。

从水土流失的高程分布来看，水土流失主要集中于300m以下，占水土流失总面积的99.39%；300～500m以上，占水土流失总面积的0.61%。

从不同坡度等级水土流失面积的分布来看，10°～15°，占水土流失总面积的25.22%；5°～8°，占水土流失总面积的21.46%；0°～5°，占水土流失总面积的16.75%；25°以上，占水土流失总面积的4.15%。

(2) 水土保持率远期目标值及分阶段目标值

根据胶东半岛丘陵蓄水保土区的研判规则和城市发展趋势，确定莱山区2025年水土保持率目标值为72.45%，比现有水土保持率提升2.93%；水土保持率远期目标值为88.63%，比现有水土保持率提升19.11%。远期目标值各指标计算结果详见表4.7-2。

表4.7-2 莱山区水土保持率远期目标值一览表

<table>
<tr><td colspan="4">指标</td><td>面积/km²</td></tr>
<tr><td colspan="4">国土总面积</td><td>285</td></tr>
<tr><td colspan="4">现状水土流失面积(2020年)</td><td>86.87</td></tr>
<tr><td rowspan="10">远期水土流失状况分析(2050年)</td><td colspan="3">不需治理的水土流失面积</td><td>0.01</td></tr>
<tr><td colspan="3">应当治理的水土流失面积</td><td>86.86</td></tr>
<tr><td rowspan="7">不可完全治理的水土流失面积</td><td rowspan="5">水力侵蚀</td><td>耕地</td><td>5.29</td></tr>
<tr><td>园地</td><td>6.92</td></tr>
<tr><td>林地</td><td>9.75</td></tr>
<tr><td>草地</td><td>0</td></tr>
<tr><td>建设用地</td><td>10.44</td></tr>
<tr><td colspan="2">风力侵蚀</td><td>0</td></tr>
<tr><td colspan="2">合计</td><td>32.4</td></tr>
<tr><td colspan="3">可完全治理的水土流失面积</td><td>54.46</td></tr>
<tr><td colspan="4">远期存在的水土流失面积</td><td>32.41</td></tr>
<tr><td colspan="4">远期土壤侵蚀强度轻度以下的国土面积上限</td><td>252.59</td></tr>
<tr><td colspan="4">水土保持率远期目标值</td><td>88.63%</td></tr>
</table>

4.7.2 芝罘区

（1）水土流失现状

2020年，芝罘区水土流失类型为水力侵蚀，面积为14.33km²，占行政面积8.01%，水土保持率现状值为91.99%，水土流失主要分布于该区的北部、中部和东部区域。从侵蚀强度占比来看，该区域水土流失以轻度侵蚀为主，面积为14.13km²，占水土流失总面积的98.6%；中度侵蚀面积为0.15km²，占水土流失总面积的1.05%；强烈侵蚀面积为0.05km²，占水土流失总面积的0.35%。

从水土流失的土地利用分布来看，林地水土流失面积最大，占水土流失总面积的72.16%；其次为建设用地，占13.12%。

从水土流失的高程分布来看，水土流失主要集中于300m以下，占水土流失总面积的98.12%；300～500m以上，占水土流失总面积的1.88%。

从不同坡度等级水土流失面积的分布来看，15°～20°，占水土流失总面积的23.94%；10°～15°，占水土流失总面积的20.59%；20°～25°，占水土流失总面积的17.73%；25°以上，占水土流失总面积的16.54%。

（2）水土保持率远期目标值及分阶段目标值

根据胶东半岛丘陵蓄水保土区的研判规则和城市发展趋势，确定芝罘区2025年水土保持率目标值为92.27%，比现有水土保持率提升0.28%；水土保持率远期目标值为93.31%，比现有水土保持率提升1.32%。远期目标值各指标计算结果详见表4.7-3。

表4.7-3 芝罘区水土保持率远期目标值一览表

<table>
<tr><td colspan="4">指标</td><td>面积/km²</td></tr>
<tr><td colspan="4">国土总面积</td><td>179</td></tr>
<tr><td colspan="4">现状水土流失面积(2020年)</td><td>14.33</td></tr>
<tr><td rowspan="10">远期水土流失状况分析(2050年)</td><td colspan="3">不需治理的水土流失面积</td><td>0.31</td></tr>
<tr><td colspan="3">应当治理的水土流失面积</td><td>14.02</td></tr>
<tr><td rowspan="7">不可完全治理的水土流失面积</td><td rowspan="5">水力侵蚀</td><td>耕地</td><td>0.2</td></tr>
<tr><td>园地</td><td>0.68</td></tr>
<tr><td>林地</td><td>10.55</td></tr>
<tr><td>草地</td><td>0</td></tr>
<tr><td>建设用地</td><td>0.23</td></tr>
<tr><td colspan="2">风力侵蚀</td><td>0</td></tr>
<tr><td colspan="2">合计</td><td>11.66</td></tr>
<tr><td colspan="3">可完全治理的水土流失面积</td><td>2.36</td></tr>
<tr><td colspan="4">远期存在的水土流失面积</td><td>11.97</td></tr>
<tr><td colspan="4">远期土壤侵蚀强度轻度以下的国土面积上限</td><td>167.03</td></tr>
<tr><td colspan="4">水土保持率远期目标值</td><td>93.31%</td></tr>
</table>

4.7.3 福山区

(1) 水土流失现状

2020 年，福山区水土流失类型为水力侵蚀，面积为 236.13km²，占行政面积 33.21%，水土保持率现状值为 66.79%，水土流失主要分布于西部和南部区域。从侵蚀强度占比来看，该区域水土流失以轻度侵蚀为主，面积为 221.79km²，占水土流失总面积的 93.93%；中度侵蚀面积为 12.60km²，占水土流失总面积的 5.34%；强烈侵蚀面积为 1.63km²，占水土流失总面积的 0.69%；极强烈侵蚀面积为 0.11km²，占水土流失总面积的 0.05%。

从水土流失的土地利用分布来看，耕地水土流失面积最大，占水土流失总面积的 44.09%；其次为园地，占 33.34%。

从水土流失的高程分布来看，水土流失主要集中于 300m 以下，占水土流失总面积的 96.47%，300～500m 以上，占水土流失总面积的 3.32%，500～1000m 以上，占水土流失总面积的 0.2%。

从不同坡度等级水土流失面积的分布来看，10°～15°，占水土流失总面积的 22.26%；5°～8°，占水土流失总面积的 19.5%；0°～5°以上，占水土流失总面积的 17.31%；25°以上，占水土流失总面积的 7.6%。

(2) 水土保持率远期目标值及分阶段目标值

根据胶东半岛丘陵蓄水保土区的研判规则和城市发展趋势，确定福山区 2025 年水土保持率目标值为 69.98%，比现有水土保持率提升 3.19%；水土保持率远期目标值为 85.85%，比现有水土保持率提升 19.06%。远期目标值各指标计算结果详见表 4.7-4。

表 4.7-4 福山区水土保持率远期目标值一览表

指标				面积/km²
国土总面积				711
现状水土流失面积(2020 年)				236.13
远期水土流失状况分析(2050 年)	不需治理的水土流失面积			9.6
	应当治理的水土流失面积			226.53
	不可完全治理的水土流失面积	水力侵蚀	耕地	32.61
			园地	9.6
			林地	38.18
			草地	0.22
			建设用地	10.38

续表

指标			面积/km²
远期水土流失状况分析（2050年）	不可完全治理的水土流失面积	风力侵蚀	0
		合计	90.99
	可完全治理的水土流失面积		135.54
远期存在的水土流失面积			100.59
远期土壤侵蚀强度轻度以下的国土面积上限			610.41
水土保持率远期目标值			85.85%

4.7.4 牟平区

（1）水土流失现状

2020年，牟平区水土流失类型为水力侵蚀，面积为569.97km²，占行政面积43.45%，水土保持率现状值为58.55%。水土流失主要分布于南部、东部和中部区域。从侵蚀强度占比来看，该区域水土流失以轻度侵蚀为主，面积为550.45km²，占水土流失总面积的96.58%；中度侵蚀面积为16.65km²，占水土流失总面积的2.92%；强烈侵蚀面积为2.29km²，占水土流失总面积的0.4%；极强烈侵蚀面积为0.43km²，占水土流失总面积的0.08%；剧烈侵蚀面积为0.15km²，占水土流失总面积的0.03%。

从水土流失的土地利用分布来看，林地水土流失面积最大，占水土流失总面积的50.88%；其次为耕地，占24.56%。

从水土流失的高程分布来看，水土流失主要集中于300m以下，占水土流失总面积的92.7%；300～500m以上，占水土流失总面积的6.34%；500～1000m以上，占水土流失总面积的0.96%。

从不同坡度等级水土流失面积的分布来看，10°～15°，占水土流失总面积的22.63%；5°～8°，占水土流失总面积的19.5%；0°～5°，占水土流失总面积的16.07%；25°以上，占水土流失总面积的7.26%。

（2）水土保持率远期目标值及分阶段目标值

根据胶东半岛丘陵蓄水保土区的研判规则和城市发展趋势，确定牟平区2025年水土保持率目标值为62.53%，比现有水土保持率提升3.98%；水土保持率远期目标值为82.99%，比现有水土保持率提升24.44%。远期目标值各指标计算结果详见表4.7-5。

表 4.7-5　牟平区水土保持率远期目标值一览表

<table>
<tr><th colspan="4">指标</th><th>面积/km²</th></tr>
<tr><td colspan="4">国土总面积</td><td>1375</td></tr>
<tr><td colspan="4">现状水土流失面积(2020 年)</td><td>569.97</td></tr>
<tr><td rowspan="10">远期水土流失状况分析(2050 年)</td><td colspan="3">不需治理的水土流失面积</td><td>47.95</td></tr>
<tr><td colspan="3">应当治理的水土流失面积</td><td>522.02</td></tr>
<tr><td rowspan="7">不可完全治理的水土流失面积</td><td rowspan="5">水力侵蚀</td><td>耕地</td><td>35.68</td></tr>
<tr><td>园地</td><td>23.12</td></tr>
<tr><td>林地</td><td>101</td></tr>
<tr><td>草地</td><td>0.4</td></tr>
<tr><td>建设用地</td><td>25.72</td></tr>
<tr><td colspan="2">风力侵蚀</td><td>0</td></tr>
<tr><td colspan="2">合计</td><td>185.92</td></tr>
<tr><td colspan="3">可完全治理的水土流失面积</td><td>336.1</td></tr>
<tr><td colspan="4">远期存在的水土流失面积</td><td>233.87</td></tr>
<tr><td colspan="4">远期土壤侵蚀强度轻度以下的国土面积上限</td><td>1141.13</td></tr>
<tr><td colspan="4">水土保持率远期目标值</td><td>82.99%</td></tr>
</table>

4.7.5 蓬莱区

(1) 水土流失现状

2020 年，蓬莱区水土流失类型为水力侵蚀，面积为 308.72km²，占行政面积 26.03%，水土保持率现状值为 73.97%，水土流失主要分布于南部、西部和东南部。从侵蚀强度占比来看，该区域水土流失以轻度侵蚀为主，面积为 294.77km²，占水土流失总面积的 95.48%；中度侵蚀面积为 13.72km²，占水土流失总面积的 4.45%；强烈侵蚀面积为 0.23km²，占水土流失总面积的 0.07%。

从水土流失的土地利用分布来看，耕地水土流失面积最大，占水土流失总面积的 34.34%；其次为园地，占 31.44%。

从水土流失的高程分布来看，水土流失主要集中于 300m 以下，占水土流失总面积的 94.55%；300～500m 以上，占水土流失总面积的 5.05%；500～1000m 以上，占水土流失总面积的 0.4%。

从不同坡度等级水土流失面积的分布来看，5°～8°，占水土流失总面积的 23.75%；10°～15°，占水土流失总面积的 23.18%；0°～5°，占水土流失总面积的 20.86%；25°以上，占水土流失总面积的 3.21%。

(2) 水土保持率远期目标值及分阶段目标值

根据胶东半岛丘陵蓄水保土区的研判规则和城市发展趋势，确定蓬莱区2025年水土保持率目标值为76.52%，比现有水土保持率提升2.55%；水土保持率远期目标值为90.13%，比现有水土保持率提升16.16%。远期目标值各指标计算结果详见表4.7-6。

表4.7-6 蓬莱区水土保持率远期目标值一览表

<table>
<tr><td colspan="4">指标</td><td>面积/km²</td></tr>
<tr><td colspan="4">国土总面积</td><td>1186</td></tr>
<tr><td colspan="4">现状水土流失面积(2020年)</td><td>308.72</td></tr>
<tr><td rowspan="10">远期水土流失状况分析(2050年)</td><td colspan="3">不需治理的水土流失面积</td><td>19.08</td></tr>
<tr><td colspan="3">应当治理的水土流失面积</td><td>289.64</td></tr>
<tr><td rowspan="7">不可完全治理的水土流失面积</td><td rowspan="5">水力侵蚀</td><td>耕地</td><td>23.69</td></tr>
<tr><td>园地</td><td>25.38</td></tr>
<tr><td>林地</td><td>22.05</td></tr>
<tr><td>草地</td><td>0.04</td></tr>
<tr><td>建设用地</td><td>26.81</td></tr>
<tr><td colspan="2">风力侵蚀</td><td>0</td></tr>
<tr><td colspan="2">合计</td><td>97.97</td></tr>
<tr><td colspan="3">可完全治理的水土流失面积</td><td>191.67</td></tr>
<tr><td colspan="4">远期存在的水土流失面积</td><td>117.05</td></tr>
<tr><td colspan="4">远期土壤侵蚀强度轻度以下的国土面积上限</td><td>1068.95</td></tr>
<tr><td colspan="4">水土保持率远期目标值</td><td>90.13%</td></tr>
</table>

4.7.6 龙口市

(1) 水土流失现状

2020年，龙口市水土流失类型为水力侵蚀，面积为119.54km²，占行政面积13.27%，水土保持率现状值为86.73%，水土流失主要分布在南部区域。从侵蚀强度占比来看，该区域水土流失以轻度侵蚀为主，面积为110.2km²，占水土流失总面积的92.19%；中度侵蚀面积为7.42km²，占水土流失总面积的6.21%；强烈侵蚀面积为1.66km²，占水土流失总面积的1.39%；极强烈侵蚀面积为0.26km²，占水土流失总面积的0.22%。

从水土流失的土地利用分布来看，林地水土流失面积最大，占水土流失总面积的38.87%；其次为耕地，占33.6%。

从水土流失的高程分布来看，水土流失主要集中于300m以下，占水土流失总面积的81.8%；300～500m以上，占水土流失总面积的15.81%；500～1000m以上，占水土流失总面积的2.39%。

从不同坡度等级水土流失面积的分布来看，0°～5°，占水土流失总面积的25.97%；5°～8°，占水土流失总面积的18.18%；10°～15°，占水土流失总面积的13.39%；25°以上，占水土流失总面积的13.61%。

(2) 水土保持率远期目标值及分阶段目标值

根据胶东半岛丘陵蓄水保土区的研判规则和城市发展趋势，确定龙口市2025年水土保持率目标值为87.57%，比现有水土保持率提升0.84%；水土保持率远期目标值为91.21%，比现有水土保持率提升4.48%。远期目标值各指标计算结果详见表4.7-7。

表4.7-7 龙口市水土保持率远期目标值一览表

<table>
<tr><th colspan="4">指标</th><th>面积/km²</th></tr>
<tr><td colspan="4">国土总面积</td><td>901</td></tr>
<tr><td colspan="4">现状水土流失面积(2020年)</td><td>119.54</td></tr>
<tr><td rowspan="10">远期水土流失状况分析(2050年)</td><td colspan="3">不需治理的水土流失面积</td><td>25.09</td></tr>
<tr><td colspan="3">应当治理的水土流失面积</td><td>94.45</td></tr>
<tr><td rowspan="7">不可完全治理的水土流失面积</td><td rowspan="5">水力侵蚀</td><td>耕地</td><td>6.13</td></tr>
<tr><td>园地</td><td>1.28</td></tr>
<tr><td>林地</td><td>16.61</td></tr>
<tr><td>草地</td><td>0.01</td></tr>
<tr><td>建设用地</td><td>30.08</td></tr>
<tr><td colspan="2">风力侵蚀</td><td>0</td></tr>
<tr><td colspan="2">合计</td><td>54.11</td></tr>
<tr><td colspan="3">可完全治理的水土流失面积</td><td>40.34</td></tr>
<tr><td colspan="4">远期存在的水土流失面积</td><td>79.2</td></tr>
<tr><td colspan="4">远期土壤侵蚀强度轻度以下的国土面积上限</td><td>821.8</td></tr>
<tr><td colspan="4">水土保持率远期目标值</td><td>91.21%</td></tr>
</table>

4.7.7 莱阳市

(1) 水土流失现状

2020年，莱阳市水土流失类型为水力侵蚀，面积为519.2km²，占行政面积26.85%，水土保持率现状值为70.02%，水土流失主要分布于东部和北部区域。

从侵蚀强度占比来看，该区域水土流失以轻度侵蚀为主，面积为 502.69km²，占水土流失总面积的 96.82%；中度侵蚀面积为 15.49km²，占水土流失总面积的 2.98%；强烈侵蚀面积为 0.99km²，占水土流失总面积的 0.19%；极强烈侵蚀面积为 0.03km²，占水土流失总面积的 0.01%。

从水土流失的土地利用分布来看，耕地水土流失面积最大，占水土流失总面积的 79.29%；其次为园地，占 8.55%。

从水土流失的高程分布来看，水土流失主要集中于 300m 以下，占水土流失总面积的 99.96%；300～500m 以上，占水土流失面积的 0.04%。

从不同坡度等级水土流失面积的分布来看，0°～5°，占水土流失总面积的 32.29%；5°～8°，占水土流失总面积的 29.11%；10°～15°，占水土流失总面积的 17.4%；25°以上，占水土流失总面积的 0.73%。

(2) 水土保持率远期目标值及分阶段目标值

根据胶东半岛丘陵蓄水保土区的研判规则和城市发展趋势，确定莱阳市 2025 年水土保持率目标值为 74.26%，比现有水土保持率提升 4.24%；水土保持率远期目标值为 91.91%，比现有水土保持率提升 21.89%。远期目标值各指标计算结果详见表 4.7-8。

表 4.7-8　莱阳市水土保持率远期目标值一览表

<table>
<tr><th colspan="4">指标</th><th>面积/km²</th></tr>
<tr><td colspan="4">国土总面积</td><td>1732</td></tr>
<tr><td colspan="4">现状水土流失面积(2020 年)</td><td>519.2</td></tr>
<tr><td rowspan="11">远期水土流失状况分析(2050 年)</td><td colspan="3">不需治理的水土流失面积</td><td>0.22</td></tr>
<tr><td colspan="3">应当治理的水土流失面积</td><td>518.98</td></tr>
<tr><td rowspan="8">不可完全治理的水土流失面积</td><td rowspan="5">水力侵蚀</td><td>耕地</td><td>97.91</td></tr>
<tr><td>园地</td><td>0.43</td></tr>
<tr><td>林地</td><td>25.29</td></tr>
<tr><td>草地</td><td>0.26</td></tr>
<tr><td>建设用地</td><td>15.99</td></tr>
<tr><td colspan="2">风力侵蚀</td><td>0</td></tr>
<tr><td colspan="2">合计</td><td>139.88</td></tr>
<tr><td colspan="2"></td><td></td></tr>
<tr><td colspan="3">可完全治理的水土流失面积</td><td>379.1</td></tr>
<tr><td colspan="4">远期存在的水土流失面积</td><td>140.1</td></tr>
<tr><td colspan="4">远期土壤侵蚀强度轻度以下的国土面积上限</td><td>1591.9</td></tr>
<tr><td colspan="4">水土保持率远期目标值</td><td>91.91%</td></tr>
</table>

4.7.8 莱州市

(1) 水土流失现状

2020 年，莱州市水土流失类型为水力侵蚀，面积为 473.98km^2，占行政面积 24.58%，水土保持率现状值为 75.42%，水土流失主要分布于东部区域。从侵蚀强度占比来看，该区域水土流失以轻度侵蚀为主，面积为 449.7km^2，占水土流失总面积的 94.88%；中度侵蚀面积为 21.38km^2，占水土流失总面积的 4.51%；强烈侵蚀面积为 2.82km^2，占水土流失总面积的 0.59%；极强烈侵蚀面积为 0.08km^2，占水土流失总面积的 0.02%。

从水土流失的土地利用分布来看，耕地水土流失面积最大，占水土流失总面积的 71.7%；其次为林地，占 17.88%。

从水土流失的高程分布来看，水土流失主要集中于 300m 以下，占水土流失总面积的 93.8%；300～500m 以上，占水土流失总面积的 5.68%；500～1000m 以上，占水土流失总面积的 0.53%。

从不同坡度等级水土流失面积的分布来看，0°～5°，占水土流失总面积的 29.7%；5°～8°，占水土流失总面积的 24.31%；10°～15°，占水土流失总面积的 17.66%；25°以上，占水土流失总面积的 1.5%。

(2) 水土保持率远期目标值及分阶段目标值

根据胶东半岛丘陵蓄水保土区的研判规则和城市发展趋势，确定莱州市 2025 年水土保持率目标值为 77.78%，比现有水土保持率提升 2.36%；水土保持率远期目标值为 91.42%，比现有水土保持率提升 16.00%。远期目标值各指标计算结果详见表 4.7-9。

表 4.7-9 莱州市水土保持率远期目标值一览表

<table>
<tr><th colspan="4">指标</th><th>面积/km^2</th></tr>
<tr><td colspan="4">国土总面积</td><td>1928</td></tr>
<tr><td colspan="4">现状水土流失面积(2020 年)</td><td>473.98</td></tr>
<tr><td rowspan="7">远期水土流失状况分析(2050 年)</td><td colspan="3">不需治理的水土流失面积</td><td>33.91</td></tr>
<tr><td colspan="3">应当治理的水土流失面积</td><td>440.07</td></tr>
<tr><td rowspan="5">不可完全治理的水土流失面积</td><td rowspan="5">水力侵蚀</td><td>耕地</td><td>76.55</td></tr>
<tr><td>园地</td><td>4.01</td></tr>
<tr><td>林地</td><td>26.5</td></tr>
<tr><td>草地</td><td>0.04</td></tr>
<tr><td>建设用地</td><td>24.34</td></tr>
</table>

续表

指标			面积/km²
远期水土流失状况分析（2050年）	不可完全治理的水土流失面积	风力侵蚀	0
		合计	131.44
	可完全治理的水土流失面积		308.63
远期存在的水土流失面积			165.35
远期土壤侵蚀强度轻度以下的国土面积上限			1762.65
水土保持率远期目标值			91.42%

4.7.9 招远市

（1）水土流失现状

2020年，招远市水土流失类型为水力侵蚀，面积为394.51km²，占行政面积27.55%，水土保持率现状值为72.45%，水土流失主要分布于该市的北部和西部区域。从侵蚀强度占比来看，该区域水土流失以轻度侵蚀为主，面积为383.57km²，占水土流失总面积的97.23%；中度侵蚀面积为8.78km²，占水土流失总面积的2.23%；强烈侵蚀面积为2.15km²，占水土流失总面积的0.54%。

从水土流失的土地利用分布来看，耕地水土流失面积最大，占水土流失总面积的55.29%；其次为林地，占27.31%。

从水土流失的高程分布来看，水土流失主要集中于300m以下，占水土流失总面积的94.4%；300～500m以上，占水土流失总面积的4.4%；500～1000m以上，占水土流失总面积的1.2%。

从不同坡度等级水土流失面积的分布来看，0°～5°，占水土流失总面积的27.68%；5°～8°，占水土流失总面积的25.53%；10°～15°，占水土流失总面积的17.62%；25°以上，占水土流失总面积的4.5%。

（2）水土保持率远期目标值及分阶段目标值

根据胶东半岛丘陵蓄水保土区的研判规则和城市发展趋势，确定招远市2025年水土保持率目标值为76.34%，比现有水土保持率提升3.89%；水土保持率远期目标值为90.79%，比现有水土保持率提升18.34%。远期目标值各指标计算结果详见表4.7-10。

表4.7-10　招远市水土保持率远期目标值一览表

指标	面积/km²
国土总面积	1432
现状水土流失面积(2020年)	394.51

续表

<table>
<tr><td colspan="4">指标</td><td>面积/km²</td></tr>
<tr><td rowspan="10">远期水土流失状况分析
(2050 年)</td><td colspan="3">不需治理的水土流失面积</td><td>25.47</td></tr>
<tr><td colspan="3">应当治理的水土流失面积</td><td>369.04</td></tr>
<tr><td rowspan="7">不可完全治理的水土流失面积</td><td rowspan="5">水力侵蚀</td><td>耕地</td><td>43.97</td></tr>
<tr><td>园地</td><td>7.84</td></tr>
<tr><td>林地</td><td>28.66</td></tr>
<tr><td>草地</td><td>0.04</td></tr>
<tr><td>建设用地</td><td>25.93</td></tr>
<tr><td colspan="2">风力侵蚀</td><td>0</td></tr>
<tr><td colspan="2">合计</td><td>106.44</td></tr>
<tr><td colspan="3">可完全治理的水土流失面积</td><td>262.6</td></tr>
<tr><td colspan="4">远期存在的水土流失面积</td><td>131.91</td></tr>
<tr><td colspan="4">远期土壤侵蚀强度轻度以下的国土面积上限</td><td>1300.09</td></tr>
<tr><td colspan="4">水土保持率远期目标值</td><td>90.79%</td></tr>
</table>

4.7.10 栖霞市

(1) 水土流失现状

2020 年，栖霞市水土流失类型为水力侵蚀，面积为 737.21km²，占行政面积 36.57%，水土保持率现状值为 63.43%，水土流失主要分布于中部和东部。从侵蚀强度占比来看，栖霞市水土流失以轻度侵蚀为主，面积为 723.13km²，占水土流失总面积的 98.09%；中度侵蚀面积为 11.71km²，占水土流失总面积的 1.59%；强烈侵蚀面积为 1.84km²，占水土流失总面积的 0.25%；极强烈侵蚀面积为 0.53km²，占水土流失总面积的 0.07%。

从水土流失的土地利用分布来看，园地水土流失面积最大，占水土流失总面积的 50.02%；其次为林地，占 31.16%。

从水土流失的高程分布来看，水土流失主要集中于 300m 以下，占水土流失总面积的 84.46%；300～500m 以上，占水土流失总面积的 14.51%；500～1000m 以上，占水土流失总面积的 1.03%。

从不同坡度等级水土流失面积的分布来看，10°～15°，占水土流失总面积的 24.27%；5°～8°，占水土流失总面积的 17.46%；8°～10°，占水土流失总面积的 11.76%；25°以上，占水土流失总面积的 7.68%。

(2) 水土保持率远期目标值及分阶段目标值

根据胶东半岛丘陵蓄水保土区的研判规则和城市发展趋势，确定栖霞市

2025年水土保持率目标值为66.95%，比现有水土保持率提升3.52%；水土保持率远期目标值为82.09%，比现有水土保持率提升18.66%。远期目标值各指标计算结果详见表4.7-11。

表4.7-11　栖霞市水土保持率远期目标值一览表

<table>
<tr><td colspan="4">指标</td><td>面积/km²</td></tr>
<tr><td colspan="4">国土总面积</td><td>2016</td></tr>
<tr><td colspan="4">现状水土流失面积(2020年)</td><td>737.21</td></tr>
<tr><td rowspan="10">远期水土流失状况分析(2050年)</td><td colspan="3">不需治理的水土流失面积</td><td>132.11</td></tr>
<tr><td colspan="3">应当治理的水土流失面积</td><td>605.1</td></tr>
<tr><td rowspan="7">不可完全治理的水土流失面积</td><td rowspan="5">水力侵蚀</td><td>耕地</td><td>33.04</td></tr>
<tr><td>园地</td><td>124.12</td></tr>
<tr><td>林地</td><td>59.95</td></tr>
<tr><td>草地</td><td>0.16</td></tr>
<tr><td>建设用地</td><td>11.65</td></tr>
<tr><td colspan="2">风力侵蚀</td><td>0</td></tr>
<tr><td colspan="2">合计</td><td>228.92</td></tr>
<tr><td colspan="3">可完全治理的水土流失面积</td><td>376.18</td></tr>
<tr><td colspan="4">远期存在的水土流失面积</td><td>361.03</td></tr>
<tr><td colspan="4">远期土壤侵蚀强度轻度以下的国土面积上限</td><td>1654.97</td></tr>
<tr><td colspan="4">水土保持率远期目标值</td><td>82.09%</td></tr>
</table>

4.7.11 海阳市

(1) 水土流失现状

2020年，海阳市水土流失类型为水力侵蚀，面积为833.77km²，占行政面积43.68%，水土保持率现状值为56.32%，水土流失主要分布于中部和北部。从侵蚀强度占比来看，海阳市水土流失以轻度侵蚀为主，面积为759.09km²，占水土流失总面积的91.04%；中度侵蚀面积为62.88km²，占水土流失总面积的7.54%；强烈侵蚀面积为10.88km²，占水土流失总面积的1.3%；极强烈侵蚀面积为0.85km²，占水土流失总面积的0.1%；剧烈侵蚀面积为0.07km²，占水土流失总面积的0.01%。

从水土流失的土地利用分布来看，耕地水土流失面积最大，占水土流失总面积的66.42%；其次为林地，占20.93%。

从水土流失的高程分布来看，水土流失主要集中于300m以下，占水土流失总面积的96.7%；300～500m以上，占水土流失总面积的3.29%，500～1000m

以上，占水土流失总面积的0.02%。

从不同坡度等级水土流失面积的分布来看，10°～15°，占水土流失总面积的22.86%；5°～8°，占水土流失总面积的21.37%；0°～5°以上，占水土流失总面积的20.84%，25°以上，占水土流失总面积的4.1%。

(2) 水土保持率远期目标值及分阶段目标值

根据胶东半岛丘陵蓄水保土区的研判规则和城市发展趋势，确定海阳市2025年水土保持率目标值为59.50%，比现有水土保持率提升3.18%；水土保持率远期目标值为81.92%，比现有水土保持率提升25.60%。远期目标值各指标计算结果详见表4.7-12。

表4.7-12 海阳市水土保持率远期目标值一览表

<table>
<tr><td colspan="4">指标</td><td>面积/km²</td></tr>
<tr><td colspan="4">国土总面积</td><td>1909</td></tr>
<tr><td colspan="4">现状水土流失面积(2020年)</td><td>833.77</td></tr>
<tr><td rowspan="10">远期水土流失状况分析(2050年)</td><td colspan="3">不需治理的水土流失面积</td><td>31.76</td></tr>
<tr><td colspan="3">应当治理的水土流失面积</td><td>802.01</td></tr>
<tr><td rowspan="7">不可完全治理的水土流失面积</td><td rowspan="5">水力侵蚀</td><td>耕地</td><td>205</td></tr>
<tr><td>园地</td><td>21.7</td></tr>
<tr><td>林地</td><td>65.45</td></tr>
<tr><td>草地</td><td>1.23</td></tr>
<tr><td>建设用地</td><td>19.95</td></tr>
<tr><td colspan="2">风力侵蚀</td><td>0</td></tr>
<tr><td colspan="2">合计</td><td>313.33</td></tr>
<tr><td colspan="3">可完全治理的水土流失面积</td><td>488.68</td></tr>
<tr><td colspan="4">远期存在的水土流失面积</td><td>345.09</td></tr>
<tr><td colspan="4">远期土壤侵蚀强度轻度以下的国土面积上限</td><td>1563.91</td></tr>
<tr><td colspan="4">水土保持率远期目标值</td><td>81.92%</td></tr>
</table>

4.8 潍坊市

(1) 水土流失现状

潍坊市2020年水土流失类型为水力侵蚀，面积2480.73km²，占行政面积15.57%，水土保持率现状值为84.63%。土壤侵蚀强度以轻度侵蚀为主。其中，轻度侵蚀面积2305.66km²，占水土流失总面积的92.94%；中度侵蚀面积

126.37km^2，占水土流失总面积的 5.09%；强烈侵蚀面积 33.84km^2，占水土流失总面积的 1.36%；极强烈侵蚀面积 9.85km^2，占水土流失总面积的 0.38%；剧烈侵蚀面积 5.01km^2，占水土流失总面积的 0.20%。

从水土流失的土地利用分布来看，潍坊市水土流失面积主要集中于耕地，其次为林地和建设用地。其中，耕地水土流失面积 1576.49km^2，以旱地轻度侵蚀为主；林地水土流失面积 448.05km^2，以有林地轻度侵蚀为主；建设用地水土流失面积 279.79km^2，以农村建设用地轻度侵蚀为主。

(2) 水土保持率远期目标值及分阶段目标值

潍坊市主要涉及鲁中南低山丘陵土壤保持区（7 个县级行政区）和渤海湾生态维护区（5 个县级行政区），根据鲁中南低山丘陵土壤保持区和渤海湾生态维护区的研判规则和城市发展趋势，确定潍坊市 2025 年水土保持率目标值为 86.40%，比现有水土保持率提升 1.77%；水土保持率远期目标值为 94.88%，比现有水土保持率提升 10.25%。远期目标值各指标计算结果详见表 4.8-1。

表 4.8-1　潍坊市水土保持率远期目标值一览表

<table>
<tr><th colspan="4">指标</th><th>面积/km^2</th></tr>
<tr><td colspan="4">国土总面积</td><td>16138</td></tr>
<tr><td colspan="4">现状水土流失面积(2020 年)</td><td>2480.73</td></tr>
<tr><td rowspan="10">远期水土流失状况分析
(2050 年)</td><td colspan="3">不需治理的水土流失面积</td><td>120.61</td></tr>
<tr><td colspan="3">应当治理的水土流失面积</td><td>2360.12</td></tr>
<tr><td rowspan="7">不可完全治理的水土流失面积</td><td rowspan="5">水力侵蚀</td><td>耕地</td><td>340.69</td></tr>
<tr><td>园地</td><td>85.81</td></tr>
<tr><td>林地</td><td>161.04</td></tr>
<tr><td>草地</td><td>19.66</td></tr>
<tr><td>建设用地</td><td>97.77</td></tr>
<tr><td colspan="2">风力侵蚀</td><td>0</td></tr>
<tr><td colspan="2">合计</td><td>704.97</td></tr>
<tr><td colspan="3">可完全治理的水土流失面积</td><td>1655.15</td></tr>
<tr><td colspan="4">远期存在的水土流失面积</td><td>825.58</td></tr>
<tr><td colspan="4">远期土壤侵蚀强度轻度以下的国土面积上限</td><td>15312.42</td></tr>
<tr><td colspan="4">水土保持率远期目标值</td><td>94.88%</td></tr>
</table>

4.8.1 奎文区

(1) 水土流失现状

2020 年，奎文区水土流失类型为水力侵蚀，面积为 3.68km^2，占行政面积

2.26%，水土保持率现状值为97.74%，水土流失主要分布于北部和南部区域。从侵蚀强度占比来看，该区域水土流失以轻度侵蚀为主，面积为3.35km^2，占水土流失总面积的91.03%；中度侵蚀面积为0.27km^2，占水土流失总面积的7.34%；强烈侵蚀面积为0.06km^2，占水土流失总面积的1.63%。

从水土流失的土地利用分布来看，建设用地水土流失面积最大，占水土流失总面积的36.96%；其次为草地，占26.36%。

从水土流失的高程分布来看，50m以下，占水土流失总面积的52.38%；50～100m，占水土流失总面积的47.62%。

从不同坡度等级水土流失面积的分布来看，0°～5°，占水土流失总面积的54.89%；5°～8°，占水土流失总面积的27.45%；8°～10°，占水土流失总面积的9.51%；25°以上，占水土流失总面积的0%。

(2) 水土保持率远期目标值及分阶段目标值

根据渤海湾生态维护区的研判规则和城市发展趋势，确定奎文区2025年水土保持率目标值为97.88%，比现有水土保持率提升0.14%；水土保持率远期目标值为98.99%，比现有水土保持率提升1.25%。远期目标值各指标计算结果详见表4.8-2。

表4.8-2 奎文区水土保持率远期目标值一览表

<table>
<tr><th colspan="4">指标</th><th>面积/km^2</th></tr>
<tr><td colspan="4">国土总面积</td><td>163</td></tr>
<tr><td colspan="4">现状水土流失面积(2020年)</td><td>3.68</td></tr>
<tr><td rowspan="10">远期水土流失状况分析(2050年)</td><td colspan="3">不需治理的水土流失面积</td><td>0</td></tr>
<tr><td colspan="3">应当治理的水土流失面积</td><td>3.68</td></tr>
<tr><td rowspan="7">不可完全治理的水土流失面积</td><td rowspan="5">水力侵蚀</td><td>耕地</td><td>0</td></tr>
<tr><td>园地</td><td>0.1</td></tr>
<tr><td>林地</td><td>0</td></tr>
<tr><td>草地</td><td>0.09</td></tr>
<tr><td>建设用地</td><td>1.45</td></tr>
<tr><td colspan="2">风力侵蚀</td><td>0</td></tr>
<tr><td colspan="2">合计</td><td>1.64</td></tr>
<tr><td colspan="3">可完全治理的水土流失面积</td><td>2.04</td></tr>
<tr><td colspan="4">远期存在的水土流失面积</td><td>1.64</td></tr>
<tr><td colspan="4">远期土壤侵蚀强度轻度以下的国土面积上限</td><td>161.36</td></tr>
<tr><td colspan="4">水土保持率远期目标值</td><td>98.99%</td></tr>
</table>

4.8.2 潍城区

(1) 水土流失现状

2020年，潍城区水土流失类型为水力侵蚀，面积为14.62km²，占行政面积5.41%，水土保持率现状值为94.59%，水土流失主要分布于西部和中部区域。从侵蚀强度占比来看，该区域水土流失以轻度侵蚀为主，面积为14.24km²，占水土流失总面积的97.4%；中度侵蚀面积为0.38km²，占水土流失总面积的2.6%。

从水土流失的土地利用分布来看，耕地水土流失面积最大，占水土流失总面积的47.2%；其次为建设用地，占21.61%。

从水土流失的高程分布来看，50m以下，占水土流失总面积的50%；50～100m，占水土流失总面积的38.61%。

从不同坡度等级水土流失面积的分布来看，0°～5°，占水土流失总面积的39.12%；5°～8°，占水土流失总面积的27.77%；10°～15°以上，占水土流失总面积的14.84%；25°以上，占水土流失总面积的0.34%。

(2) 水土保持率远期目标值及分阶段目标值

根据渤海湾生态维护区的研判规则和城市发展趋势，确定潍城区2025年水土保持率目标值为94.93%，比现有水土保持率提升0.34%；水土保持率远期目标值为99.10%，比现有水土保持率提升4.51%。远期目标值各指标计算结果详见表4.8-3。

表4.8-3 潍城区水土保持率远期目标值一览表

<table>
<tr><th colspan="4">指标</th><th>面积/km²</th></tr>
<tr><td colspan="4">国土总面积</td><td>270</td></tr>
<tr><td colspan="4">现状水土流失面积(2020年)</td><td>14.62</td></tr>
<tr><td rowspan="10">远期水土流失状况分析(2050年)</td><td colspan="3">不需治理的水土流失面积</td><td>0</td></tr>
<tr><td colspan="3">应当治理的水土流失面积</td><td>14.62</td></tr>
<tr><td rowspan="7">不可完全治理的水土流失面积</td><td rowspan="5">水力侵蚀</td><td>耕地</td><td>0.02</td></tr>
<tr><td>园地</td><td>0.12</td></tr>
<tr><td>林地</td><td>0.12</td></tr>
<tr><td>草地</td><td>0.55</td></tr>
<tr><td>建设用地</td><td>1.62</td></tr>
<tr><td colspan="2">风力侵蚀</td><td>0</td></tr>
<tr><td colspan="2">合计</td><td>2.43</td></tr>
<tr><td colspan="3">可完全治理的水土流失面积</td><td>12.19</td></tr>
<tr><td colspan="4">远期存在的水土流失面积</td><td>2.43</td></tr>
<tr><td colspan="4">远期土壤侵蚀强度轻度以下的国土面积上限</td><td>267.57</td></tr>
<tr><td colspan="4">水土保持率远期目标值</td><td>99.10%</td></tr>
</table>

4.8.3 寒亭区

(1) 水土流失现状

2020 年，寒亭区水土流失类型为水力侵蚀，面积为 10.19km²，占行政面积 0.78%，水土保持率现状值为 99.22%，水土流失主要分布于北部区域。从侵蚀强度占比来看，全区水土流失以轻度侵蚀为主，面积为 9.96km²，占水土流失总面积的 97.74%；中度侵蚀面积为 0.23km²，占水土流失总面积的 2.26%。

从水土流失的土地利用分布来看，草地水土流失面积最大，占水土流失总面积的 41.51%；其次为建设用地，占 18.84%。

从水土流失的高程分布来看，水土流失主要集中于 20m 以下，占水土流失总面积的 83.33%；20～50m，占水土流失总面积的 15.79%。

从不同坡度等级水土流失面积的分布来看，0°～5°，占水土流失总面积的 69.68%；5°～8°，占水土流失总面积的 20.41%；8°～10°以上，占水土流失总面积的 5.69%。

(2) 水土保持率远期目标值及分阶段目标值

根据渤海湾生态维护区的研判规则和城市发展趋势，确定寒亭区 2025 年水土保持率目标值为 99.27%，比现有水土保持率提升 0.05%；水土保持率远期目标值为 99.66%，比现有水土保持率提升 0.44%。远期目标值各指标计算结果详见表 4.8-4。

表 4.8-4　寒亭区水土保持率远期目标值一览表

<table>
<tr><td colspan="4">指标</td><td>面积/km²</td></tr>
<tr><td colspan="4">国土总面积</td><td>1301</td></tr>
<tr><td colspan="4">现状水土流失面积(2020 年)</td><td>10.19</td></tr>
<tr><td rowspan="10">远期水土流失状况分析
(2050 年)</td><td colspan="3">不需治理的水土流失面积</td><td>0</td></tr>
<tr><td colspan="3">应当治理的水土流失面积</td><td>10.19</td></tr>
<tr><td rowspan="7">不可完全治理的水土流失面积</td><td rowspan="5">水力侵蚀</td><td>耕地</td><td>0.04</td></tr>
<tr><td>园地</td><td>0</td></tr>
<tr><td>林地</td><td>0</td></tr>
<tr><td>草地</td><td>0.03</td></tr>
<tr><td>建设用地</td><td>4.39</td></tr>
<tr><td colspan="2">风力侵蚀</td><td>0</td></tr>
<tr><td colspan="2">合计</td><td>4.46</td></tr>
<tr><td colspan="3">可完全治理的水土流失面积</td><td>5.73</td></tr>
<tr><td colspan="4">远期存在的水土流失面积</td><td>4.46</td></tr>
<tr><td colspan="4">远期土壤侵蚀强度轻度以下的国土面积上限</td><td>1296.54</td></tr>
<tr><td colspan="4">水土保持率远期目标值</td><td>99.66%</td></tr>
</table>

4.8.4 坊子区

（1）水土流失现状

2020年，坊子区水土流失类型为水力侵蚀，面积为52.41m²，占行政面积5.86%，水土保持率现状值为94.14%，水土流失主要分布于中部、南部和北部区域。从侵蚀强度占比来看，全区水土流失以轻度侵蚀为主，面积为50.21km²，占水土流失总面积的95.8%；中度侵蚀面积为2.19km²，占水土流失总面积的4.18%；强烈侵蚀面积为0.01km²，占水土流失总面积的0.02%。

从水土流失的土地利用分布来看，耕地水土流失面积最大，占水土流失总面积的57.55%；其次为建设用地和交通用地，分别占24.63%和6.83%。

从水土流失的高程分布来看，水土流失主要集中于300m以下，占水土流失总面积的100%。

从不同坡度等级水土流失面积的分布来看，0°～5°，占水土流失总面积的43.1%；5°～8°，占水土流失总面积的30.36%；8°～10°和10°～15°，均占水土流失总面积的11.79%；25°以上，占水土流失总面积的0.25%。

（2）水土保持率远期目标值及分阶段目标值

根据鲁中南低山丘陵土壤保持区的研判规则和城市发展趋势，确定坊子区2025年水土保持率目标值为94.52%，比现有水土保持率提升0.38%；水土保持率远期目标值为99.36%，比现有水土保持率提升5.22%。远期目标值各指标计算结果详见表4.8-5。

表4.8-5 坊子区水土保持率远期目标值一览表

<table>
<tr><td colspan="4">指标</td><td>面积/km²</td></tr>
<tr><td colspan="4">国土总面积</td><td>895</td></tr>
<tr><td colspan="4">现状水土流失面积(2020年)</td><td>52.41</td></tr>
<tr><td rowspan="10">远期水土流失状况分析(2050年)</td><td colspan="3">不需治理的水土流失面积</td><td>0</td></tr>
<tr><td colspan="3">应当治理的水土流失面积</td><td>52.41</td></tr>
<tr><td rowspan="7">不可完全治理的水土流失面积</td><td rowspan="5">水力侵蚀</td><td>耕地</td><td>0.04</td></tr>
<tr><td>园地</td><td>0.29</td></tr>
<tr><td>林地</td><td>0.06</td></tr>
<tr><td>草地</td><td>0.8</td></tr>
<tr><td>建设用地</td><td>4.54</td></tr>
<tr><td colspan="2">风力侵蚀</td><td>0</td></tr>
<tr><td colspan="2">合计</td><td>5.73</td></tr>
<tr><td colspan="3">可完全治理的水土流失面积</td><td>46.68</td></tr>
<tr><td colspan="4">远期存在的水土流失面积</td><td>5.73</td></tr>
<tr><td colspan="4">远期土壤侵蚀强度轻度以下的国土面积上限</td><td>889.27</td></tr>
<tr><td colspan="4">水土保持率远期目标值</td><td>99.36%</td></tr>
</table>

4.8.5 青州市

(1) 水土流失现状

2020 年，青州市水土流失类型为水力侵蚀，面积为 421.3km^2，占行政面积 26.85%，水土保持率现状值为 73.15%，水土流失主要分布于西南部区域。从侵蚀强度占比来看，该区域水土流失以轻度侵蚀为主，面积为 406.61km^2，占水土流失总面积的 96.52%；中度侵蚀面积为 11.46km^2，占水土流失总面积的 2.72%；强烈侵蚀面积为 3.22km^2，占水土流失总面积的 0.76%。

从水土流失的土地利用分布来看，林地水土流失面积最大，占水土流失总面积的 43.03%；其次为耕地，占 28.62%。

从水土流失的高程分布来看，300m 以下，占水土流失总面积的 50.79%；300～500m，占 34.93%，500～1000m，占 14.28%。

从不同坡度等级水土流失面积的分布来看，10°～15°，占水土流失总面积的 18.36%；15°～20°，占水土流失总面积的 14.97%；35°以上，占水土流失总面积的 4.75%。

(2) 水土保持率远期目标值及分阶段目标值

根据鲁中南低山丘陵土壤保持区的研判规则和城市发展趋势，确定青州市 2025 年水土保持率目标值为 76.94%，比现有水土保持率提升 3.79%；水土保持率远期目标值为 85.81%，比现有水土保持率提升 12.66%。远期目标值各指标计算结果详见表 4.8-6。

表 4.8-6 青州市水土保持率远期目标值一览表

<table>
<tr><th colspan="4">指标</th><th>面积/km²</th></tr>
<tr><td colspan="4">国土总面积</td><td>1569</td></tr>
<tr><td colspan="4">现状水土流失面积(2020 年)</td><td>421.3</td></tr>
<tr><td rowspan="10">远期水土流失状况分析(2050 年)</td><td colspan="3">不需治理的水土流失面积</td><td>60.16</td></tr>
<tr><td colspan="3">应当治理的水土流失面积</td><td>361.14</td></tr>
<tr><td rowspan="7">不可完全治理的水土流失面积</td><td rowspan="5">水力侵蚀</td><td>耕地</td><td>23.18</td></tr>
<tr><td>园地</td><td>46.2</td></tr>
<tr><td>林地</td><td>62.42</td></tr>
<tr><td>草地</td><td>8.51</td></tr>
<tr><td>建设用地</td><td>22.11</td></tr>
<tr><td colspan="2">风力侵蚀</td><td>0</td></tr>
<tr><td colspan="2">合计</td><td>162.42</td></tr>
<tr><td colspan="3">可完全治理的水土流失面积</td><td>198.72</td></tr>
<tr><td colspan="4">远期存在的水土流失面积</td><td>222.58</td></tr>
<tr><td colspan="4">远期土壤侵蚀强度轻度以下的国土面积上限</td><td>1346.42</td></tr>
<tr><td colspan="4">水土保持率远期目标值</td><td>85.81%</td></tr>
</table>

4.8.6 诸城市

（1）水土流失现状

2020年，诸城市水土流失类型为水力侵蚀，面积为527km²，占行政面积24.5%，水土保持率现状值为75.5%，水土流失主要分布于东南部区域。从侵蚀强度占比来看，全市水土流失以轻度侵蚀为主，面积为523.91km²，占水土流失总面积的99.42%；中度侵蚀面积为2.66km²，占水土流失总面积的0.5%；强烈侵蚀面积为0.42km²，占水土流失总面积的0.08%。

从水土流失的土地利用分布来看，耕地水土流失面积最大，占水土流失总面积的72.99%；其次为林地，占14.73%。

从水土流失的高程分布来看，诸城市水土流失主要位于300m以下区域，占水土流失总面积的98.36%；300～500m，占1.59%；500～1000m，占0.05%。

从不同坡度等级水土流失面积的分布来看，0°～5°，占水土流失总面积的31.04%；5°～8°，占水土流失总面积的27.15%；25°以上，占水土流失总面积的1.81%。

（2）水土保持率远期目标值及分阶段目标值

根据鲁中南低山丘陵土壤保持区的研判规则和城市发展趋势，确定诸城市2025年水土保持率目标值为77.85%，比现有水土保持率提升2.35%；水土保持率远期目标值为94.86%，比现有水土保持率提升19.36%。远期目标值各指标计算结果详见表4.8-7。

表4.8-7　诸城市水土保持率远期目标值一览表

<table>
<tr><th colspan="4">指标</th><th>面积/km²</th></tr>
<tr><td colspan="4">国土总面积</td><td>2151</td></tr>
<tr><td colspan="4">现状水土流失面积(2020年)</td><td>527</td></tr>
<tr><td rowspan="10">远期水土流失状况分析(2050年)</td><td colspan="3">不需治理的水土流失面积</td><td>0.29</td></tr>
<tr><td colspan="3">应当治理的水土流失面积</td><td>526.71</td></tr>
<tr><td rowspan="7">不可完全治理的水土流失面积</td><td rowspan="5">水力侵蚀</td><td>耕地</td><td>72.66</td></tr>
<tr><td>园地</td><td>0.33</td></tr>
<tr><td>林地</td><td>29.4</td></tr>
<tr><td>草地</td><td>1.28</td></tr>
<tr><td>建设用地</td><td>6.66</td></tr>
<tr><td colspan="2">风力侵蚀</td><td>0</td></tr>
<tr><td colspan="2">合计</td><td>110.33</td></tr>
<tr><td colspan="3">可完全治理的水土流失面积</td><td>416.38</td></tr>
<tr><td colspan="4">远期存在的水土流失面积</td><td>110.62</td></tr>
<tr><td colspan="4">远期土壤侵蚀强度轻度以下的国土面积上限</td><td>2040.38</td></tr>
<tr><td colspan="4">水土保持率远期目标值</td><td>94.86%</td></tr>
</table>

4.8.7 寿光市

(1) 水土流失现状

2020 年，寿光市水土流失类型为水力侵蚀，面积为 23.46km²，占行政面积 1.18%，水土保持率现状值为 98.82%，水土流失主要零星分布于该市的中部区域。从侵蚀强度占比来看，全市水土流失以轻度侵蚀为主，面积为 21.07km²，占水土流失总面积的 89.81%；中度侵蚀面积为 2.15km²，占水土流失总面积的 9.16%；强烈侵蚀面积为 0.24km²，占水土流失总面积的 1.02%。

从水土流失的土地利用分布来看，建设用地水土流失面积最大，占水土流失总面积的 63.47%；其次为草地，占 17.18%。

从水土流失的高程分布来看，20m 以下，占水土流失总面积的 77.86%；20～50m，占水土流失总面积的 22.14%。

从不同坡度等级水土流失面积的分布来看，0°～5°，占水土流失总面积的 65.9%；5°～8°，占水土流失总面积的 23.19%；8°～10°以上，占水土流失总面积的 6.1%；25°以上无水土流失。

(2) 水土保持率远期目标值及分阶段目标值

根据渤海湾生态维护区的研判规则和城市发展趋势，确定寿光市 2025 年水土保持率目标值为 98.90%，比现有水土保持率提升 0.08%；水土保持率远期目标值为 99.46%，比现有水土保持率提升 0.64%。远期目标值各指标计算结果详见表 4.8-8。

表 4.8-8 寿光市水土保持率远期目标值一览表

<table>
<tr><th colspan="4">指标</th><th>面积/km²</th></tr>
<tr><td colspan="4">国土总面积</td><td>1990</td></tr>
<tr><td colspan="4">现状水土流失面积(2020 年)</td><td>23.46</td></tr>
<tr><td rowspan="10">远期水土流失状况分析
(2050 年)</td><td colspan="3">不需治理的水土流失面积</td><td>0</td></tr>
<tr><td colspan="3">应当治理的水土流失面积</td><td>23.46</td></tr>
<tr><td rowspan="7">不可完全治理的水土
流失面积</td><td rowspan="5">水力侵蚀</td><td>耕地</td><td>0</td></tr>
<tr><td>园地</td><td>0</td></tr>
<tr><td>林地</td><td>0</td></tr>
<tr><td>草地</td><td>0.01</td></tr>
<tr><td>建设用地</td><td>10.72</td></tr>
<tr><td colspan="2">风力侵蚀</td><td>0</td></tr>
<tr><td colspan="2">合计</td><td>10.73</td></tr>
<tr><td colspan="3">可完全治理的水土流失面积</td><td>12.73</td></tr>
<tr><td colspan="4">远期存在的水土流失面积</td><td>10.73</td></tr>
<tr><td colspan="4">远期土壤侵蚀强度轻度以下的国土面积上限</td><td>1979.27</td></tr>
<tr><td colspan="4">水土保持率远期目标值</td><td>99.46%</td></tr>
</table>

4.8.8 安丘市

（1）水土流失现状

2020年，安丘市水土流失类型为水力侵蚀，面积为515.33km^2，占行政面积30.1%，水土保持率现状值为69.9%，水土流失主要分布于该市的西南部区域。从侵蚀强度占比来看，该区域水土流失以轻度侵蚀为主，面积为436.21km^2，占水土流失总面积的84.64%；中度侵蚀面积为60.03km^2，占水土流失总面积的11.7%；强烈侵蚀面积为14.87km^2，占水土流失总面积的2.89%；极强烈侵蚀面积为3.64km^2，占水土流失总面积的0.71%；剧烈侵蚀面积为0.31km^2，占水土流失总面积的0.06%。

从水土流失的土地利用分布来看，耕地水土流失面积最大，占水土流失总面积的89.16%；其次为林地，占4.45%。

从水土流失的高程分布来看，水土流失主要集中于300m以下，占水土流失总面积的92.79%；300～500m以上，占水土流失总面积的7.19%；500m以上，占水土流失总面积的0.02%。

从不同坡度等级水土流失面积的分布来看，0°～5°，占水土流失总面积的31.8%；5°～8°，占水土流失总面积的26.82%；8°以上，占水土流失总面积的41.38%；25°以上，占水土流失总面积的1.41%。

（2）水土保持率远期目标值及分阶段目标值

根据鲁中南低山丘陵土壤保持区的研判规则和城市发展趋势，确定安丘市2025年水土保持率目标值为74.15%，比现有水土保持率提升4.25%；水土保持率远期目标值为90.59%，比现有水土保持率提升20.69%。远期目标值各指标计算结果详见表4.8-9。

表4.8-9　安丘市水土保持率远期目标值一览表

指标				面积/km^2
国土总面积				1712
现状水土流失面积(2020年)				515.33
远期水土流失状况分析（2050年）	不需治理的水土流失面积			0.12
	应当治理的水土流失面积			515.21
	不可完全治理的水土流失面积	水力侵蚀	耕地	120.35
			园地	4.76
			林地	16.43
			草地	6.13
			建设用地	13.33

续表

指标			面积/km²
远期水土流失状况分析（2050 年）	不可完全治理的水土流失面积	风力侵蚀	0
		合计	161
	可完全治理的水土流失面积		354.21
远期存在的水土流失面积			161.12
远期土壤侵蚀强度轻度以下的国土面积上限			1550.88
水土保持率远期目标值			90.59%

4.8.9 高密市

(1) 水土流失现状

2020 年，高密市水土流失类型为水力侵蚀，面积为 77.47m²，占行政面积 5.07%，水土保持率现状值为 94.93%，水土流失主要分布于该市的东南部区域。从侵蚀强度占比来看，全市水土流失以轻度侵蚀为主，面积为 76.74km²，占水土流失总面积的 99.06%；中度侵蚀面积为 0.73km²，占水土流失总面积的 0.94%。

从水土流失的土地利用分布来看，耕地水土流失面积最大，占水土流失总面积的 72.27%；其次为建设用地和交通用地，分别占 16.19%和 3.76%。

从水土流失的高程分布来看，水土流失主要集中于 300m 以下，占水土流失总面积的 100%。

从不同坡度等级水土流失面积的分布来看，0°～5°，占水土流失总面积的 47.46%；5°～8°，占水土流失总面积的 28.08%；8°～10°，占水土流失总面积的 10.6%；25°以上，占水土流失总面积的 0.07%。

(2) 水土保持率远期目标值及分阶段目标值

根据鲁中南低山丘陵土壤保持区的研判规则和城市发展趋势，确定高密市 2025 年水土保持率目标值为 95.25%，比现有水土保持率提升 0.32%；水土保持率远期目标值为 99.20%，比现有水土保持率提升 4.27%。远期目标值各指标计算结果详见表 4.8-10。

表 4.8-10 高密市水土保持率远期目标值一览表

指标	面积/km²
国土总面积	1527
现状水土流失面积(2020 年)	77.47

续表

<table>
<tr><td colspan="4">指标</td><td>面积/km²</td></tr>
<tr><td rowspan="10">远期水土流失状况分析（2050 年）</td><td colspan="3">不需治理的水土流失面积</td><td>0</td></tr>
<tr><td colspan="3">应当治理的水土流失面积</td><td>77.47</td></tr>
<tr><td rowspan="7">不可完全治理的水土流失面积</td><td rowspan="5">水力侵蚀</td><td>耕地</td><td>1.73</td></tr>
<tr><td>园地</td><td>0.13</td></tr>
<tr><td>林地</td><td>0.02</td></tr>
<tr><td>草地</td><td>0.01</td></tr>
<tr><td>建设用地</td><td>10.29</td></tr>
<tr><td colspan="2">风力侵蚀</td><td>0</td></tr>
<tr><td colspan="2">合计</td><td>12.18</td></tr>
<tr><td colspan="3">可完全治理的水土流失面积</td><td>65.29</td></tr>
<tr><td colspan="4">远期存在的水土流失面积</td><td>12.18</td></tr>
<tr><td colspan="4">远期土壤侵蚀强度轻度以下的国土面积上限</td><td>1514.82</td></tr>
<tr><td colspan="4">水土保持率远期目标值</td><td>99.20%</td></tr>
</table>

4.8.10 昌邑市

（1）水土流失现状

2020 年，昌邑市水土流失类型为水力侵蚀，面积为 80.74m²，占行政面积 4.96%，水土保持率现状值为 95.04%，水土流失主要分布于该市的北部区域。从侵蚀强度占比来看，全市水土流失以轻度侵蚀为主，面积为 80.27km²，占水土流失总面积的 99.42%；中度侵蚀面积为 0.47km²，占水土流失总面积的 0.58%。

从水土流失的土地利用分布来看，建设用地水土流失面积最大，占水土流失总面积的 39.20%；其次为耕地，占 35.47%。

从水土流失的高程分布来看，水土流失主要集中于 20m 以下，占水土流失总面积的 79.39%；其次为 20～50m 区域，占水土流失总面积的 18.53%。

从不同坡度等级水土流失面积的分布来看，0°～5°，占水土流失总面积的 67.62%；5°～8°，占水土流失总面积的 23.02%；8°～10°以上，占水土流失总面积的 5.6%；25°以上，占水土流失总面积的 0.01%。

（2）水土保持率远期目标值及分阶段目标值

根据渤海湾生态维护区的研判规则和城市发展趋势，确定昌邑市 2025 年水土保持率目标值为 95.35%，比现有水土保持率提升 0.31%；水土保持率远期目标值为99.45%，比现有水土保持率提升4.41%。远期目标值各指标计算结果详见表4.8-11。

表4.8-11 昌邑市水土保持率远期目标值一览表

<table>
<tr><th colspan="4">指标</th><th>面积/km²</th></tr>
<tr><td colspan="4">国土总面积</td><td>1628</td></tr>
<tr><td colspan="4">现状水土流失面积(2020年)</td><td>80.74</td></tr>
<tr><td rowspan="10">远期水土流失状况分析
(2050年)</td><td colspan="3">不需治理的水土流失面积</td><td>0</td></tr>
<tr><td colspan="3">应当治理的水土流失面积</td><td>80.74</td></tr>
<tr><td rowspan="7">不可完全治理的水土流失面积</td><td rowspan="5">水力侵蚀</td><td>耕地</td><td>0</td></tr>
<tr><td>园地</td><td>0.02</td></tr>
<tr><td>林地</td><td>0.05</td></tr>
<tr><td>草地</td><td>0.04</td></tr>
<tr><td>建设用地</td><td>8.85</td></tr>
<tr><td colspan="2">风力侵蚀</td><td>0</td></tr>
<tr><td colspan="2">合计</td><td>8.96</td></tr>
<tr><td colspan="3">可完全治理的水土流失面积</td><td>71.78</td></tr>
<tr><td colspan="4">远期存在的水土流失面积</td><td>8.96</td></tr>
<tr><td colspan="4">远期土壤侵蚀强度轻度以下的国土面积上限</td><td>1619.04</td></tr>
<tr><td colspan="4">水土保持率远期目标值</td><td>99.45%</td></tr>
</table>

4.8.11 临朐县

(1) 水土流失现状

2020年，临朐县水土流失类型为水力侵蚀，面积为640.12km²，占行政面积34.96%，水土保持率现状值为65.04%，水土流失主要分布于该县的西部和东南部区域。从侵蚀强度占比来看，全县水土流失以轻度侵蚀为主，面积为571.44km²，占水土流失总面积的89.27%；中度侵蚀面积为42.77km²，占水土流失总面积的6.68%；强烈侵蚀面积为15.02km²，占水土流失总面积的2.35%；极强烈侵蚀面积为6.19km²，占水土流失总面积的0.97%；剧烈侵蚀面积为4.7km²，占水土流失总面积的0.73%。

从水土流失的土地利用分布来看，耕地水土流失面积最大，占水土流失总面积的62.77%；其次为林地，占23.6%。

从水土流失的高程分布来看，300m 以下，占水土流失总面积的 51.84%；300～500m，占 38.78%；500m 以上，占 9.38%。

从不同坡度等级水土流失面积的分布来看，10°～15°，占水土流失总面积的 21.56%；5°～8°，占水土流失总面积的 18.15%；25°以上，占水土流失总面积的 10.22%。

(2) 水土保持率远期目标值及分阶段目标值

根据鲁中南低山丘陵土壤保持区的研判规则和城市发展趋势，确定临朐县 2025 年水土保持率目标值为 69.20%，比现有水土保持率提升 4.16%；水土保持率远期目标值为 85.93%，比现有水土保持率提升 20.89%。远期目标值各指标计算结果详见表 4.8-12。

表 4.8-12　临朐县水土保持率远期目标值一览表

<table>
<tr><th colspan="4">指标</th><th>面积/km²</th></tr>
<tr><td colspan="4">国土总面积</td><td>1831</td></tr>
<tr><td colspan="4">现状水土流失面积(2020 年)</td><td>640.12</td></tr>
<tr><td rowspan="11">远期水土流失状况分析(2050 年)</td><td colspan="3">不需治理的水土流失面积</td><td>60.04</td></tr>
<tr><td colspan="3">应当治理的水土流失面积</td><td>580.08</td></tr>
<tr><td rowspan="7">不可完全治理的水土流失面积</td><td rowspan="5">水力侵蚀</td><td>耕地</td><td>104.34</td></tr>
<tr><td>园地</td><td>33.24</td></tr>
<tr><td>林地</td><td>52.23</td></tr>
<tr><td>草地</td><td>0.58</td></tr>
<tr><td>建设用地</td><td>7.17</td></tr>
<tr><td colspan="2">风力侵蚀</td><td>0</td></tr>
<tr><td colspan="2">合计</td><td>197.56</td></tr>
<tr><td colspan="3">可完全治理的水土流失面积</td><td>382.52</td></tr>
<tr><td colspan="4">远期存在的水土流失面积</td><td>257.6</td></tr>
<tr><td colspan="4">远期土壤侵蚀强度轻度以下的国土面积上限</td><td>1573.4</td></tr>
<tr><td colspan="4">水土保持率远期目标值</td><td>85.93%</td></tr>
</table>

4.8.12 昌乐县

(1) 水土流失现状

2020 年，昌乐县水土流失类型为水力侵蚀，面积为 114.41km²，占行政面积 10.39%，水土保持率现状值为 89.61%，水土流失主要分布于该县的西部区域。从侵蚀强度占比来看，全县水土流失以轻度侵蚀为主，面积为 111.65km^2，占水土流失总面积的 97.59%；中度侵蚀面积为 2.76km^2，占水土流失总面积的 2.41%。

从水土流失的土地利用分布来看，耕地水土流失面积最大，占水土流失总面积的 84.05%；其次为建设用地，占 6.56%。

从水土流失的高程分布来看，水土流失主要位于 300m 以下，占水土流失总面积的 98.33%。

从不同坡度等级水土流失面积的分布来看，0°～5°，占水土流失总面积的 36.69%；5°～8°，占水土流失总面积的 31.09%；25°以上，占水土流失总面积的 0.06%。

(2) 水土保持率远期目标值及分阶段目标值

根据鲁中南低山丘陵土壤保持区的研判规则和城市发展趋势，确定昌乐县 2025 年水土保持率目标值为 90.61%，比现有水土保持率提升 1.00%；水土保持率远期目标值为 97.50%，比现有水土保持率提升 7.89%。远期目标值各指标计算结果详见表 4.8-13。

表 4.8-13 昌乐县水土保持率远期目标值一览表

<table>
<tr><th colspan="4">指标</th><th>面积/km^2</th></tr>
<tr><td colspan="4">国土总面积</td><td>1101</td></tr>
<tr><td colspan="4">现状水土流失面积(2020 年)</td><td>114.41</td></tr>
<tr><td rowspan="10">远期水土流失状况分析(2050 年)</td><td colspan="3">不需治理的水土流失面积</td><td>0</td></tr>
<tr><td colspan="3">应当治理的水土流失面积</td><td>114.41</td></tr>
<tr><td rowspan="7">不可完全治理的水土流失面积</td><td rowspan="5">水力侵蚀</td><td>耕地</td><td>18.33</td></tr>
<tr><td>园地</td><td>0.62</td></tr>
<tr><td>林地</td><td>0.31</td></tr>
<tr><td>草地</td><td>1.63</td></tr>
<tr><td>建设用地</td><td>6.64</td></tr>
<tr><td colspan="2">风力侵蚀</td><td>0</td></tr>
<tr><td colspan="2">合计</td><td>27.53</td></tr>
<tr><td colspan="3">可完全治理的水土流失面积</td><td>86.88</td></tr>
<tr><td colspan="4">远期存在的水土流失面积</td><td>27.53</td></tr>
<tr><td colspan="4">远期土壤侵蚀强度轻度以下的国土面积上限</td><td>1073.47</td></tr>
<tr><td colspan="4">水土保持率远期目标值</td><td>97.50%</td></tr>
</table>

4.9 济宁市

(1) 水土流失现状

济宁市 2020 年水土流失类型为水力侵蚀，面积 1002.87km²，占行政面积 8.96%，水土保持率现状值为 91.04%。土壤侵蚀以轻度侵蚀为主。其中，轻度侵蚀面积 919.01km²，占水土流失总面积的 91.64%；中度侵蚀面积 62.46km²，占水土流失总面积的 6.23%；强烈侵蚀面积 17.28km²，占水土流失总面积的 1.72%；极强烈侵蚀面积 3.54km²，占水土流失总面积的 0.35%；剧烈侵蚀面积 0.58km²，占水土流失总面积的 0.06%。

从水土流失的土地利用分布来看，济宁市水土流失面积主要集中于耕地，其次为林地和建设用地。其中，耕地水土流失面积 638.72km²，以旱地轻度侵蚀为主；林地水土流失面积 175.88km²，以有林地轻度侵蚀为主；建设用地水土流失面积 88.15km²，以农村建设轻度侵蚀为主。

(2) 水土保持率远期目标值及分阶段目标值

济宁市涉及鲁中南低山丘陵土壤保持区（4 个县级行政区）和黄泛平原防沙农田防护区（7 个县级行政区），因此根据鲁中南低山丘陵土壤保持区和黄泛平原防沙农田防护区的研判规则和城市发展趋势，确定济宁市 2025 年水土保持率目标值为 92.14%，比现有水土保持率提升 1.10%；水土保持率远期目标值为 96.79%，比现有水土保持率提升 5.75%。远期目标值各指标计算结果详见表 4.9-1。

表 4.9-1 济宁市水土保持率远期目标值一览表

指标				面积/km²
国土总面积				11191
现状水土流失面积(2020 年)				1002.87
远期水土流失状况分析(2050 年)	不需治理的水土流失面积			1.16
	应当治理的水土流失面积			1001.71
	不可完全治理的水土流失面积	水力侵蚀	耕地	120.33
			园地	5.44
			林地	107.12
			草地	31.39
			建设用地	93.31
		风力侵蚀		0
		合计		357.59
	可完全治理的水土流失面积			644.12

续表

指标	面积/km²
远期存在的水土流失面积	358.75
远期土壤侵蚀强度轻度以下的国土面积上限	10832.25
水土保持率远期目标值	96.79%

4.9.1 任城区

(1) 水土流失现状

任城区水土流失类型为水力侵蚀，面积 7.18km²，占行政面积 0.81%，水土保持率现状值为 99.19%，水土流失主要分布于北部区域。从侵蚀强度占比来看，全区侵蚀全部为轻度侵蚀。

从水土流失的土地利用分布来看，交通用地水土流失面积最大，占水土流失总面积的 73.12%；其次为建设用地，占 25.77%。

从水土流失的高程分布来看，任城区水土流失主要位于 20～50m 之间，占水土流失总面积的 94.52%。

从不同坡度等级水土流失面积的分布来看，0°～5°，占水土流失总面积的 54.45%；5°～8°，占水土流失总面积的 27.72%；25°以上，占水土流失总面积的 0.14%。

(2) 水土保持率远期目标值及分阶段目标值

根据黄泛平原防沙农田防护区研判规则和城市发展规律，确定任城区 2025 年水土保持率目标值为 99.24%，比现有水土保持率提升 0.05%；水土保持率远期目标值为 99.72%，比现有水土保持率提升 0.53%。远期目标值各指标计算结果详见表 4.9-2。

表 4.9-2 任城区水土保持率远期目标值一览表

指标				面积/km²
国土总面积				889
现状水土流失面积(2020 年)				7.18
远期水土流失状况分析(2050 年)	不需治理的水土流失面积			0
	应当治理的水土流失面积			7.18
	不可完全治理的水土流失面积	水力侵蚀	耕地	0
			园地	0
			林地	0
			草地	0
			建设用地	2.45

续表

指标			面积/km^2
远期水土流失状况分析(2050年)	不可完全治理的水土流失面积	风力侵蚀	0
		合计	2.45
	可完全治理的水土流失面积		4.73
远期存在的水土流失面积			2.45
远期土壤侵蚀强度轻度以下的国土面积上限			886.55
水土保持率远期目标值			99.72%

4.9.2 兖州区

(1) 水土流失现状

兖州区水土流失类型为水力侵蚀，面积7.3km^2，占行政面积1.13%，水土保持率现状值为98.87%，水土流失主要分布于中部和南部。从侵蚀强度占比来看，全区侵蚀主要为轻度侵蚀，面积为7.25km^2，占水土流失总面积的99.32%；中度侵蚀面积为0.05km^2，占水土流失总面积的0.68%。

从水土流失的土地利用分布来看，建设用地水土流失面积最大，占水土流失总面积的52.75%；其次为交通用地，占39.86%。

从水土流失的高程分布来看，兖州区水土流失全部位于100m以下，主要分布于20～50m之间，占水土流失总面积的70.77%。

从不同坡度等级水土流失面积的分布来看，0°～5°，占水土流失总面积的57.8%；5°～8°，占水土流失总面积的27.95%。

(2) 水土保持率远期目标值及分阶段目标值

根据黄泛平原防沙农田防护区研判规则和城市发展规律，确定兖州区2025年水土保持率目标值为98.94%，比现有水土保持率提升0.07%；水土保持率远期目标值为99.21%，比现有水土保持率提升0.34%。远期目标值各指标计算结果详见表4.9-3。

表4.9-3 兖州区水土保持率远期目标值一览表

指标		面积/km^2
国土总面积		648
现状水土流失面积(2020年)		7.3
远期水土流失状况分析(2050年)	不需治理的水土流失面积	0
	应当治理的水土流失面积	7.3

续表

指标				面积/km^2
远期水土流失状况分析(2050年)	不可完全治理的水土流失面积	水力侵蚀	耕地	0
			园地	0
			林地	0
			草地	0
			建设用地	5.11
		风力侵蚀		0
		合计		5.11
	可完全治理的水土流失面积			2.19
远期存在的水土流失面积				5.11
远期土壤侵蚀强度轻度以下的国土面积上限				642.89
水土保持率远期目标值				99.21%

4.9.3 曲阜市

(1) 水土流失现状

曲阜市水土流失类型为水力侵蚀，面积 73.23km^2，占行政面积 8.99%，水土保持率现状值为 91.01%，水土流失主要分布于北部和东南部。从侵蚀强度占比来看，全市侵蚀主要为轻度侵蚀，面积为 67.07km^2，占水土流失总面积的 91.59%；中度侵蚀面积为 4.79km^2，占水土流失总面积的 6.54%；强烈侵蚀面积为 1.37km^2，占水土流失总面积的 1.87%。

从水土流失的土地利用分布来看，耕地水土流失面积最大，占水土流失面积的 50.71%；其次为林地，占 33.73%。

从水土流失的高程分布来看，曲阜市水土流失主要位于 300m 以下，占水土流失总面积的 95.41%；300～500m，占 4.52%；500～1000m，占 0.07%。

从不同坡度等级水土流失面积的分布来看，0°～5°，占水土流失总面积的 34.86%；5°～8°，占水土流失总面积的 21.03%；25°以上，占水土流失总面积的 8.61%。

(2) 水土保持率远期目标值及分阶段目标值

根据鲁中南低山丘陵土壤保持区研判规则和城市发展规律，确定曲阜市 2025 年水土保持率目标值为 91.58%，比现有水土保持率提升 0.57%；水土保持率远期目标值为 95.99%，比现有水土保持率提升 4.98%。远期目标值各指标计算结果详见表 4.9-4。

表 4.9-4　曲阜市水土保持率远期目标值一览表

<table>
<tr><th colspan="4">指标</th><th>面积/km²</th></tr>
<tr><td colspan="4">国土总面积</td><td>815</td></tr>
<tr><td colspan="4">现状水土流失面积(2020 年)</td><td>73.23</td></tr>
<tr><td rowspan="11">远期水土流失状况分析(2050 年)</td><td colspan="3">不需治理的水土流失面积</td><td>0.06</td></tr>
<tr><td colspan="3">应当治理的水土流失面积</td><td>73.17</td></tr>
<tr><td rowspan="7">不可完全治理的水土流失面积</td><td rowspan="5">水力侵蚀</td><td>耕地</td><td>6.66</td></tr>
<tr><td>园地</td><td>0</td></tr>
<tr><td>林地</td><td>15.71</td></tr>
<tr><td>草地</td><td>0.1</td></tr>
<tr><td>建设用地</td><td>10.16</td></tr>
<tr><td colspan="2">风力侵蚀</td><td>0</td></tr>
<tr><td colspan="2">合计</td><td>32.63</td></tr>
<tr><td colspan="3">可完全治理的水土流失面积</td><td>40.54</td></tr>
<tr><td colspan="4">远期存在的水土流失面积</td><td>32.69</td></tr>
<tr><td colspan="4">远期土壤侵蚀强度轻度以下的国土面积上限</td><td>782.31</td></tr>
<tr><td colspan="4">水土保持率远期目标值</td><td>95.99%</td></tr>
</table>

4.9.4 邹城市

(1) 水土流失现状

邹城市水土流失类型为水力侵蚀，面积 414.36km²，占行政面积 25.64%，水土保持率现状值为 74.36%，水土流失主要分布于西南、中部、东部及北部区域。从侵蚀强度占比来看，邹城市主要为轻度侵蚀，面积为 382.4km²，占水土流失总面积的 92.28%；中度侵蚀面积为 23.81km²，占水土流失总面积的 5.75%；强烈侵蚀面积为 6.78km²，占水土流失总面积的 1.64%；极强烈侵蚀面积为 1.02km²，占水土流失总面积的 0.25%；剧烈侵蚀面积为 0.35km²，占水土流失总面积的 0.08%。

从水土流失的土地利用分布来看，耕地水土流失面积最大，占水土流失总面积的 73.26%；其次为林地，占 11.48%。

从水土流失的高程分布来看，邹城市水土流失主要位于 300m 以下区域，占水土流失总面积的 93.66%；300～500m，占 6.19%；500～1000m，占 0.15%。

从不同坡度等级水土流失面积的分布来看，0°～5°，占水土流失总面积的 35.31%；5°～8°，占水土流失总面积的 24.53%；25°以上，占水土流失总面积的 4.65%。

(2) 水土保持率远期目标值及分阶段目标值

根据鲁中南低山丘陵土壤保持区研判规则和城市发展规律，确定邹城市2025年水土保持率目标值为77.98%，比现有水土保持率提升3.62%；水土保持率远期目标值为91.74%，比现有水土保持率提升17.38%。远期目标值各指标计算结果详见表4.9-5。

表4.9-5 邹城市水土保持率远期目标值一览表

<table>
<tr><td colspan="4">指标</td><td>面积/km²</td></tr>
<tr><td colspan="4">国土总面积</td><td>1616</td></tr>
<tr><td colspan="4">现状水土流失面积(2020年)</td><td>414.36</td></tr>
<tr><td rowspan="10">远期水土流失状况分析(2050年)</td><td colspan="3">不需治理的水土流失面积</td><td>0.71</td></tr>
<tr><td colspan="3">应当治理的水土流失面积</td><td>413.65</td></tr>
<tr><td rowspan="7">不可完全治理的水土流失面积</td><td rowspan="5">水力侵蚀</td><td>耕地</td><td>54.49</td></tr>
<tr><td>园地</td><td>5.18</td></tr>
<tr><td>林地</td><td>34.14</td></tr>
<tr><td>草地</td><td>25.96</td></tr>
<tr><td>建设用地</td><td>12.97</td></tr>
<tr><td colspan="2">风力侵蚀</td><td>0</td></tr>
<tr><td colspan="2">合计</td><td>132.74</td></tr>
<tr><td colspan="3">可完全治理的水土流失面积</td><td>280.91</td></tr>
<tr><td colspan="4">远期存在的水土流失面积</td><td>133.45</td></tr>
<tr><td colspan="4">远期土壤侵蚀强度轻度以下的国土面积上限</td><td>1482.55</td></tr>
<tr><td colspan="4">水土保持率远期目标值</td><td>91.74%</td></tr>
</table>

4.9.5 微山县

(1) 水土流失现状

微山县水土流失类型为水力侵蚀，面积35.38km²，占行政面积2.04%，水土保持率现状值为97.96%，水土流失主要分布于县域西北。从侵蚀强度占比来看，微山县主要为轻度侵蚀，面积为34.69km²，占水土流失总面积的98.05%；中度侵蚀面积为0.46km²，占水土流失总面积的1.3%；强烈侵蚀面积为0.23km²，占水土流失总面积的0.65%。

从水土流失的土地利用分布来看，耕地水土流失面积最大，占水土流失总面积的40.98%；其次为建设用地，占33.95%。

从水土流失的高程分布来看，微山县水土流失主要位于300m以下，占水土流失总面积的99.92%，其次为300～500m，占0.08%。

从不同坡度等级水土流失面积的分布来看，0°～5°，占水土流失总面积的39.05%；5°～8°，占水土流失总面积的21.88%；25°以上，占水土流失总面积的6.36%。

(2) 水土保持率远期目标值及分阶段目标值

根据鲁中南低山丘陵土壤保持区研判规则和城市发展规律，确定微山县2025年水土保持率目标值为98.09%，比现有水土保持率提升0.13%；水土保持率远期目标值为98.71%，比现有水土保持率提升0.75%。远期目标值各指标计算结果详见表4.9-6。

表4.9-6 微山县水土保持率远期目标值一览表

<table>
<tr><th colspan="4">指标</th><th>面积/km²</th></tr>
<tr><td colspan="4">国土总面积</td><td>1738</td></tr>
<tr><td colspan="4">现状水土流失面积(2020年)</td><td>35.38</td></tr>
<tr><td rowspan="10">远期水土流失状况分析(2050年)</td><td colspan="3">不需治理的水土流失面积</td><td>0</td></tr>
<tr><td colspan="3">应当治理的水土流失面积</td><td>35.38</td></tr>
<tr><td rowspan="7">不可完全治理的水土流失面积</td><td rowspan="5">水力侵蚀</td><td>耕地</td><td>2.53</td></tr>
<tr><td>园地</td><td>0</td></tr>
<tr><td>林地</td><td>3.88</td></tr>
<tr><td>草地</td><td>0</td></tr>
<tr><td>建设用地</td><td>15.95</td></tr>
<tr><td colspan="2">风力侵蚀</td><td>0</td></tr>
<tr><td colspan="2">合计</td><td>22.36</td></tr>
<tr><td colspan="3">可完全治理的水土流失面积</td><td>13.02</td></tr>
<tr><td colspan="4">远期存在的水土流失面积</td><td>22.36</td></tr>
<tr><td colspan="4">远期土壤侵蚀强度轻度以下的国土面积上限</td><td>1715.64</td></tr>
<tr><td colspan="4">水土保持率远期目标值</td><td>98.71%</td></tr>
</table>

4.9.6 鱼台县

(1) 水土流失现状

鱼台县水土流失类型为水力侵蚀，面积7.59km²，占行政面积1.16%，水土保持率现状值为98.84%，水土流失主要分布于县域北部和东部。从侵蚀强度占比来看，全县全部为轻度侵蚀。

从水土流失的土地利用分布来看，交通用地水土流失面积最大，占水土流失总面积的 51.77%；其次为建设用地，占 46.38%。

从水土流失的高程分布来看，鱼台县水土流失主要位于 20～50m 之间，占水土流失总面积的 98.57%。

从不同坡度等级水土流失面积的分布来看，0°～5°，占水土流失总面积的 55.73%；5°～8°，占水土流失总面积的 27.01%；25°以上，占水土流失总面积的 0.52%。

(2) 水土保持率远期目标值及分阶段目标值

根据黄泛平原防沙农田防护区研判规则和城市发展规律，确定鱼台县 2025 年水土保持率目标值为 98.91%，比现有水土保持率提升 0.07%；水土保持率远期目标值为 99.28%，比现有水土保持率提升 0.44%。远期目标值各指标计算结果详见表 4.9-7。

表 4.9-7　鱼台县水土保持率远期目标值一览表

<table>
<tr><td colspan="4">指标</td><td>面积/km²</td></tr>
<tr><td colspan="4">国土总面积</td><td>654</td></tr>
<tr><td colspan="4">现状水土流失面积(2020 年)</td><td>7.59</td></tr>
<tr><td rowspan="10">远期水土流失状况分析(2050 年)</td><td colspan="3">不需治理的水土流失面积</td><td>0</td></tr>
<tr><td colspan="3">应当治理的水土流失面积</td><td>7.59</td></tr>
<tr><td rowspan="7">不可完全治理的水土流失面积</td><td rowspan="5">水力侵蚀</td><td>耕地</td><td>0</td></tr>
<tr><td>园地</td><td>0</td></tr>
<tr><td>林地</td><td>0.01</td></tr>
<tr><td>草地</td><td>0</td></tr>
<tr><td>建设用地</td><td>4.68</td></tr>
<tr><td colspan="2">风力侵蚀</td><td>0</td></tr>
<tr><td colspan="2">合计</td><td>4.69</td></tr>
<tr><td colspan="3">可完全治理的水土流失面积</td><td>2.9</td></tr>
<tr><td colspan="4">远期存在的水土流失面积</td><td>4.69</td></tr>
<tr><td colspan="4">远期土壤侵蚀强度轻度以下的国土面积上限</td><td>649.31</td></tr>
<tr><td colspan="4">水土保持率远期目标值</td><td>99.28%</td></tr>
</table>

4.9.7 金乡县

(1) 水土流失现状

金乡县水土流失类型为水力侵蚀，面积 19.32km²，占行政面积 2.18%，水土保持率现状值为 97.82%，水土流失主要分布于县域西部、中部和北部。从侵蚀强度占比来看，金乡县主要为轻度侵蚀，面积为 19.22km^2，占水土流失总面积的 99.48%；中度侵蚀面积为 0.1km^2，占水土流失总面积的 0.52%。

从水土流失的土地利用分布来看，林地水土流失面积最大，占水土流失总面积的 42.4%；其次为建设用地，占 33.95%。

从水土流失的高程分布来看，金乡县水土流失主要位于 20～50m 之间，占水土流失面积的 97.47%。

从不同坡度等级水土流失面积的分布来看，0°～5°，占水土流失总面积的 53.93%；5°～8°，占水土流失总面积的 28.88%；25°以上，占水土流失总面积的 0.05%。

(2) 水土保持率远期目标值及分阶段目标值

根据黄泛平原防沙农田防护区研判规则和城市发展规律，确定金乡县 2025 年水土保持率目标值为 97.96%，比现有水土保持率提升 0.14%；水土保持率远期目标值为 98.88%，比现有水土保持率提升 1.06%。远期目标值各指标计算结果详见表 4.9-8。

表 4.9-8 金乡县水土保持率远期目标值一览表

<table>
<tr><td colspan="4">指标</td><td>面积/km^2</td></tr>
<tr><td colspan="4">国土总面积</td><td>888</td></tr>
<tr><td colspan="4">现状水土流失面积(2020 年)</td><td>19.32</td></tr>
<tr><td rowspan="10">远期水土流失状况分析(2050 年)</td><td colspan="3">不需治理的水土流失面积</td><td>0</td></tr>
<tr><td colspan="3">应当治理的水土流失面积</td><td>19.32</td></tr>
<tr><td rowspan="7">不可完全治理的水土流失面积</td><td rowspan="5">水力侵蚀</td><td>耕地</td><td>1.24</td></tr>
<tr><td>园地</td><td>0</td></tr>
<tr><td>林地</td><td>0.01</td></tr>
<tr><td>草地</td><td>0</td></tr>
<tr><td>建设用地</td><td>8.71</td></tr>
<tr><td colspan="2">风力侵蚀</td><td>0</td></tr>
<tr><td colspan="2">合计</td><td>9.96</td></tr>
<tr><td colspan="3">可完全治理的水土流失面积</td><td>9.36</td></tr>
<tr><td colspan="4">远期存在的水土流失面积</td><td>9.96</td></tr>
<tr><td colspan="4">远期土壤侵蚀强度轻度以下的国土面积上限</td><td>878.04</td></tr>
<tr><td colspan="4">水土保持率远期目标值</td><td>98.88%</td></tr>
</table>

4.9.8 嘉祥县

(1) 水土流失现状

嘉祥县水土流失类型为水力侵蚀，面积 24.19km²，占行政面积 2.48%，水土保持率现状值为 97.52%，水土流失主要分布于县域中部以南区域。从侵蚀强度占比来看，嘉祥县主要为轻度侵蚀，面积为 23.29km²，占水土流失总面积的 96.28%；中度侵蚀面积为 0.81km²，占水土流失总面积的 3.35%；强烈侵蚀面积为 0.09km²，占水土流失总面积的 0.37%。

从水土流失的土地利用分布来看，建设用地水土流失面积最大，占水土流失总面积的 43.07%；其次为林地，占 29.93%。

从水土流失的高程分布来看，50～100m 之间，占水土流失总面积的 43.78%；20～50m 之间，占水土流失总面积的 30.12%；100m 以上，占水土流失总面积的 26.1%。

从不同坡度等级水土流失面积的分布来看，0°～5°，占水土流失总面积的 29.59%；5°～8°，占水土流失总面积的 20.67%；25°以上，占水土流失总面积的 5.79%。

(2) 水土保持率远期目标值及分阶段目标值

根据黄泛平原防沙农田防护区研判规则和城市发展规律，确定嘉祥县 2025 年水土保持率目标值为 97.68%，比现有水土保持率提升 0.16%；水土保持率远期目标值为 98.12%，比现有水土保持率提升 0.60%。远期目标值各指标计算结果详见表 4.9-9。

表 4.9-9 嘉祥县水土保持率远期目标值一览表

<table>
<tr><th colspan="4">指标</th><th>面积/km²</th></tr>
<tr><td colspan="4">国土总面积</td><td>975</td></tr>
<tr><td colspan="4">现状水土流失面积(2020 年)</td><td>24.19</td></tr>
<tr><td rowspan="10">远期水土流失状况分析(2050 年)</td><td colspan="3">不需治理的水土流失面积</td><td>0</td></tr>
<tr><td colspan="3">应当治理的水土流失面积</td><td>24.19</td></tr>
<tr><td rowspan="7">不可完全治理的水土流失面积</td><td rowspan="5">水力侵蚀</td><td>耕地</td><td>0.75</td></tr>
<tr><td>园地</td><td>0.01</td></tr>
<tr><td>林地</td><td>3.77</td></tr>
<tr><td>草地</td><td>0</td></tr>
<tr><td>建设用地</td><td>13.84</td></tr>
<tr><td colspan="2">风力侵蚀</td><td>0</td></tr>
<tr><td colspan="2">合计</td><td>18.37</td></tr>
<tr><td colspan="3">可完全治理的水土流失面积</td><td>5.82</td></tr>
</table>

续表

指标	面积/km²
远期存在的水土流失面积	18.37
远期土壤侵蚀强度轻度以下的国土面积上限	956.63
水土保持率远期目标值	98.12%

4.9.9 汶上县

(1) 水土流失现状

汶上县水土流失类型为水力侵蚀，面积 49.63km^2，占行政面积 5.58%，水土保持率现状值为 94.42%，水土流失主要分布于县域东北。从侵蚀强度占比来看，汶上县主要为轻度侵蚀，面积为 42.79km^2，占水土流失总面积的 86.22%；中度侵蚀面积为 5.45km^2，占水土流失总面积的 10.98%；强烈侵蚀面积为 1.39km^2，占水土流失总面积的 2.8%。

从水土流失的土地利用分布来看，耕地水土流失面积最大，占水土流失总面积的 58.64%；其次为交通用地，占 31.67%。

从水土流失的高程分布来看，汶上县水土流失全部位于 100m 以下，主要分布于 50～100m 之间，占水土流失总面积的 53.03%。

从不同坡度等级水土流失面积的分布来看，0°～5°，占水土流失总面积的 48.5%；5°～8°，占水土流失总面积的 29.52%；25°以上，占水土流失总面积的 0.04%。

(2) 水土保持率远期目标值及分阶段目标值

根据黄泛平原防沙农田防护区研判规则和城市发展规律，确定汶上县 2025 年水土保持率目标值为 94.77%，比现有水土保持率提升 0.35%；水土保持率远期目标值为 98.85%，比现有水土保持率提升 4.43%。远期目标值各指标计算结果详见表 4.9-10。

表 4.9-10 汶上县水土保持率远期目标值一览表

指标				面积/km²
国土总面积				889
现状水土流失面积(2020 年)				49.63
远期水土流失状况分析(2050 年)	不需治理的水土流失面积			0
	应当治理的水土流失面积			49.63
	不可完全治理的水土流失面积	水力侵蚀	耕地	4.51
			园地	0.01
			林地	0.05
			草地	0
			建设用地	5.69

续表

<table>
<tr><td colspan="3">指标</td><td>面积/km²</td></tr>
<tr><td rowspan="3">远期水土流失状况分析(2050 年)</td><td rowspan="2">不可完全治理的水土流失面积</td><td>风力侵蚀</td><td>0</td></tr>
<tr><td>合计</td><td>10.26</td></tr>
<tr><td colspan="2">可完全治理的水土流失面积</td><td>39.37</td></tr>
<tr><td colspan="3">远期存在的水土流失面积</td><td>10.26</td></tr>
<tr><td colspan="3">远期土壤侵蚀强度轻度以下的国土面积上限</td><td>878.74</td></tr>
<tr><td colspan="3">水土保持率远期目标值</td><td>98.85%</td></tr>
</table>

4.9.10 泗水县

(1) 水土流失现状

泗水县水土流失类型为水力侵蚀，面积 349.22km²，占行政面积 31.24%，水土保持率现状值为 68.76%，水土流失主要分布于县域北部和南部。从侵蚀强度占比来看，泗水县主要为轻度侵蚀，面积为 312.2km²，占水土流失总面积的 89.4%；中度侵蚀面积为 26.85km²，占水土流失总面积的 7.69%；强烈侵蚀面积为 7.42km²，占水土流失总面积的 2.12%；极强烈侵蚀面积为 2.52km²，占水土流失总面积的 0.72%；剧烈侵蚀面积为 0.23km²，占水土流失总面积的 0.07%。

从水土流失的土地利用分布来看，耕地水土流失面积最大，占水土流失总面积的 71.4%；其次为林地，占 20.54%。

从水土流失的高程分布来看，泗水县水土流失主要位于 300m 以下，占水土流失总面积的 89.08%；300～500m，占 10.82%；500～1000m，占 0.1%。

从不同坡度等级水土流失面积的分布来看，0°～5°，占水土流失总面积的 35.42%；5°～8°，占水土流失总面积的 23.92%；25°以上，占水土流失总面积的 5.56%。

(2) 水土保持率远期目标值及分阶段目标值

根据鲁中南低山丘陵土壤保持区研判规则和城市发展规律，确定泗水县 2025 年水土保持率目标值为 73.18%，比现有水土保持率提升 4.42%；水土保持率远期目标值为 89.94%，比现有水土保持率提升 21.18%。远期目标值各指标计算结果详见表 4.9-11。

表 4.9-11　泗水县水土保持率远期目标值一览表

<table>
<tr><th colspan="4">指标</th><th>面积/km²</th></tr>
<tr><td colspan="4">国土总面积</td><td>1118</td></tr>
<tr><td colspan="4">现状水土流失面积(2020 年)</td><td>349.22</td></tr>
<tr><td rowspan="11">远期水土流失状况分析(2050 年)</td><td colspan="3">不需治理的水土流失面积</td><td>0.39</td></tr>
<tr><td colspan="3">应当治理的水土流失面积</td><td>348.83</td></tr>
<tr><td rowspan="7">不可完全治理的水土流失面积</td><td rowspan="5">水力侵蚀</td><td>耕地</td><td>48.62</td></tr>
<tr><td>园地</td><td>0.24</td></tr>
<tr><td>林地</td><td>48.75</td></tr>
<tr><td>草地</td><td>5.33</td></tr>
<tr><td>建设用地</td><td>9.1</td></tr>
<tr><td colspan="2">风力侵蚀</td><td>0</td></tr>
<tr><td colspan="2">合计</td><td>112.04</td></tr>
<tr><td colspan="3">可完全治理的水土流失面积</td><td>236.79</td></tr>
<tr><td colspan="4">远期存在的水土流失面积</td><td>112.43</td></tr>
<tr><td colspan="4">远期土壤侵蚀强度轻度以下的国土面积上限</td><td>1005.57</td></tr>
<tr><td colspan="4">水土保持率远期目标值</td><td>89.94%</td></tr>
</table>

4.9.11　梁山县

（1）水土流失现状

梁山县水土流失类型为水力侵蚀，面积 15.47km²，占行政面积 1.61%，水土保持率现状值为 98.39%，水土流失主要分布于县域中部。从侵蚀强度占比来看，梁山县主要为轻度侵蚀，面积为 15.33km²，占水土流失总面积的 99.1%；中度侵蚀面积为 0.14km²，占水土流失总面积的 0.9%。

从水土流失的土地利用分布来看，林地水土流失面积最大，占水土流失总面积的 62.78%；其次为建设用地，占 22.62%。

从水土流失的高程分布来看，梁山县水土流失全部位于 100m 以下，主要分布于 50m 以下，占水土流失总面积的 80.54%。

从不同坡度等级水土流失面积的分布来看，0°～5°，占水土流失总面积的 44.54%；5°～8°，占水土流失总面积的 27.08%；25°以上，占水土流失总面积的 1.56%。

（2）水土保持率远期目标值及分阶段目标值

根据黄泛平原防沙农田防护区研判规则和城市发展规律，确定梁山县 2025 年水土保持率目标值为 98.49%，比现有水土保持率提升 0.10%；水土保持率远期目标值为99.27%，比现有水土保持率提升0.88%。远期目标值各指标计算结果详见表4.9-12。

表4.9-12 梁山县水土保持率远期目标值一览表

<table>
<tr><th colspan="4">指标</th><th>面积/km²</th></tr>
<tr><td colspan="4">国土总面积</td><td>961</td></tr>
<tr><td colspan="4">现状水土流失面积(2020年)</td><td>15.47</td></tr>
<tr><td rowspan="10">远期水土流失状况分析(2050年)</td><td colspan="3">不需治理的水土流失面积</td><td>0</td></tr>
<tr><td colspan="3">应当治理的水土流失面积</td><td>15.47</td></tr>
<tr><td rowspan="7">不可完全治理的水土流失面积</td><td rowspan="5">水力侵蚀</td><td>耕地</td><td>1.53</td></tr>
<tr><td>园地</td><td>0</td></tr>
<tr><td>林地</td><td>0.8</td></tr>
<tr><td>草地</td><td>0</td></tr>
<tr><td>建设用地</td><td>4.65</td></tr>
<tr><td colspan="2">风力侵蚀</td><td>0</td></tr>
<tr><td colspan="2">合计</td><td>6.98</td></tr>
<tr><td colspan="3">可完全治理的水土流失面积</td><td>8.49</td></tr>
<tr><td colspan="4">远期存在的水土流失面积</td><td>6.98</td></tr>
<tr><td colspan="4">远期土壤侵蚀强度轻度以下的国土面积上限</td><td>954.02</td></tr>
<tr><td colspan="4">水土保持率远期目标值</td><td>99.27%</td></tr>
</table>

4.10 泰安市

(1) 水土流失现状

泰安市2020年水土流失类型为水力侵蚀，面积1464.70km²，占行政面积14.56%，水土保持率现状值为81.13%。从侵蚀强度占比来看，全市以轻度侵蚀为主。其中，轻度侵蚀面积1130.19km²，占水土流失总面积的77.16%；中度侵蚀面积230.97km²，占水土流失总面积的15.77%；强烈侵蚀面积72.7km²，占水土流失总面积的4.96%；极强烈侵蚀面积26.92km²，占水土流失总面积的1.84%；剧烈侵蚀面积3.92km²，占水土流失总面积的0.27%。

从水土流失的土地利用分布来看，泰安市水土流失面积主要集中于耕地，其次为林地和建设用地。其中，耕地水土流失面积1038.42km²，以旱地轻度侵蚀为主；林地水土流失面积231.45km²，以有林地轻度侵蚀为主；建设用地水土流失面积123.66km²，以农村建设用地轻度侵蚀为主。

(2) 水土保持率远期目标值及分阶段目标值

泰安市位于鲁中南低山丘陵土壤保持区，根据鲁中南低山丘陵土壤保持区的研判规则和城市发展趋势，确定泰安市 2025 年水土保持率目标值为 83.75%，比现有水土保持率提升 2.62%；水土保持率远期目标值为 93.38%，比现有水土保持率提升 12.25%。远期目标值各指标计算结果详见表 4.10-1。

表 4.10-1　泰安市水土保持率远期目标值一览表

<table>
<tr><th colspan="4">指标</th><th>面积/km²</th></tr>
<tr><td colspan="4">国土总面积</td><td>7762</td></tr>
<tr><td colspan="4">现状水土流失面积(2020 年)</td><td>1464.7</td></tr>
<tr><td rowspan="10">远期水土流失状况分析(2050 年)</td><td colspan="3">不需治理的水土流失面积</td><td>39.93</td></tr>
<tr><td colspan="3">应当治理的水土流失面积</td><td>1424.77</td></tr>
<tr><td rowspan="7">不可完全治理的水土流失面积</td><td rowspan="5">水力侵蚀</td><td>耕地</td><td>164.8</td></tr>
<tr><td>园地</td><td>1.2</td></tr>
<tr><td>林地</td><td>140.1</td></tr>
<tr><td>草地</td><td>25.88</td></tr>
<tr><td>建设用地</td><td>141.65</td></tr>
<tr><td colspan="2">风力侵蚀</td><td>0</td></tr>
<tr><td colspan="2">合计</td><td>473.63</td></tr>
<tr><td colspan="3">可完全治理的水土流失面积</td><td>951.14</td></tr>
<tr><td colspan="4">远期存在的水土流失面积</td><td>513.56</td></tr>
<tr><td colspan="4">远期土壤侵蚀强度轻度以下的国土面积上限</td><td>7248.44</td></tr>
<tr><td colspan="4">水土保持率远期目标值</td><td>93.38%</td></tr>
</table>

4.10.1 泰山区

(1) 水土流失现状

泰山区水土流失类型为水力侵蚀，面积 54.58km²，占行政面积 16.2%，水土保持率现状值为 83.8%，水土流失主要分布于中部和北部。从侵蚀强度占比来看，泰山区侵蚀主要为轻度侵蚀，面积为 51.52km²，占水土流失总面积的 94.39%；中度侵蚀面积为 1.49km²，占水土流失总面积的 2.73%；强烈侵蚀面积为 0.77km²，占水土流失总面积的 1.41%；极强烈侵蚀面积为 0.68km²，占水土流失总面积的 1.25%，剧烈侵蚀面积为 0.12km²，占水土流失总面积的 0.22%。

从水土流失的土地利用分布来看，耕地水土流失面积最大，占水土流失面积的 63.32%；其次为林地，占 23.93%。

从水土流失的高程分布来看，泰山区水土流失主要位于 300m 以下，占水土流失总面积的 75.43%；500～1000m，占 16.79%；300～500m，占 7.48%；1000m 以上，占 1.08%。

从不同坡度等级水土流失面积的分布来看，0°～5°，占水土流失总面积的 35.34%；5°～8°，占水土流失总面积的 23.93%；25°以上，占水土流失总面积的 17.87%。

(2) 水土保持率远期目标值及分阶段目标值

根据鲁中南低山丘陵土壤保持区的研判规则和城市发展趋势，确定泰山区 2025 年水土保持率目标值为 84.83%，比现有水土保持率提升 1.03%；水土保持率远期目标值为 93.05%，比现有水土保持率提升 9.25%。远期目标值各指标计算结果详见表 4.10-2。

表 4.10-2 泰山区水土保持率远期目标值一览表

<table>
<tr><th colspan="4">指标</th><th>面积/km²</th></tr>
<tr><td colspan="4">国土总面积</td><td>337</td></tr>
<tr><td colspan="4">现状水土流失面积(2020 年)</td><td>54.58</td></tr>
<tr><td rowspan="10">远期水土流失状况分析(2050 年)</td><td colspan="3">不需治理的水土流失面积</td><td>10.76</td></tr>
<tr><td colspan="3">应当治理的水土流失面积</td><td>43.82</td></tr>
<tr><td rowspan="7">不可完全治理的水土流失面积</td><td rowspan="5">水力侵蚀</td><td>耕地</td><td>1.18</td></tr>
<tr><td>园地</td><td>0</td></tr>
<tr><td>林地</td><td>3.82</td></tr>
<tr><td>草地</td><td>0.16</td></tr>
<tr><td>建设用地</td><td>7.49</td></tr>
<tr><td colspan="2">风力侵蚀</td><td>0</td></tr>
<tr><td colspan="2">合计</td><td>12.65</td></tr>
<tr><td colspan="3">可完全治理的水土流失面积</td><td>31.17</td></tr>
<tr><td colspan="4">远期存在的水土流失面积</td><td>23.41</td></tr>
<tr><td colspan="4">远期土壤侵蚀强度轻度以下的国土面积上限</td><td>313.59</td></tr>
<tr><td colspan="4">水土保持率远期目标值</td><td>93.05%</td></tr>
</table>

4.10.2 岱岳区

(1) 水土流失现状

岱岳区水土流失类型为水力侵蚀，面积 371.7km²，占行政面积 21.24%，水土保持率现状值为78.76%，水土流失主要分布于西部、东部及北部。从侵蚀强度占比来看，岱岳区轻度侵蚀面积为290.44km²，占水土流失总面积的78.13%；中度侵蚀面积为50.95km²，占水土流失总面积的13.71%；强烈侵蚀及以上面积为30.31km²，占水土流失总面积的8.16%。

从水土流失的土地利用分布来看，耕地水土流失面积最大，占水土流失总面积的82.23%；其次为建设用地，占8.15%。

从水土流失的高程分布来看，水土流失主要位于300m以下，占水土流失总面积的91.32%；500m以上，占3.46%。

从不同坡度等级水土流失面积的分布来看，0°～5°，占水土流失总面积的41.81%；5°～8°，占水土流失总面积的28.19%；25°以上，占水土流失总面积的5.34%。

(2) 水土保持率远期目标值及分阶段目标值

根据鲁中南低山丘陵土壤保持区的研判规则和城市发展趋势，确定岱岳区2025年水土保持率目标值为83.57%，比现有水土保持率提升4.81%；水土保持率远期目标值为94.14%，比现有水土保持率提升15.38%。远期目标值各指标计算结果详见表4.10-3。

表4.10-3 岱岳区水土保持率远期目标值一览表

<table>
<tr><th colspan="4">指标</th><th>面积/km²</th></tr>
<tr><td colspan="4">国土总面积</td><td>1750</td></tr>
<tr><td colspan="4">现状水土流失面积(2020年)</td><td>371.7</td></tr>
<tr><td rowspan="10">远期水土流失状况分析(2050年)</td><td colspan="3">不需治理的水土流失面积</td><td>14.85</td></tr>
<tr><td colspan="3">应当治理的水土流失面积</td><td>356.85</td></tr>
<tr><td rowspan="7">不可完全治理的水土流失面积</td><td rowspan="5">水力侵蚀</td><td>耕地</td><td>30.86</td></tr>
<tr><td>园地</td><td>0</td></tr>
<tr><td>林地</td><td>13.76</td></tr>
<tr><td>草地</td><td>6.97</td></tr>
<tr><td>建设用地</td><td>36.19</td></tr>
<tr><td colspan="2">风力侵蚀</td><td>0</td></tr>
<tr><td colspan="2">合计</td><td>87.78</td></tr>
<tr><td colspan="3">可完全治理的水土流失面积</td><td>269.07</td></tr>
<tr><td colspan="4">远期存在的水土流失面积</td><td>102.63</td></tr>
<tr><td colspan="4">远期土壤侵蚀强度轻度以下的国土面积上限</td><td>1647.37</td></tr>
<tr><td colspan="4">水土保持率远期目标值</td><td>94.14%</td></tr>
</table>

4.10.3 新泰市

(1) 水土流失现状

新泰市水土流失类型为水力侵蚀，面积 534.52km²，占行政面积 27.64%，水土保持率现状值为 72.36%，水土流失主要分布于北部和南部。从侵蚀强度占比来看，新泰市主要为轻度侵蚀，面积为 378.65km²，占水土流失总面积的 70.84%；中度侵蚀面积为 103.01km²，占水土流失总面积的 19.27%；强烈侵蚀面积为 33.66km²，占水土流失总面积的 6.3%；极强烈侵蚀面积为 17.59km²，占水土流失总面积的 3.29%；剧烈侵蚀面积为 1.61km²，占水土流失总面积的 0.3%。

从水土流失的土地利用分布来看，耕地水土流失面积最大，占水土流失总面积的 73.39%；其次为林地，占 12.16%。

从水土流失的高程分布来看，新泰市水土流失主要位于 300m 以下，占水土流失总面积的 78.68%；300～500m，占 18.67%，500～1000m，占 2.65%。

从不同坡度等级水土流失面积的分布来看，0°～5°，占水土流失总面积的 29.46%；5°～8°，占水土流失总面积的 24.69%；25°以上，占水土流失总面积的 6.72%。

(2) 水土保持率远期目标值及分阶段目标值

根据鲁中南低山丘陵土壤保持区的研判规则和城市发展趋势，确定新泰市 2025 年水土保持率目标值为 76.27%，比现有水土保持率提升 3.91%；水土保持率远期目标值为 90.64%，比现有水土保持率提升 18.28%。远期目标值各指标计算结果详见表 4.10-4。

表 4.10-4 新泰市水土保持率远期目标值一览表

指标				面积/km²
国土总面积				1934
现状水土流失面积(2020 年)				534.52
	不需治理的水土流失面积			14.14
	应当治理的水土流失面积			520.38
远期水土流失状况分析(2050 年)	不可完全治理的水土流失面积	水力侵蚀	耕地	85.87
			园地	0.06
			林地	33.59
			草地	18.75
			建设用地	28.66

续表

指标			面积/km²
远期水土流失状况分析(2050年)	不可完全治理的水土流失面积	风力侵蚀	0
		合计	166.93
	可完全治理的水土流失面积		353.45
远期存在的水土流失面积			181.07
远期土壤侵蚀强度轻度以下的国土面积上限			1752.93
水土保持率远期目标值			90.64%

4.10.4 肥城市

(1) 水土流失现状

肥城市水土流失类型为水力侵蚀，面积 267.49km²，占行政面积 20.95%，水土保持率现状值为 79.05%，主要分布在中部和北部。从侵蚀强度占比来看，肥城市主要为轻度侵蚀，面积为 211.94km²，占水土流失总面积的 79.23%；中度侵蚀面积为 43.68km²，占水土流失总面积的 16.33%；强烈侵蚀面积为 11.87km²，占水土流失总面积的 4.44%。

从水土流失的土地利用分布来看，耕地水土流失面积最大，占水土流失总面积的 63.49%；其次为林地，占 28.32%。

从水土流失的高程分布来看，肥城市水土流失主要位于 300m 以下，占水土流失总面积的 94.07%；300～500m，占 5.87%；500m 以上，占 0.06%。

从不同坡度等级水土流失面积的分布来看，0°～5°，占水土流失总面积的 32.44%；5°～8°，占水土流失总面积的 21.85%；25°以上，占水土流失总面积的 6.86%。

(2) 水土保持率远期目标值及分阶段目标值

根据鲁中南低山丘陵土壤保持区的研判规则和城市发展趋势，确定肥城市 2025 年水土保持率目标值为 81.07%，比现有水土保持率提升 2.02%；水土保持率远期目标值为 91.67%，比现有水土保持率提升 12.62%。远期目标值各指标计算结果详见表 4.10-5。

表 4.10-5 肥城市水土保持率远期目标值一览表

指标	面积/km²
国土总面积	1277
现状水土流失面积(2020年)	267.49

续表

指标				面积/km²
远期水土流失状况分析(2050年)	不需治理的水土流失面积			0.18
	应当治理的水土流失面积			267.31
	不可完全治理的水土流失面积	水力侵蚀	耕地	32.79
			园地	1.14
			林地	53.17
			草地	0
			建设用地	19.13
		风力侵蚀		0
		合计		106.23
	可完全治理的水土流失面积			161.08
远期存在的水土流失面积				106.41
远期土壤侵蚀强度轻度以下的国土面积上限				1170.59
水土保持率远期目标值				91.67%

4.10.5 宁阳县

(1) 水土流失现状

宁阳县水土流失类型为水力侵蚀，面积95.21km²，占行政面积8.46%，水土保持率现状值为91.54%，水土流失主要分布于县域东部。从侵蚀强度占比来看，宁阳县侵蚀主要为轻度侵蚀，面积为77.06km²，占水土流失总面积的80.94%；中度侵蚀面积为14.75km²，占水土流失总面积的15.49%；强烈侵蚀面积为3.4km²，占水土流失总面积的3.57%。

从水土流失的土地利用分布来看，耕地水土流失面积最大，占水土流失总面积的67.78%；其次为建设用地，占19.07%。

从水土流失的高程分布来看，宁阳县水土流失主要位于300m以下，占水土流失总面积的99.62%；其次为300～500m区域，占0.38%。

从不同坡度等级水土流失面积的分布来看，0°～5°，占水土流失总面积的51.05%；5°～8°，占水土流失总面积的26.07%；25°以上，占水土流失总面积的1.47%。

(2) 水土保持率远期目标值及分阶段目标值

根据鲁中南低山丘陵土壤保持区的研判规则和城市发展趋势，确定宁阳县2025年水土保持率目标值为92.07%，比现有水土保持率提升0.53%；水土保持率远期目标值为96.82%，比现有水土保持率提升5.28%。远期目标值各指标计算结果详见表4.10-6。

表4.10-6 宁阳县水土保持率远期目标值一览表

<table>
<tr><td colspan="4">指标</td><td>面积/km²</td></tr>
<tr><td colspan="4">国土总面积</td><td>1125</td></tr>
<tr><td colspan="4">现状水土流失面积(2020年)</td><td>95.21</td></tr>
<tr><td rowspan="10">远期水土流失状况分析(2050年)</td><td colspan="3">不需治理的水土流失面积</td><td>0</td></tr>
<tr><td colspan="3">应当治理的水土流失面积</td><td>95.21</td></tr>
<tr><td rowspan="7">不可完全治理的水土流失面积</td><td rowspan="5">水力侵蚀</td><td>耕地</td><td>8.07</td></tr>
<tr><td>园地</td><td>0</td></tr>
<tr><td>林地</td><td>3.56</td></tr>
<tr><td>草地</td><td>0</td></tr>
<tr><td>建设用地</td><td>24.11</td></tr>
<tr><td colspan="2">风力侵蚀</td><td>0</td></tr>
<tr><td colspan="2">合计</td><td>35.74</td></tr>
<tr><td colspan="3">可完全治理的水土流失面积</td><td>59.47</td></tr>
<tr><td colspan="4">远期存在的水土流失面积</td><td>35.74</td></tr>
<tr><td colspan="4">远期土壤侵蚀强度轻度以下的国土面积上限</td><td>1089.26</td></tr>
<tr><td colspan="4">水土保持率远期目标值</td><td>96.82%</td></tr>
</table>

4.10.6 东平县

(1) 水土流失现状

东平县水土流失类型为水力侵蚀，面积141.2km²，占行政面积10.55%，水土保持率现状值为89.45%，主要分布于县域北部和东部。全县轻度侵蚀面积为120.58km²，占水土流失总面积的85.4%；中度侵蚀面积为17.09km²，占水土流失总面积的12.1%；强烈侵蚀面积为3.53km²，占水土流失总面积的2.5%。

从水土流失的土地利用分布来看，耕地水土流失面积最大，占水土流失总面积的50.69%；其次为林地和建设用地，分别占31.58%和13.97%。

从水土流失的高程分布来看，水土流失主要集中于300m以下，占水土流失总面积的97.75%；其次为300～500m，占2.25%。

从不同坡度等级水土流失面积的分布来看，0°～5°，占水土流失总面积的28.26%；5°～8°，占水土流失总面积的20.64%；10°～15°，占水土流失总面积的14.62%；25°以上，占水土流失总面积的9.68%。

(2) 水土保持率远期目标值及分阶段目标值

根据鲁中南低山丘陵土壤保持区的研判规则和城市发展趋势，确定东平县2025年水土保持率目标值为90.12%，比现有水土保持率提升0.67%；水土保持率远期目标值为95.20%，比现有水土保持率提升5.75%。远期目标值各指标计算结果详见表4.10-7。

表4.10-7　东平县水土保持率远期目标值一览表

<table>
<tr><th colspan="4">指标</th><th>面积/km²</th></tr>
<tr><td colspan="4">国土总面积</td><td>1339</td></tr>
<tr><td colspan="4">现状水土流失面积(2020年)</td><td>141.2</td></tr>
<tr><td rowspan="10">远期水土流失状况分析(2050年)</td><td colspan="3">不需治理的水土流失面积</td><td>0</td></tr>
<tr><td colspan="3">应当治理的水土流失面积</td><td>141.2</td></tr>
<tr><td rowspan="7">不可完全治理的水土流失面积</td><td rowspan="5">水力侵蚀</td><td>耕地</td><td>6.03</td></tr>
<tr><td>园地</td><td>0</td></tr>
<tr><td>林地</td><td>32.2</td></tr>
<tr><td>草地</td><td>0</td></tr>
<tr><td>建设用地</td><td>26.07</td></tr>
<tr><td colspan="2">风力侵蚀</td><td>0</td></tr>
<tr><td colspan="2">合计</td><td>64.3</td></tr>
<tr><td colspan="3">可完全治理的水土流失面积</td><td>76.9</td></tr>
<tr><td colspan="4">远期存在的水土流失面积</td><td>64.3</td></tr>
<tr><td colspan="4">远期土壤侵蚀强度轻度以下的国土面积上限</td><td>1274.7</td></tr>
<tr><td colspan="4">水土保持率远期目标值</td><td>95.20%</td></tr>
</table>

4.11 威海市

(1) 水土流失现状

威海市2020年水土流失类型为水力侵蚀，面积1723.22km²，占行政面积29.73%，水土保持率现状值为70.27%。从侵蚀强度占比来看，全市以轻度侵蚀为主。其中，轻度侵蚀面积1659.99km²，占水土流失总面积的96.23%；中度侵蚀面积54.88km²，占水土流失总面积的3.18%；强烈侵蚀面积7.45km²，占水土流失总面积的0.43%；极强烈侵蚀面积0.64km²，占水土流失总面积的0.02%；剧烈侵蚀面积0.26km²，占水土流失总面积的0.02%。

从水土流失的土地利用分布来看，耕地水土流失面积 832.46km²，以旱地轻度侵蚀为主；林地水土流失面积 532.58km²，以有林地轻度侵蚀为主；园地水土流失面积 185.45km²，以果园轻度侵蚀为主。

（2）水土保持率远期目标值及分阶段目标值

威海市位于胶东半岛丘陵蓄水保土区，根据胶东半岛丘陵蓄水保土区的研判规则和城市发展趋势，确定威海市 2025 年水土保持率目标值为 74.26%，比现有水土保持率提升 3.99%；水土保持率远期目标值为 89.57%，比现有水土保持率提升 19.30%。远期目标值各指标计算结果详见表 4.11-1。

表 4.11-1 威海市水土保持率远期目标值一览表

<table>
<tr><th colspan="4">指标</th><th>面积/km²</th></tr>
<tr><td colspan="4">国土总面积</td><td>5797</td></tr>
<tr><td colspan="4">现状水土流失面积(2020 年)</td><td>1723.22</td></tr>
<tr><td rowspan="11">远期水土流失状况分析(2050 年)</td><td colspan="3">不需治理的水土流失面积</td><td>45.95</td></tr>
<tr><td colspan="3">应当治理的水土流失面积</td><td>1677.27</td></tr>
<tr><td rowspan="8">不可完全治理的水土流失面积</td><td rowspan="5">水力侵蚀</td><td>耕地</td><td>201.82</td></tr>
<tr><td>园地</td><td>48.69</td></tr>
<tr><td>林地</td><td>230.57</td></tr>
<tr><td>草地</td><td>2.41</td></tr>
<tr><td>建设用地</td><td>75.21</td></tr>
<tr><td colspan="2">风力侵蚀</td><td>0</td></tr>
<tr><td colspan="2">合计</td><td>558.7</td></tr>
<tr><td colspan="2"></td><td></td></tr>
<tr><td colspan="3">可完全治理的水土流失面积</td><td>1118.57</td></tr>
<tr><td colspan="4">远期存在的水土流失面积</td><td>604.65</td></tr>
<tr><td colspan="4">远期土壤侵蚀强度轻度以下的国土面积上限</td><td>5192.35</td></tr>
<tr><td colspan="4">水土保持率远期目标值</td><td>89.57%</td></tr>
</table>

4.11.1 环翠区

（1）水土流失现状

环翠区水土流失类型为水力侵蚀，面积 266.2km²，占行政面积 26.86%，水土保持率现状值为 73.14%，水土流失主要分布于中部和东部。全区轻度侵蚀面积为 255.09km²，占水土流失总面积的 95.83%；中度侵蚀面积为 10.42km²，占水土流失总面积的 3.91%；强烈侵蚀面积为 0.69km²，占水土流失总面积的 0.26%。

从水土流失的土地利用分布来看，耕地水土流失面积最大，占水土流失总面积的43.66%；其次为林地，占32.05%。

从水土流失的高程分布来看，水土流失主要集中于300m以下，占水土流失总面积的98.55%；300～500m以上水土流失总面积占1.45%。

从不同坡度等级水土流失面积的分布来看，0°～5°，占水土流失总面积的21.32%；10°～15°，占水土流失总面积的20.84%；5°～8°以上，占水土流失总面积的20.54%；25°以上，占水土流失总面积的6.06%。

(2) 水土保持率远期目标值及分阶段目标值

根据胶东半岛丘陵蓄水保土区的研判规则和城市发展趋势，确定环翠区2025年水土保持率目标值为76.93%，比现有水土保持率提升3.79%；水土保持率远期目标值为88.10%，比现有水土保持率提升14.96%。远期目标值各指标计算结果详见表4.11-2。

表4.11-2 环翠区水土保持率远期目标值一览表

<table>
<tr><td colspan="4">指标</td><td>面积/km^2</td></tr>
<tr><td colspan="4">国土总面积</td><td>991</td></tr>
<tr><td colspan="4">现状水土流失面积(2020年)</td><td>266.2</td></tr>
<tr><td rowspan="10">远期水土流失状况分析(2050年)</td><td colspan="3">不需治理的水土流失面积</td><td>4.45</td></tr>
<tr><td colspan="3">应当治理的水土流失面积</td><td>261.75</td></tr>
<tr><td rowspan="7">不可完全治理的水土流失面积</td><td rowspan="5">水力侵蚀</td><td>耕地</td><td>31.91</td></tr>
<tr><td>园地</td><td>4.15</td></tr>
<tr><td>林地</td><td>45.71</td></tr>
<tr><td>草地</td><td>0.16</td></tr>
<tr><td>建设用地</td><td>31.51</td></tr>
<tr><td colspan="2">风力侵蚀</td><td>0</td></tr>
<tr><td colspan="2">合计</td><td>113.44</td></tr>
<tr><td colspan="3">可完全治理的水土流失面积</td><td>148.31</td></tr>
<tr><td colspan="4">远期存在的水土流失面积</td><td>117.89</td></tr>
<tr><td colspan="4">远期土壤侵蚀强度轻度以下的国土面积上限</td><td>873.11</td></tr>
<tr><td colspan="4">水土保持率远期目标值</td><td>88.10%</td></tr>
</table>

4.11.2 文登区

(1) 水土流失现状

文登区水土流失类型为水力侵蚀，面积541.63km^2，占行政面积33.54%，水土保持率现状值为 66.46%，水土流失主要分布于西北和东部。全区轻度侵蚀面积为 514.64km²，占水土流失总面积的 95.02%；中度侵蚀面积为 24.19km²，占水土流失总面积的 4.47%；强烈侵蚀面积为 2.56km²，占水土流失总面积的 0.47%；极强烈侵蚀面积为 0.24km²，占水土流失总面积的 0.04%。

从各土地利用水土流失面积来看，耕地水土流失面积最大，占水土流失总面积的 56.17%；其次为林地，占 28%。

从水土流失的高程分布来看，水土流失主要集中于 300m 以下，占水土流失总面积的 96.94%；300～500m 以上水土流失面积占 1.91%；500～1000m 以上水土流失面积占 1.15%。

从不同坡度等级水土流失面积的分布来看，0°～5°，占水土流失总面积的 29.01%；5°～8°，占水土流失总面积的 23.68%；10°～15°，占水土流失总面积的 17.8%；25°以上，占水土流失总面积的 3.86%。

(2) 水土保持率远期目标值及分阶段目标值

根据胶东半岛丘陵蓄水保土区的研判规则和城市发展趋势，确定文登区 2025 年水土保持率目标值为 70.45%，比现有水土保持率提升 3.99%；水土保持率远期目标值为 89.18%，比现有水土保持率提升 22.72%。远期目标值各指标计算结果详见表 4.11-3。

表 4.11-3 文登区水土保持率远期目标值一览表

<table>
<tr><td colspan="4">指标</td><td>面积/km²</td></tr>
<tr><td colspan="4">国土总面积</td><td>1615</td></tr>
<tr><td colspan="4">现状水土流失面积(2020 年)</td><td>541.63</td></tr>
<tr><td rowspan="10">远期水土流失状况分析(2050 年)</td><td colspan="3">不需治理的水土流失面积</td><td>19.14</td></tr>
<tr><td colspan="3">应当治理的水土流失面积</td><td>522.49</td></tr>
<tr><td rowspan="7">不可完全治理的水土流失面积</td><td rowspan="5">水力侵蚀</td><td>耕地</td><td>62.33</td></tr>
<tr><td>园地</td><td>10.29</td></tr>
<tr><td>林地</td><td>59.33</td></tr>
<tr><td>草地</td><td>0.01</td></tr>
<tr><td>建设用地</td><td>23.63</td></tr>
<tr><td colspan="2">风力侵蚀</td><td>0</td></tr>
<tr><td colspan="2">合计</td><td>155.59</td></tr>
<tr><td colspan="3">可完全治理的水土流失面积</td><td>366.9</td></tr>
<tr><td colspan="4">远期存在的水土流失面积</td><td>174.73</td></tr>
<tr><td colspan="4">远期土壤侵蚀强度轻度以下的国土面积上限</td><td>1440.27</td></tr>
<tr><td colspan="4">水土保持率远期目标值</td><td>89.18%</td></tr>
</table>

4.11.3 乳山市

(1) 水土流失现状

乳山市水土流失类型为水力侵蚀，面积 587.04km²，占行政面积 35.26%，水土保持率现状值为 64.74%，水土流失主要分布于西部、中部和北部。全市轻度侵蚀面积为 567.34km²，占水土流失总面积的 96.64%；中度侵蚀面积为 14.98km²，占水土流失总面积的 2.55%；强烈侵蚀面积为 4.09km²，占水土流失总面积的 0.7%；极强烈侵蚀面积为 0.37km²，占水土流失总面积的 0.06%；剧烈侵蚀面积为 0.26km²，占水土流失总面积的 0.04%。

从水土流失的土地利用分布来看，耕地水土流失面积最大，占水土流失总面积的 28.08%；其次为林地，占 27.96%。

从水土流失的高程分布来看，水土流失主要集中于 300m 以下，占水土流失总面积的 98.06%；300～500m 以上水土流失面积占 1.9%；500～1000m 以上水土流失面积占 0.04%。

从不同坡度等级水土流失面积的分布来看，0°～5°，占水土流失总面积的 22.83%；10°～15°，占水土流失总面积的 21.48%；5°～8°，占水土流失总面积的 20.46%；25°以上，占水土流失总面积的 4.96%。

(2) 水土保持率远期目标值及分阶段目标值

根据胶东半岛丘陵蓄水保土区的研判规则和城市发展趋势，确定乳山市 2025 年水土保持率目标值为 69.72%，比现有水土保持率提升 4.98%；水土保持率远期目标值为 88.41%，比现有水土保持率提升 23.67%。远期目标值各指标计算结果详见表 4.11-4。

表 4.11-4 乳山市水土保持率远期目标值一览表

<table>
<tr><th colspan="4">指标</th><th>面积/km²</th></tr>
<tr><td colspan="4">国土总面积</td><td>1665</td></tr>
<tr><td colspan="4">现状水土流失面积(2020 年)</td><td>587.04</td></tr>
<tr><td rowspan="7">远期水土流失状况分析(2050 年)</td><td colspan="3">不需治理的水土流失面积</td><td>13.11</td></tr>
<tr><td colspan="3">应当治理的水土流失面积</td><td>573.93</td></tr>
<tr><td rowspan="5">不可完全治理的水土流失面积</td><td rowspan="5">水力侵蚀</td><td>耕地</td><td>49.02</td></tr>
<tr><td>园地</td><td>31.96</td></tr>
<tr><td>林地</td><td>89.73</td></tr>
<tr><td>草地</td><td>1.89</td></tr>
<tr><td>建设用地</td><td>7.27</td></tr>
</table>

续表

指标			面积/km²
远期水土流失状况分析(2050年)	不可完全治理的水土流失面积	风力侵蚀	0
		合计	179.87
	可完全治理的水土流失面积		394.06
远期存在的水土流失面积			192.98
远期土壤侵蚀强度轻度以下的国土面积上限			1472.02
水土保持率远期目标值			88.41%

4.11.4 荣成市

(1) 水土流失现状

荣成市水土流失类型为水力侵蚀，面积 328.35km²，占行政面积 21.52%，水土保持率现状值为 78.48%，水土流失主要分布于中部和南部。全市轻度侵蚀面积为 322.92km²，占水土流失总面积的 98.35%；中度侵蚀面积为 5.29km²，占水土流失总面积的 1.61%；强烈侵蚀面积为 0.11km²，占水土流失总面积的 0.03%；极强烈侵蚀面积为 0.03km²，占水土流失总面积的 0.01%。

从水土流失的土地利用分布来看，耕地水土流失面积最大，占水土流失总面积的 58.27%；其次为林地，占 23.33%。

从水土流失的高程分布来看，水土流失主要集中于 300m 以下，占水土流失总面积的 97.56%；300～500m 以上水土流失面积占 2.4%；500～1000m 以上水土流失面积占 0.04%。

从不同坡度等级水土流失面积的分布来看，5°～8°，占水土流失总面积的 23.61%；0°～5°，占水土流失总面积的 21.93%；10°～15°，占水土流失总面积的 21.4%；25°以上，占水土流失总面积的 4.72%。

(2) 水土保持率远期目标值及分阶段目标值

根据胶东半岛丘陵蓄水保土区的研判规则和城市发展趋势，确定荣成市 2025 年水土保持率目标值为 81.52%，比现有水土保持率提升 3.04%；水土保持率远期目标值为 92.20%，比现有水土保持率提升 13.72%。远期目标值各指标计算结果详见表 4.11-5。

表 4.11-5 荣成市水土保持率远期目标值一览表

指标	面积/km²
国土总面积	1526
现状水土流失面积(2020年)	328.35

续表

<table>
<tr><th colspan="4">指标</th><th>面积/km²</th></tr>
<tr><td rowspan="10">远期水土流失状况分析(2050 年)</td><td colspan="3">不需治理的水土流失面积</td><td>9.25</td></tr>
<tr><td colspan="3">应当治理的水土流失面积</td><td>319.1</td></tr>
<tr><td rowspan="7">不可完全治理的水土流失面积</td><td rowspan="5">水力侵蚀</td><td>耕地</td><td>58.56</td></tr>
<tr><td>园地</td><td>2.29</td></tr>
<tr><td>林地</td><td>35.8</td></tr>
<tr><td>草地</td><td>0.35</td></tr>
<tr><td>建设用地</td><td>12.8</td></tr>
<tr><td colspan="2">风力侵蚀</td><td>0</td></tr>
<tr><td colspan="2">合计</td><td>109.8</td></tr>
<tr><td colspan="3">可完全治理的水土流失面积</td><td>209.3</td></tr>
<tr><td colspan="4">远期存在的水土流失面积</td><td>119.05</td></tr>
<tr><td colspan="4">远期土壤侵蚀强度轻度以下的国土面积上限</td><td>1406.95</td></tr>
<tr><td colspan="4">水土保持率远期目标值</td><td>92.20%</td></tr>
</table>

4.12 日照市

(1) 水土流失现状

日照市 2020 年水土流失类型为水力侵蚀，面积 1461.13km²，占行政面积 27.26%，水土保持率现状值为 72.74%。从侵蚀强度占比来看，以轻度侵蚀为主。其中，轻度侵蚀面积 1398.31km²，占水土流失总面积的 95.7%；中度侵蚀面积 49.79km²，占水土流失总面积的 3.41%；强烈侵蚀面积 9.12km²，占水土流失总面积的 0.62%；极强烈侵蚀面积 2.81km²，占水土流失总面积的 0.19%；剧烈侵蚀面积 1.1km²，占水土流失总面积的 0.08%。

从水土流失的土地利用分布来看，日照市水土流失面积主要集中于耕地，其次为林地和建设用地。其中，耕地水土流失面积 1100.99km²，以旱地轻度侵蚀为主；林地水土流失面积 186.3km²，以有林地轻度侵蚀为主；建设用地水土流失面积 123.73km²，以轻度侵蚀为主。

(2) 水土保持率远期目标值及分阶段目标值

日照市位于鲁中南低山丘陵土壤保持区，根据鲁中南低山丘陵土壤保持区的研判规则和城市发展趋势，确定日照市 2025 年水土保持率目标值为 76.93%，比现有水土保持率提升 4.19%；水土保持率远期目标值为 90.31%，比现有水土保持率提升 17.57%。远期目标值各指标计算结果详见表 4.12-1。

表 4.12-1　日照市水土保持率远期目标值一览表

<table>
<tr><td colspan="4">指标</td><td>面积/km²</td></tr>
<tr><td colspan="4">国土总面积</td><td>5359</td></tr>
<tr><td colspan="4">现状水土流失面积(2020 年)</td><td>1461.13</td></tr>
<tr><td rowspan="10">远期水土流失状况分析(2050 年)</td><td colspan="3">不需治理的水土流失面积</td><td>6.14</td></tr>
<tr><td colspan="3">应当治理的水土流失面积</td><td>1454.99</td></tr>
<tr><td rowspan="7">不可完全治理的水土流失面积</td><td rowspan="5">水力侵蚀</td><td>耕地</td><td>322.94</td></tr>
<tr><td>园地</td><td>15.09</td></tr>
<tr><td>林地</td><td>99.52</td></tr>
<tr><td>草地</td><td>6.3</td></tr>
<tr><td>建设用地</td><td>69.31</td></tr>
<tr><td colspan="2">风力侵蚀</td><td>0</td></tr>
<tr><td colspan="2">合计</td><td>513.16</td></tr>
<tr><td colspan="3">可完全治理的水土流失面积</td><td>941.83</td></tr>
<tr><td colspan="4">远期存在的水土流失面积</td><td>519.3</td></tr>
<tr><td colspan="4">远期土壤侵蚀强度轻度以下的国土面积上限</td><td>4839.7</td></tr>
<tr><td colspan="4">水土保持率远期目标值</td><td>90.31%</td></tr>
</table>

4.12.1　东港区

(1)　水土流失现状

东港区水土流失类型为水力侵蚀，面积 301.62km²，占行政面积 23.82%，水土保持率现状值为 76.18%，水土流失主要分布于西部和北部。从侵蚀强度占比来看，全区轻度侵蚀面积为 290.08km²，占水土流失总面积的 96.17%；中度侵蚀面积为 8.05km²，占水土流失总面积的 2.67%；强烈侵蚀面积为 1.9km²，占水土流失总面积的 0.63%；极强烈侵蚀面积为 1.06km²，占水土流失总面积的 0.35%；剧烈侵蚀面积为 0.53km²，占水土流失总面积的 0.18%。

从水土流失的土地利用分布来看，耕地水土流失面积最大，占水土流失总面积的 72.67%；其次为林地，占 15.24%。

从水土流失的高程分布来看，东港区水土流失主要位于 300m 以下，占水土流失总面积的 95.85%；300～500m，占 3.84%；500m 以上，占 0.31%。

从不同坡度等级水土流失面积的分布来看，0°～5°，占水土流失总面积的 27.67%；5°～8°，占水土流失总面积的 24.04%；25°以上，占水土流失总面积

的 4.62%。

(2) 水土保持率远期目标值及分阶段目标值

根据鲁中南低山丘陵土壤保持区的研判规则和城市发展趋势，确定东港区 2025 年水土保持率目标值为 81.56%，比现有水土保持率提升 5.38%；水土保持率远期目标值为 91.36%，比现有水土保持率提升 15.18%。远期目标值各指标计算结果详见表 4.12-2。

表 4.12-2　东港区水土保持率远期目标值一览表

指标				面积/km^2
国土总面积				1266
现状水土流失面积(2020 年)				301.62
远期水土流失状况分析(2050 年)	不需治理的水土流失面积			1.1
	应当治理的水土流失面积			300.52
	不可完全治理的水土流失面积	水力侵蚀	耕地	63.03
			园地	1.16
			林地	29.49
			草地	0.18
			建设用地	14.48
		风力侵蚀		0
		合计		108.34
	可完全治理的水土流失面积			192.18
远期存在的水土流失面积				109.44
远期土壤侵蚀强度轻度以下的国土面积上限				1156.56
水土保持率远期目标值				91.36%

4.12.2 岚山区

(1) 水土流失现状

岚山区水土流失类型为水力侵蚀，面积 161.89km^2，占行政面积 25.06%，水土保持率现状值为 74.94%，水土流失主要分布于北部和西部。从侵蚀强度占比来看，岚山区主要为轻度侵蚀，面积为 155.35km^2，占水土流失总面积的 95.96%；中度侵蚀面积为 4.55km^2，占水土流失总面积的 2.81%；强烈侵蚀面积为 0.94km^2，占水土流失总面积的 0.58%；极强烈侵蚀面积为 0.63km^2，占水土流失总面积的 0.39%；剧烈侵蚀面积为 0.42km^2，占水土流失总面积的 0.26%。

从水土流失的土地利用分布来看，耕地水土流失面积最大，占水土流失总面积的77.85%；其次为建设用地，占11.58%。

从水土流失的高程分布来看，岚山区水土流失主要位于300m以下，占水土流失总面积的97.27%；300～500m，占2.63%；500m以上，占0.1%。

从不同坡度等级水土流失面积的分布来看，0°～5°和5°～10°，分别占水土流失总面积的24.5%和22.34%；10°～15°，占水土流失总面积的20.89%；25°以上，占水土流失总面积的4.94%。

(2) 水土保持率远期目标值及分阶段目标值

根据鲁中南低山丘陵土壤保持区的研判规则和城市发展趋势，确定岚山区2025年水土保持率目标值为77.35%，比现有水土保持率提升2.41%；水土保持率远期目标值为88.18%，比现有水土保持率提升13.24%。远期目标值各指标计算结果详见表4.12-3。

表4.12-3 岚山区水土保持率远期目标值一览表

<table>
<tr><th colspan="4">指标</th><th>面积/km²</th></tr>
<tr><td colspan="4">国土总面积</td><td>646</td></tr>
<tr><td colspan="4">现状水土流失面积(2020年)</td><td>161.89</td></tr>
<tr><td rowspan="10">远期水土流失状况分析(2050年)</td><td colspan="3">不需治理的水土流失面积</td><td>0.18</td></tr>
<tr><td colspan="3">应当治理的水土流失面积</td><td>161.71</td></tr>
<tr><td rowspan="7">不可完全治理的水土流失面积</td><td rowspan="5">水力侵蚀</td><td>耕地</td><td>53.04</td></tr>
<tr><td>园地</td><td>1.18</td></tr>
<tr><td>林地</td><td>10.73</td></tr>
<tr><td>草地</td><td>0</td></tr>
<tr><td>建设用地</td><td>11.24</td></tr>
<tr><td colspan="2">风力侵蚀</td><td>0</td></tr>
<tr><td colspan="2">合计</td><td>76.19</td></tr>
<tr><td colspan="3">可完全治理的水土流失面积</td><td>85.52</td></tr>
<tr><td colspan="4">远期存在的水土流失面积</td><td>76.37</td></tr>
<tr><td colspan="4">远期土壤侵蚀强度轻度以下的国土面积上限</td><td>569.63</td></tr>
<tr><td colspan="4">水土保持率远期目标值</td><td>88.18%</td></tr>
</table>

4.12.3 五莲县

(1) 水土流失现状

五莲县水土流失类型为水力侵蚀，面积521.67km²，占行政面积34.85%，水土保持率现状值为 65.15%，水土流失主要分布于县域中部和南部。从侵蚀强度占比来看，全县侵蚀主要为轻度侵蚀，面积为 506.75km^2，占水土流失总面积的 97.14%；中度侵蚀面积为 14.51km^2，占水土流失总面积的 2.78%；强烈侵蚀面积为 0.37km^2，占水土流失总面积的 0.07%；极强烈侵蚀面积为 0.04km^2，占水土流失总面积的 0.01%。

从水土流失的土地利用分布来看，耕地水土流失面积最大，占水土流失总面积的 72.95%；其次为林地，占 17.34%。

从水土流失的高程分布来看，五莲县水土流失主要位于 300m 以下，占水土流失总面积的 85.75%；300～500m，占 13.42%，500～1000m，占 0.83%。

从不同坡度等级水土流失面积的分布来看，5°～8°，占水土流失总面积的 21.12%；0°～5°，占水土流失总面积的 19.58%；25°以上，占水土流失总面积的 6.37%。

(2) 水土保持率远期目标值及分阶段目标值

根据鲁中南低山丘陵土壤保持区的研判规则和城市发展趋势，确定五莲县 2025 年水土保持率目标值为 70.07%，比现有水土保持率提升 4.92%；水土保持率远期目标值为 88.29%，比现有水土保持率提升 23.14%。远期目标值各指标计算结果详见表 4.12-4。

表 4.12-4　五莲县水土保持率远期目标值一览表

<table>
<tr><th colspan="4">指标</th><th>面积/km²</th></tr>
<tr><td colspan="4">国土总面积</td><td>1497</td></tr>
<tr><td colspan="4">现状水土流失面积(2020 年)</td><td>521.67</td></tr>
<tr><td rowspan="10">远期水土流失状况分析(2050 年)</td><td colspan="3">不需治理的水土流失面积</td><td>4.33</td></tr>
<tr><td colspan="3">应当治理的水土流失面积</td><td>517.34</td></tr>
<tr><td rowspan="7">不可完全治理的水土流失面积</td><td rowspan="5">水力侵蚀</td><td>耕地</td><td>105.29</td></tr>
<tr><td>园地</td><td>4.54</td></tr>
<tr><td>林地</td><td>35.72</td></tr>
<tr><td>草地</td><td>0.4</td></tr>
<tr><td>建设用地</td><td>24.97</td></tr>
<tr><td colspan="2">风力侵蚀</td><td>0</td></tr>
<tr><td colspan="2">合计</td><td>170.92</td></tr>
<tr><td colspan="3">可完全治理的水土流失面积</td><td>346.42</td></tr>
<tr><td colspan="4">远期存在的水土流失面积</td><td>175.25</td></tr>
<tr><td colspan="4">远期土壤侵蚀强度轻度以下的国土面积上限</td><td>1321.75</td></tr>
<tr><td colspan="4">水土保持率远期目标值</td><td>88.29%</td></tr>
</table>

4.12.4 莒县

(1) 水土流失现状

莒县水土流失类型为水力侵蚀，面积475.95km^2，占行政面积24.41%，水土保持率现状值为75.59%，水土流失主要分布于县域北部、东部和东南部。从侵蚀强度占比来看，全县主要为轻度侵蚀，面积为446.13km^2，占水土流失总面积的93.3%；中度侵蚀面积为22.68km^2，占水土流失总面积的4.77%；强烈侵蚀面积为5.91km^2，占水土流失总面积的1.24%；极强烈侵蚀面积为1.08km^2，占水土流失总面积的0.23%；剧烈侵蚀面积为0.15km^2，占水土流失总面积的0.03%。

从水土流失的土地利用分布来看，耕地水土流失面积最大，占水土流失总面积的78.85%；其次为林地和建设用地，分别占8.19%和8.08%。

从水土流失的高程分布来看，莒县水土流失主要位于300m以下，占水土流失总面积的93.17%；300～500m，占6.73%；500m以上，占0.01%。

从不同坡度等级水土流失面积的分布来看，0°～5°，占水土流失总面积的30.3%；5°～8°，占水土流失总面积的26.94%；25°以上，占水土流失总面积的2.49%。

(2) 水土保持率远期目标值及分阶段目标值

根据鲁中南低山丘陵土壤保持区的研判规则和城市发展趋势，确定莒县2025年水土保持率目标值为79.04%，比现有水土保持率提升3.45%；水土保持率远期目标值为91.89%，比现有水土保持率提升16.30%。远期目标值各指标计算结果详见表4.12-5。

表4.12-5 莒县水土保持率远期目标值一览表

指标				面积/km^2
国土总面积				1950
现状水土流失面积(2020年)				475.95
远期水土流失状况分析(2050年)	不需治理的水土流失面积			0.53
	应当治理的水土流失面积			475.42
	不可完全治理的水土流失面积	水力侵蚀	耕地	101.58
			园地	8.21
			林地	23.58
			草地	5.72
			建设用地	18.62

续表

<table>
<tr><th colspan="3">指标</th><th>面积/km^2</th></tr>
<tr><td rowspan="3">远期水土流失状况分析(2050 年)</td><td rowspan="2">不可完全治理的水土流失面积</td><td>风力侵蚀</td><td>0</td></tr>
<tr><td>合计</td><td>157.71</td></tr>
<tr><td colspan="2">可完全治理的水土流失面积</td><td>317.71</td></tr>
<tr><td colspan="3">远期存在的水土流失面积</td><td>158.24</td></tr>
<tr><td colspan="3">远期土壤侵蚀强度轻度以下的国土面积上限</td><td>1791.76</td></tr>
<tr><td colspan="3">水土保持率远期目标值</td><td>91.89%</td></tr>
</table>

4.13 临沂市

(1) 水土流失现状

临沂市水土流失类型为水力侵蚀，面积 4406.11km^2，占行政面积 25.63%，水土保持率现状值为 74.37%。从侵蚀强度占比来看，以轻度侵蚀为主，轻度侵蚀面积 4159.64km^2，占水土流失总面积的 94.41%；中度侵蚀面积 188.41km^2，占水土流失总面积的 4.28%；强烈侵蚀面积 43.68km^2，占水土流失总面积的 0.99%；极强烈侵蚀面积 11.60km^2，占水土流失总面积的 0.26%；剧烈侵蚀面积 2.78m^2，占水土流失总面积的 0.06%。

从水土流失的土地利用分布来看，临沂市水土流失面积主要集中于耕地，其次为林地和园地。其中，耕地水土流失面积 2751.42km^2，以旱地侵蚀为主；林地水土流失面积 699.43km^2，以有林地轻度侵蚀为主；园地水土流失面积 464.12km^2，以轻度侵蚀为主。

(2) 水土保持率远期目标值及分阶段目标值

临沂市位于鲁中南低山丘陵土壤保持区，根据鲁中南低山丘陵土壤保持区的研判规则和城市发展趋势，确定临沂市 2025 年水土保持率目标值为 76.50%，比现有水土保持率提升 2.13%；水土保持率远期目标值为 89.98%，比现有水土保持率提升 15.61%。远期目标值各指标计算结果详见表 4.13-1。

表 4.13-1 临沂市水土保持率远期目标值一览表

指标	面积/km^2
国土总面积	17192
现状水土流失面积(2020 年)	4406.11

续表

<table>
<tr><td colspan="4">指标</td><td>面积/km²</td></tr>
<tr><td rowspan="10">远期水土流失状况分析(2050年)</td><td colspan="3">不需治理的水土流失面积</td><td>132.61</td></tr>
<tr><td colspan="3">应当治理的水土流失面积</td><td>4273.5</td></tr>
<tr><td rowspan="7">不可完全治理的水土流失面积</td><td rowspan="5">水力侵蚀</td><td>耕地</td><td>734.51</td></tr>
<tr><td>园地</td><td>302</td></tr>
<tr><td>林地</td><td>314.94</td></tr>
<tr><td>草地</td><td>61.64</td></tr>
<tr><td>建设用地</td><td>177.61</td></tr>
<tr><td colspan="2">风力侵蚀</td><td>0</td></tr>
<tr><td colspan="2">合计</td><td>1590.7</td></tr>
<tr><td colspan="3">可完全治理的水土流失面积</td><td>2682.8</td></tr>
<tr><td colspan="4">远期存在的水土流失面积</td><td>1723.31</td></tr>
<tr><td colspan="4">远期土壤侵蚀强度轻度以下的国土面积上限</td><td>15468.69</td></tr>
<tr><td colspan="4">水土保持率远期目标值</td><td>89.98%</td></tr>
</table>

4.13.1 兰山区

(1) 水土流失现状

兰山区水土流失类型为水力侵蚀，面积71.76km²，占行政面积8.77%，水土保持率现状值为91.23%，水土流失主要分布于北部和西南部。从侵蚀强度占比来看，全区侵蚀主要为轻度侵蚀，面积为69.66km²，占水土流失总面积的97.07%；中度侵蚀面积为1.88km²，占水土流失总面积的2.62%；强烈侵蚀面积为0.12km²，占水土流失总面积的0.17%；极强烈侵蚀面积为0.07km²，占水土流失总面积的0.1%；剧烈侵蚀面积为0.03km²，占水土流失总面积的0.04%。

从水土流失的土地利用分布来看，耕地水土流失面积最大，占水土流失总面积的83.29%；其次为建设用地，占11.23%。

从水土流失的高程分布来看，兰山区水土流失主要位于300m以下，占水土流失总面积的99.78%；300～500m，占0.15%；500m以上，占0.07%。

从不同坡度等级水土流失面积的分布来看，0°～5°和5°～10°，分别占水土流失总面积的31.98%和27.97%；10°～15°，占水土流失总面积的17.08%；25°以上，占水土流失总面积的0.97%。

(2) 水土保持率远期目标值及分阶段目标值

根据鲁中南低山丘陵土壤保持区的研判规则和城市发展趋势，确定兰山区

2025年水土保持率目标值为92.07%，比现有水土保持率提升0.84%；水土保持率远期目标值为96.90%，比现有水土保持率提升5.67%。远期目标值各指标计算结果详见表4.13-2。

表4.13-2 兰山区水土保持率远期目标值一览表

<table>
<tr><th colspan="4">指标</th><th>面积/km^2</th></tr>
<tr><td colspan="4">国土总面积</td><td>818</td></tr>
<tr><td colspan="4">现状水土流失面积(2020年)</td><td>71.76</td></tr>
<tr><td rowspan="10">远期水土流失状况分析(2050年)</td><td colspan="3">不需治理的水土流失面积</td><td>0.06</td></tr>
<tr><td colspan="3">应当治理的水土流失面积</td><td>71.7</td></tr>
<tr><td rowspan="7">不可完全治理的水土流失面积</td><td rowspan="5">水力侵蚀</td><td>耕地</td><td>18.03</td></tr>
<tr><td>园地</td><td>0.22</td></tr>
<tr><td>林地</td><td>0.71</td></tr>
<tr><td>草地</td><td>0.63</td></tr>
<tr><td>建设用地</td><td>5.73</td></tr>
<tr><td colspan="2">风力侵蚀</td><td>0</td></tr>
<tr><td colspan="2">合计</td><td>25.32</td></tr>
<tr><td colspan="3">可完全治理的水土流失面积</td><td>46.38</td></tr>
<tr><td colspan="4">远期存在的水土流失面积</td><td>25.38</td></tr>
<tr><td colspan="4">远期土壤侵蚀强度轻度以下的国土面积上限</td><td>792.62</td></tr>
<tr><td colspan="4">水土保持率远期目标值</td><td>96.90%</td></tr>
</table>

4.13.2 罗庄区

(1) 水土流失现状

罗庄区水土流失类型为水力侵蚀，面积59.13km^2，占行政面积9.21%，水土保持率现状值为90.79%，水土流失主要分布于西北和南部。从侵蚀强度占比来看，全区主要为轻度侵蚀，面积为58.19km^2，占水土流失总面积的98.41%；中度侵蚀面积为0.79km^2，占水土流失总面积的1.34%；强烈侵蚀面积为0.1km^2，占水土流失总面积的0.17%；极强烈侵蚀面积为0.02km^2，占水土流失总面积的0.03%；剧烈侵蚀面积为0.03km^2，占水土流失总面积的0.05%。

从水土流失的土地利用分布来看，耕地水土流失面积最大，占水土流失总面积的49.6%；其次为建设用地，占41.99%。

从水土流失的高程分布来看，罗庄区水土流失全部位于300m以下，占水土流失总面积的100%。

从不同坡度等级水土流失面积的分布来看，0°～5°，占水土流失总面积的36.54%；5°～8°，占水土流失总面积的29.51%；25°以上，占水土流失总面积的0.56%。

(2) 水土保持率远期目标值及分阶段目标值

根据鲁中南低山丘陵土壤保持区的研判规则和城市发展趋势，确定罗庄区2025年水土保持率目标值为91.46%，比现有水土保持率提升0.67%；水土保持率远期目标值为97.34%，比现有水土保持率提升6.55%。远期目标值各指标计算结果详见表4.13-3。

表4.13-3 罗庄区水土保持率远期目标值一览表

<table>
<tr><th colspan="4">指标</th><th>面积/km²</th></tr>
<tr><td colspan="4">国土总面积</td><td>642</td></tr>
<tr><td colspan="4">现状水土流失面积(2020年)</td><td>59.13</td></tr>
<tr><td rowspan="10">远期水土流失状况分析(2050年)</td><td colspan="3">不需治理的水土流失面积</td><td>0</td></tr>
<tr><td colspan="3">应当治理的水土流失面积</td><td>59.13</td></tr>
<tr><td rowspan="7">不可完全治理的水土流失面积</td><td rowspan="5">水力侵蚀</td><td>耕地</td><td>7.64</td></tr>
<tr><td>园地</td><td>0.45</td></tr>
<tr><td>林地</td><td>0.25</td></tr>
<tr><td>草地</td><td>0</td></tr>
<tr><td>建设用地</td><td>8.75</td></tr>
<tr><td colspan="2">风力侵蚀</td><td>0</td></tr>
<tr><td colspan="2">合计</td><td>17.09</td></tr>
<tr><td colspan="3">可完全治理的水土流失面积</td><td>42.04</td></tr>
<tr><td colspan="4">远期存在的水土流失面积</td><td>17.09</td></tr>
<tr><td colspan="4">远期土壤侵蚀强度轻度以下的国土面积上限</td><td>624.91</td></tr>
<tr><td colspan="4">水土保持率远期目标值</td><td>97.34%</td></tr>
</table>

4.13.3 河东区

(1) 水土流失现状

河东区水土流失类型为水力侵蚀，面积32.51km²，占行政面积3.9%，水土保持率现状值为96.1%，水土流失主要分布于北部区域。从侵蚀强度占比来看，全区主要为轻度侵蚀，面积为31.84km²，占水土流失总面积的97.94%；中度侵蚀面积为0.54km²，占水土流失总面积的1.66%；强烈侵蚀面积为0.09km²，占水土流失总面积的0.28%；极强烈侵蚀面积为0.03km²，占水土流失总面积的0.09%；剧烈侵蚀面积为0.01km²，占水土流失总面积的0.03%。

从水土流失的土地利用分布来看，耕地水土流失面积最大，占水土流失总面积的75.54%；其次为建设用地，占15.23%。

从水土流失的高程分布来看，河东区水土流失全部位于300m以下，占水土流失总面积的100%。

从不同坡度等级水土流失面积的分布来看，0°～5°，占水土流失总面积的39.37%；5°～8°，占水土流失总面积的31.22%；25°以上，占水土流失总面积的0.03%。

(2) 水土保持率远期目标值及分阶段目标值

根据鲁中南低山丘陵土壤保持区的研判规则和城市发展趋势，确定河东区2025年水土保持率目标值为96.39%，比现有水土保持率提升0.29%；水土保持率远期目标值为98.95%，比现有水土保持率提升2.85%。远期目标值各指标计算结果详见表4.13-4。

表4.13-4 河东区水土保持率远期目标值一览表

<table>
<tr><th colspan="4">指标</th><th>面积/km²</th></tr>
<tr><td colspan="4">国土总面积</td><td>834</td></tr>
<tr><td colspan="4">现状水土流失面积(2020年)</td><td>32.51</td></tr>
<tr><td rowspan="10">远期水土流失状况分析(2050年)</td><td colspan="3">不需治理的水土流失面积</td><td>0</td></tr>
<tr><td colspan="3">应当治理的水土流失面积</td><td>32.51</td></tr>
<tr><td rowspan="7">不可完全治理的水土流失面积</td><td rowspan="5">水力侵蚀</td><td>耕地</td><td>4.73</td></tr>
<tr><td>园地</td><td>0</td></tr>
<tr><td>林地</td><td>0.02</td></tr>
<tr><td>草地</td><td>0</td></tr>
<tr><td>建设用地</td><td>4</td></tr>
<tr><td colspan="2">风力侵蚀</td><td>0</td></tr>
<tr><td colspan="2">合计</td><td>8.75</td></tr>
<tr><td colspan="3">可完全治理的水土流失面积</td><td>23.76</td></tr>
<tr><td colspan="4">远期存在的水土流失面积</td><td>8.75</td></tr>
<tr><td colspan="4">远期土壤侵蚀强度轻度以下的国土面积上限</td><td>825.25</td></tr>
<tr><td colspan="4">水土保持率远期目标值</td><td>98.95%</td></tr>
</table>

4.13.4 沂南县

(1) 水土流失现状

沂南县水土流失类型为水力侵蚀，面积430.83km²，占行政面积25.06%，水土保持率现状值为74.94%，水土流失主要分布于县域西部、西南和北部。从侵蚀强度占比来看，全县主要为轻度侵蚀，面积为413.66km^2，占水土流失总面积的96.02%；中度侵蚀面积为15.12km^2，占水土流失总面积的3.51%；强烈侵蚀面积为1.68km^2，占水土流失总面积的0.39%；极强烈侵蚀面积为0.35km^2，占水土流失总面积的0.08%。

从水土流失的土地利用分布来看，耕地水土流失面积最大，占水土流失总面积的60.69%；其次为园地和林地，占13.23%和14.49%。

从水土流失的高程分布来看，沂南县水土流失主要位于300m以下，占水土流失总面积的87.62%；300～500m，占11.59%；500～1000m，占0.79%。

从不同坡度等级水土流失面积的分布来看，0°～5°、5°～8°和10°～15°，分别占水土流失总面积的20.64%、21.67%和21.16%；8°～10°，占水土流失总面积的12%；25°以上，占水土流失总面积的7.27%。

(2) 水土保持率远期目标值及分阶段目标值

根据鲁中南低山丘陵土壤保持区的研判规则和城市发展趋势，确定沂南县2025年水土保持率目标值为77.11%，比现有水土保持率提升2.17%；水土保持率远期目标值为88.03%，比现有水土保持率提升13.09%。远期目标值各指标计算结果详见表4.13-5。

表4.13-5 沂南县水土保持率远期目标值一览表

<table>
<tr><th colspan="4">指标</th><th>面积/km²</th></tr>
<tr><td colspan="4">国土总面积</td><td>1719</td></tr>
<tr><td colspan="4">现状水土流失面积(2020年)</td><td>430.83</td></tr>
<tr><td rowspan="10">远期水土流失状况分析(2050年)</td><td colspan="3">不需治理的水土流失面积</td><td>3.92</td></tr>
<tr><td colspan="3">应当治理的水土流失面积</td><td>426.91</td></tr>
<tr><td rowspan="7">不可完全治理的水土流失面积</td><td rowspan="5">水力侵蚀</td><td>耕地</td><td>87.46</td></tr>
<tr><td>园地</td><td>52.07</td></tr>
<tr><td>林地</td><td>41.11</td></tr>
<tr><td>草地</td><td>5.16</td></tr>
<tr><td>建设用地</td><td>16.08</td></tr>
<tr><td colspan="2">风力侵蚀</td><td>0</td></tr>
<tr><td colspan="2">合计</td><td>201.88</td></tr>
<tr><td colspan="3">可完全治理的水土流失面积</td><td>225.03</td></tr>
<tr><td colspan="4">远期存在的水土流失面积</td><td>205.8</td></tr>
<tr><td colspan="4">远期土壤侵蚀强度轻度以下的国土面积上限</td><td>1513.2</td></tr>
<tr><td colspan="4">水土保持率远期目标值</td><td>88.03%</td></tr>
</table>

4.13.5 郯城县

(1) 水土流失现状

郯城县水土流失类型为水力侵蚀，面积 101.74km²，占行政面积 8.51%，水土保持率现状值为 91.49%，水土流失主要分布于县域中部和北部。从侵蚀强度占比来看，郯城县主要为轻度侵蚀，面积为 98.92km²，占水土流失总面积的 97.23%；中度侵蚀面积为 1.77km²，占水土流失总面积的 1.74%；强烈侵蚀面积为 0.52km²，占水土流失总面积的 0.51%；极强烈侵蚀面积为 0.31km²，占水土流失总面积的 0.3%；剧烈侵蚀面积为 0.22km²，占水土流失总面积的 0.22%。

从水土流失的土地利用分布来看，耕地水土流失面积最大，占水土流失总面积的 80.65%；其次为建设用地，占 11.37%。

从水土流失的高程分布来看，郯城县水土流失全部位于 300m 以下，占水土流失总面积的 100%。

从不同坡度等级水土流失面积的分布来看，0°～5°，占水土流失总面积的 31.67%；5°～8°，占水土流失总面积的 28.45%；25°以上，占水土流失总面积的 0.4%。

(2) 水土保持率远期目标值及分阶段目标值

根据鲁中南低山丘陵土壤保持区的研判规则和城市发展趋势，确定郯城县 2025 年水土保持率目标值为 92.11%，比现有水土保持率提升 0.62%；水土保持率远期目标值为 97.28%，比现有水土保持率提升 5.79%。远期目标值各指标计算结果详见表 4.13-6。

表 4.13-6 郯城县水土保持率远期目标值一览表

<table>
<tr><td colspan="4">指标</td><td>面积/km²</td></tr>
<tr><td colspan="4">国土总面积</td><td>1195</td></tr>
<tr><td colspan="4">现状水土流失面积(2020 年)</td><td>101.74</td></tr>
<tr><td rowspan="7">远期水土流失状况分析(2050 年)</td><td colspan="3">不需治理的水土流失面积</td><td>0</td></tr>
<tr><td colspan="3">应当治理的水土流失面积</td><td>101.74</td></tr>
<tr><td rowspan="5">不可完全治理的水土流失面积</td><td rowspan="5">水力侵蚀</td><td>耕地</td><td>22.87</td></tr>
<tr><td>园地</td><td>0.01</td></tr>
<tr><td>林地</td><td>0.86</td></tr>
<tr><td>草地</td><td>0</td></tr>
<tr><td>建设用地</td><td>8.79</td></tr>
</table>

续表

指标			面积/km²
远期水土流失状况分析(2050年)	不可完全治理的水土流失面积	风力侵蚀	0
		合计	32.53
	可完全治理的水土流失面积		69.21
远期存在的水土流失面积			32.53
远期土壤侵蚀强度轻度以下的国土面积上限			1162.47
水土保持率远期目标值			97.28%

4.13.6 沂水县

(1) 水土流失现状

沂水县水土流失类型为水力侵蚀，面积 810.72km²，占行政面积 33.58%，水土保持率现状值为 66.42%，水土流失主要分布于县域北部、西部和西南部。从侵蚀强度占比来看，全县主要为轻度侵蚀，面积为 784.9km²，占水土流失总面积的 96.82%；中度侵蚀面积为 23.93km²，占水土流失总面积的 2.95%；强烈侵蚀面积为 1.68km²，占水土流失总面积的 0.21%；极强烈侵蚀面积为 0.2km²，占水土流失总面积的 0.02%。

从水土流失的土地利用分布来看，耕地水土流失面积最大，占 59.42%；其次为园地和林地，分别占 12.02%和 18.2%。

从水土流失的高程分布来看，300m 以下，占水土流失总面积的 58.76%；300～500m，占 38.52%；500～1000m，占 2.72%。

从不同坡度等级水土流失面积的分布来看，10°～15°，占水土流失总面积的 23.57%；0°～5°，占水土流失总面积的 15.85%；25°以上，占水土流失总面积的 7.14%。

(2) 水土保持率远期目标值及分阶段目标值

根据鲁中南低山丘陵土壤保持区的研判规则和城市发展趋势，确定沂水县 2025 年水土保持率目标值为 69.33%，比现有水土保持率提升 2.91%；水土保持率远期目标值为 86.71%，比现有水土保持率提升 20.29%。远期目标值各指标计算结果详见表 4.13-7。

表 4.13-7 沂水县水土保持率远期目标值一览表

指标	面积/km²
国土总面积	2414
现状水土流失面积(2020 年)	810.72

续表

<table>
<tr><td colspan="4">指标</td><td>面积/km^2</td></tr>
<tr><td rowspan="10">远期水土流失状况分析(2050年)</td><td colspan="3">不需治理的水土流失面积</td><td>22.04</td></tr>
<tr><td colspan="3">应当治理的水土流失面积</td><td>788.68</td></tr>
<tr><td rowspan="7">不可完全治理的水土流失面积</td><td rowspan="5">水力侵蚀</td><td>耕地</td><td>105.95</td></tr>
<tr><td>园地</td><td>75.73</td></tr>
<tr><td>林地</td><td>77.57</td></tr>
<tr><td>草地</td><td>15.71</td></tr>
<tr><td>建设用地</td><td>23.88</td></tr>
<tr><td colspan="2">风力侵蚀</td><td>0</td></tr>
<tr><td colspan="2">合计</td><td>298.84</td></tr>
<tr><td colspan="3">可完全治理的水土流失面积</td><td>489.84</td></tr>
<tr><td colspan="4">远期存在的水土流失面积</td><td>320.88</td></tr>
<tr><td colspan="4">远期土壤侵蚀强度轻度以下的国土面积上限</td><td>2093.12</td></tr>
<tr><td colspan="4">水土保持率远期目标值</td><td>86.71%</td></tr>
</table>

4.13.7 兰陵县

(1) 水土流失现状

2020年兰陵县水土流失类型为水力侵蚀，面积370.7km^2，占行政面积21.5%，水土保持率现状值为78.5%，水土流失主要分布于县域北部和西北部。从侵蚀强度占比来看，全县主要为轻度侵蚀，面积为347.84km^2，占水土流失总面积的93.83%；中度侵蚀面积为17.83km^2，占水土流失总面积的4.81%；强烈侵蚀面积为2.24km^2，占水土流失总面积的0.6%；极强烈侵蚀面积为1.17km^2，占水土流失总面积的0.32%；剧烈侵蚀面积为1.62km^2，占水土流失总面积的0.44%。

从水土流失的土地利用分布来看，耕地水土流失面积最大，占水土流失总面积的81.27%；其次为建设用地，占10.84%。

从水土流失的高程分布来看，兰陵县水土流失主要位于300m以下，占水土流失总面积的99.36%；其次为300～500m，占水土流失总面积的0.64%。

从不同坡度等级水土流失面积的分布来看，0°～5°和5°～10°，分别占水土流失总面积的25.39%和24.23%；10°～15°，占水土流失总面积的20.46%；25°以上，占水土流失总面积的3.12%。

(2) 水土保持率远期目标值及分阶段目标值

根据鲁中南低山丘陵土壤保持区的研判规则和城市发展趋势，确定兰陵县

2025年水土保持率目标值为80.56%，比现有水土保持率提升2.06%；水土保持率远期目标值为89.02%，比现有水土保持率提升10.52%。远期目标值各指标计算结果详见表4.13-8。

表4.13-8　兰陵县水土保持率远期目标值一览表

<table>
<tr><th colspan="4">指标</th><th>面积/km²</th></tr>
<tr><td colspan="4">国土总面积</td><td>1724</td></tr>
<tr><td colspan="4">现状水土流失面积(2020年)</td><td>370.7</td></tr>
<tr><td rowspan="10">远期水土流失状况分析(2050年)</td><td colspan="3">不需治理的水土流失面积</td><td>0</td></tr>
<tr><td colspan="3">应当治理的水土流失面积</td><td>370.7</td></tr>
<tr><td rowspan="7">不可完全治理的水土流失面积</td><td rowspan="5">水力侵蚀</td><td>耕地</td><td>113.15</td></tr>
<tr><td>园地</td><td>3.2</td></tr>
<tr><td>林地</td><td>8.89</td></tr>
<tr><td>草地</td><td>5.13</td></tr>
<tr><td>建设用地</td><td>38.4</td></tr>
<tr><td colspan="2">风力侵蚀</td><td>0</td></tr>
<tr><td colspan="2">合计</td><td>189.27</td></tr>
<tr><td colspan="3">可完全治理的水土流失面积</td><td>181.43</td></tr>
<tr><td colspan="4">远期存在的水土流失面积</td><td>189.27</td></tr>
<tr><td colspan="4">远期土壤侵蚀强度轻度以下的国土面积上限</td><td>1534.73</td></tr>
<tr><td colspan="4">水土保持率远期目标值</td><td>89.02%</td></tr>
</table>

4.13.8 费县

(1) 水土流失现状

费县水土流失类型为水力侵蚀，面积633.97km²，占行政面积38.19%，水土保持率现状值为61.81%，水土流失主要分布于县域南部和北部。从侵蚀强度占比来看，全县主要为轻度侵蚀，面积为562.95km²，占水土流失总面积的88.8%；中度侵蚀面积为51.96km²，占水土流失总面积的8.2%；强烈侵蚀面积为16.31km²，占水土流失总面积的2.57%；极强烈侵蚀面积为2.73km²，占水土流失总面积的0.43%。

从水土流失的土地利用分布来看，耕地水土流失面积最大，占水土流失总面积的55.91%；其次为林地，占19.69%。

从水土流失的高程分布来看，费县水土流失主要位于300m以下，占水土流失总面积的82.72%；300～500m，占14.29%；500m以上，占2.99%。

从不同坡度等级水土流失面积的分布来看，0°～5°，占水土流失总面积的20.48%；5°～8°和10°～15°，分别占水土流失总面积的19.48%和19.59；25°以上，占水土流失总面积的8.43%。

(2) 水土保持率远期目标值及分阶段目标值

根据鲁中南低山丘陵土壤保持区的研判规则和城市发展趋势，确定费县2025年水土保持率目标值为64.59%，比现有水土保持率提升2.78%；水土保持率远期目标值为84.56%，比现有水土保持率提升22.75%。远期目标值各指标计算结果详见表4.13-9。

表4.13-9 费县水土保持率远期目标值一览表

<table>
<tr><th colspan="4">指标</th><th>面积/km²</th></tr>
<tr><td colspan="4">国土总面积</td><td>1660</td></tr>
<tr><td colspan="4">现状水土流失面积(2020年)</td><td>633.97</td></tr>
<tr><td rowspan="10">远期水土流失状况分析(2050年)</td><td colspan="3">不需治理的水土流失面积</td><td>18.98</td></tr>
<tr><td colspan="3">应当治理的水土流失面积</td><td>614.99</td></tr>
<tr><td rowspan="7">不可完全治理的水土流失面积</td><td rowspan="5">水力侵蚀</td><td>耕地</td><td>91.57</td></tr>
<tr><td>园地</td><td>61.43</td></tr>
<tr><td>林地</td><td>61.08</td></tr>
<tr><td>草地</td><td>4.68</td></tr>
<tr><td>建设用地</td><td>18.49</td></tr>
<tr><td colspan="2">风力侵蚀</td><td>0</td></tr>
<tr><td colspan="2">合计</td><td>237.25</td></tr>
<tr><td colspan="3">可完全治理的水土流失面积</td><td>377.74</td></tr>
<tr><td colspan="4">远期存在的水土流失面积</td><td>256.23</td></tr>
<tr><td colspan="4">远期土壤侵蚀强度轻度以下的国土面积上限</td><td>1403.77</td></tr>
<tr><td colspan="4">水土保持率远期目标值</td><td>84.56%</td></tr>
</table>

4.13.9 平邑县

(1) 水土流失现状

平邑县水土流失类型为水力侵蚀，面积733.37km²，占行政面积40.23%，水土保持率现状值为59.77%，水土流失主要分布于县域南部、西部和东北部。从侵蚀强度占比来看，全县主要为轻度侵蚀，面积为674.05km²，占水土流失总面积的91.91%；中度侵蚀面积为37.19km²，占水土流失总面积的5.07%；强烈侵蚀面积为15.65km²，占水土流失总面积的2.13%；极强烈侵蚀面积为

5.69km²，占水土流失总面积的 0.78%；剧烈侵蚀面积为 0.79km²，占水土流失总面积的 0.11%。

从水土流失的土地利用分布来看，耕地水土流失面积最大，占水土流失总面积的 52.58%；其次为林地，占 25.74%。

从水土流失的高程分布来看，300m 以下，占水土流失总面积的 68.6%；300～500m，占 25.06%；5000～1000m，占 6.25%；1000m 以上，占 0.09%。

从不同坡度等级水土流失面积的分布来看，0°～5°，占水土流失总面积的 25.22%；5°～8°，占水土流失总面积的 19.98%；25°以上，占水土流失总面积的 9.7%。

(2) 水土保持率远期目标值及分阶段目标值

根据鲁中南低山丘陵土壤保持区的研判规则和城市发展趋势，确定平邑县 2025 年水土保持率目标值为 62.70%，比现有水土保持率提升 2.93%；水土保持率远期目标值为 86.30%，比现有水土保持率提升 26.53%。远期目标值各指标计算结果详见表 4.13-10。

表 4.13-10　平邑县水土保持率远期目标值一览表

<table>
<tr><td colspan="4">指标</td><td>面积/km²</td></tr>
<tr><td colspan="4">国土总面积</td><td>1823</td></tr>
<tr><td colspan="4">现状水土流失面积(2020 年)</td><td>733.37</td></tr>
<tr><td rowspan="10">远期水土流失状况分析(2050 年)</td><td colspan="3">不需治理的水土流失面积</td><td>46.54</td></tr>
<tr><td colspan="3">应当治理的水土流失面积</td><td>686.83</td></tr>
<tr><td rowspan="7">不可完全治理的水土流失面积</td><td rowspan="5">水力侵蚀</td><td>耕地</td><td>66.8</td></tr>
<tr><td>园地</td><td>56.81</td></tr>
<tr><td>林地</td><td>56.74</td></tr>
<tr><td>草地</td><td>9.45</td></tr>
<tr><td>建设用地</td><td>13.39</td></tr>
<tr><td colspan="2">风力侵蚀</td><td>0</td></tr>
<tr><td colspan="2">合计</td><td>203.19</td></tr>
<tr><td colspan="3">可完全治理的水土流失面积</td><td>483.64</td></tr>
<tr><td colspan="4">远期存在的水土流失面积</td><td>249.73</td></tr>
<tr><td colspan="4">远期土壤侵蚀强度轻度以下的国土面积上限</td><td>1573.27</td></tr>
<tr><td colspan="4">水土保持率远期目标值</td><td>86.30%</td></tr>
</table>

4.13.10 莒南县

(1) 水土流失现状

莒南县水土流失类型为水力侵蚀，面积 513.9km²，占行政面积 29.35%，水土保持率现状值为 70.65%，水土流失主要分布于县域中部、南部和东部。从侵蚀强度占比来看，全县主要为轻度侵蚀，面积为 490.27km²，占水土流失总面积的 95.4%；中度侵蚀面积为 20.83km²，占水土流失总面积的 4.05%；强烈侵蚀面积为 2.66km²，占水土流失总面积的 0.52%；极强烈侵蚀面积为 0.14km²，占水土流失总面积的 0.03%。

从水土流失的土地利用分布来看，耕地水土流失面积最大，占水土流失总面积的 85.33%；其次为林地，占 7.54%。

从水土流失的高程分布来看，莒南县水土流失主要位于 300m 以下，占水土流失总面积的 97.98%；300～500m，占 1.94%；500m 以上，占 0.08%。

从不同坡度等级水土流失面积的分布来看，0°～5°，占水土流失总面积的 33.34%；5°～8°，占水土流失总面积的 27.95%；25°以上，占水土流失总面积的 2.41%。

(2) 水土保持率远期目标值及分阶段目标值

根据鲁中南低山丘陵土壤保持区的研判规则和城市发展趋势，确定莒南县 2025 年水土保持率目标值为 73.47%，比现有水土保持率提升 2.82%；水土保持率远期目标值为 89.84%，比现有水土保持率提升 19.19%。远期目标值各指标计算结果详见表 4.13-11。

表 4.13-11 莒南县水土保持率远期目标值一览表

<table>
<tr><th colspan="4">指标</th><th>面积/km²</th></tr>
<tr><td colspan="4">国土总面积</td><td>1751</td></tr>
<tr><td colspan="4">现状水土流失面积(2020 年)</td><td>513.9</td></tr>
<tr><td rowspan="7">远期水土流失状况分析(2050 年)</td><td colspan="3">不需治理的水土流失面积</td><td>0.45</td></tr>
<tr><td colspan="3">应当治理的水土流失面积</td><td>513.45</td></tr>
<tr><td rowspan="5">不可完全治理的水土流失面积</td><td rowspan="5">水力侵蚀</td><td>耕地</td><td>115.91</td></tr>
<tr><td>园地</td><td>2.29</td></tr>
<tr><td>林地</td><td>27.96</td></tr>
<tr><td>草地</td><td>0.91</td></tr>
<tr><td>建设用地</td><td>30.38</td></tr>
</table>

续表

指标			面积/km^2
远期水土流失状况分析(2050年)	不可完全治理的水土流失面积	风力侵蚀	0
		合计	177.45
	可完全治理的水土流失面积		336
远期存在的水土流失面积			177.9
远期土壤侵蚀强度轻度以下的国土面积上限			1573.1
水土保持率远期目标值			89.84%

4.13.11 蒙阴县

(1) 水土流失现状

蒙阴县水土流失类型为水力侵蚀，面积504.01km^2，占行政面积31.46%，水土保持率现状值为68.54%，水土流失主要分布于县域西南、中和北部。从侵蚀强度占比来看，全县主要为轻度侵蚀，面积为485.96km^2，占水土流失总面积的96.42%；中度侵蚀面积为14.85km^2，占水土流失总面积的2.95%；强烈侵蚀面积为2.36km^2，占水土流失总面积的0.47%；极强烈侵蚀面积为0.82km^2，占水土流失总面积的0.16%。

从水土流失的土地利用分布来看，耕地水土流失面积最大，占39.6%；其次为林地和园地，分别占23.32%和20.65%。

从水土流失的高程分布来看，300m以下，占水土流失总面积的49.9%；300～500m，占42.04%；500～1000m，占8.03%；1000m以上，占0.03%。

从不同坡度等级水土流失面积的分布来看，10°～15°，占水土流失总面积的21.13%；5°～8°，占水土流失总面积的16.04%；25°以上，占水土流失总面积的12.22%。

(2) 水土保持率远期目标值及分阶段目标值

根据鲁中南低山丘陵土壤保持区的研判规则和城市发展趋势，确定蒙阴县2025年水土保持率目标值为71.27%，比现有水土保持率提升2.73%；水土保持率远期目标值为87.11%，比现有水土保持率提升18.57%。远期目标值各指标计算结果详见表4.13-12。

表4.13-12 蒙阴县水土保持率远期目标值一览表

指标	面积/km^2
国土总面积	1602
现状水土流失面积(2020年)	504.01

续表

<table>
<tr><td colspan="4">指标</td><td>面积/km^2</td></tr>
<tr><td rowspan="10">远期水土流失状况分析(2050年)</td><td colspan="3">不需治理的水土流失面积</td><td>40.62</td></tr>
<tr><td colspan="3">应当治理的水土流失面积</td><td>463.39</td></tr>
<tr><td rowspan="7">不可完全治理的水土流失面积</td><td rowspan="5">水力侵蚀</td><td>耕地</td><td>50.83</td></tr>
<tr><td>园地</td><td>49.63</td></tr>
<tr><td>林地</td><td>39.31</td></tr>
<tr><td>草地</td><td>19.97</td></tr>
<tr><td>建设用地</td><td>6.17</td></tr>
<tr><td colspan="2">风力侵蚀</td><td>0</td></tr>
<tr><td colspan="2">合计</td><td>165.91</td></tr>
<tr><td colspan="3">可完全治理的水土流失面积</td><td>297.48</td></tr>
<tr><td colspan="4">远期存在的水土流失面积</td><td>206.53</td></tr>
<tr><td colspan="4">远期土壤侵蚀强度轻度以下的国土面积上限</td><td>1395.47</td></tr>
<tr><td colspan="4">水土保持率远期目标值</td><td>87.11%</td></tr>
</table>

4.13.12 临沭县

(1) 水土流失现状

临沭县水土流失类型为水力侵蚀，面积 143.47km^2，占行政面积 14.2%，水土保持率现状值为 85.8%，水土流失主要分布于县域西南和东北。从侵蚀强度占比来看，全县主要为轻度侵蚀，面积为 141.4km^2，占水土流失总面积的 98.55%；中度侵蚀面积为 1.72km^2，占水土流失总面积的 1.2%；强烈侵蚀面积为 0.27km^2，占水土流失总面积的 0.19%；极强烈侵蚀面积为 0.07km^2，占水土流失总面积的 0.05%；剧烈侵蚀面积为 0.01km^2，占水土流失总面积的 0.01%。

从水土流失的土地利用分布来看，耕地水土流失面积最大，占水土流失总面积的 92.75%；其次为建设用地，占 5.28%。

从水土流失的高程分布来看，临沭县水土流失主要位于 300m 以下，占水土流失总面积的 99.98%；300～500m，占水土流失总面积的 0.02%。

从不同坡度等级水土流失面积的分布来看，0°～5°，占水土流失总面积的 37.63%；5°～8°，占水土流失总面积的 30.24%；25°以上，占水土流失总面积的 0.35%。

(2) 水土保持率远期目标值及分阶段目标值

根据鲁中南低山丘陵土壤保持区的研判规则和城市发展趋势，确定临沭县

2025年水土保持率目标值为86.70%，比现有水土保持率提升0.90%；水土保持率远期目标值为96.71%，比现有水土保持率提升10.91%。远期目标值各指标计算结果详见表4.13-13。

表4.13-13 临沭县水土保持率远期目标值一览表

<table>
<tr><th colspan="4">指标</th><th>面积/km²</th></tr>
<tr><td colspan="4">国土总面积</td><td>1010</td></tr>
<tr><td colspan="4">现状水土流失面积(2020年)</td><td>143.47</td></tr>
<tr><td rowspan="11">远期水土流失状况分析(2050年)</td><td colspan="3">不需治理的水土流失面积</td><td>0</td></tr>
<tr><td colspan="3">应当治理的水土流失面积</td><td>143.47</td></tr>
<tr><td rowspan="8">不可完全治理的水土流失面积</td><td rowspan="5">水力侵蚀</td><td>耕地</td><td>29.07</td></tr>
<tr><td>园地</td><td>0.16</td></tr>
<tr><td>林地</td><td>0.44</td></tr>
<tr><td>草地</td><td>0</td></tr>
<tr><td>建设用地</td><td>3.55</td></tr>
<tr><td colspan="2">风力侵蚀</td><td>0</td></tr>
<tr><td colspan="2">合计</td><td>33.22</td></tr>
<tr><td colspan="3">可完全治理的水土流失面积</td><td>110.25</td></tr>
<tr><td colspan="4">远期存在的水土流失面积</td><td>33.22</td></tr>
<tr><td colspan="4">远期土壤侵蚀强度轻度以下的国土面积上限</td><td>976.78</td></tr>
<tr><td colspan="4">水土保持率远期目标值</td><td>96.71%</td></tr>
</table>

4.14 德州市

(1) 水土流失现状

德州市2020年水土流失类型为水力侵蚀和风力侵蚀，总水土流失面积155.06km²，占行政面积1.50%，水土保持率现状值为98.5%。从侵蚀强度占比来看，以轻度侵蚀为主。其中，轻度侵蚀面积155.01km²，占水土流失面积的99.97%；中度侵蚀面积0.05km²，占0.03%；无强烈侵蚀、极强烈侵蚀和剧烈侵蚀。

从水土流失的土地利用分布来看，德州市耕地水土流失面积80.37km²，以水浇地轻度侵蚀为主；建设用地水土流失面积64.89km²，以轻度侵蚀为主；林地水土流失面积6.65km²，以有林地轻度侵蚀为主。

(2) 水土保持率远期目标值及分阶段目标值

德州市位于黄泛平原防沙农田防护区，根据黄泛平原防沙农田防护区的研判规则和城市发展趋势，确定德州市 2025 年水土保持率目标值为 98.57%，比现有水土保持率提升 0.07%；水土保持率远期目标值为 98.95%，比现有水土保持率提升 0.45%。远期目标值各指标计算结果详见表 4.14-1。

表 4.14-1 德州市水土保持率远期目标值一览表

<table>
<tr><td colspan="4">指标</td><td>面积/km²</td></tr>
<tr><td colspan="4">国土总面积</td><td>10361</td></tr>
<tr><td colspan="4">现状水土流失面积(2020 年)</td><td>155.06</td></tr>
<tr><td rowspan="10">远期水土流失状况分析(2050 年)</td><td colspan="3">不需治理的水土流失面积</td><td>0</td></tr>
<tr><td colspan="3">应当治理的水土流失面积</td><td>155.06</td></tr>
<tr><td rowspan="7">不可完全治理的水土流失面积</td><td rowspan="5">水力侵蚀</td><td>耕地</td><td>0</td></tr>
<tr><td>园地</td><td>0</td></tr>
<tr><td>林地</td><td>0.02</td></tr>
<tr><td>草地</td><td>0.07</td></tr>
<tr><td>建设用地</td><td>85</td></tr>
<tr><td colspan="2">风力侵蚀</td><td>23.8</td></tr>
<tr><td colspan="2">合计</td><td>108.89</td></tr>
<tr><td colspan="3">可完全治理的水土流失面积</td><td>46.17</td></tr>
<tr><td colspan="4">远期存在的水土流失面积</td><td>108.89</td></tr>
<tr><td colspan="4">远期土壤侵蚀强度轻度以下的国土面积上限</td><td>10252.11</td></tr>
<tr><td colspan="4">水土保持率远期目标值</td><td>98.95%</td></tr>
</table>

4.14.1 德城区

(1) 水土流失现状

德城区水土流失类型为水力侵蚀，面积 11.34m²，占行政面积 2.08%，水土保持率现状值为 97.92%，水土流失主要分布于中部区域。全区轻度侵蚀面积为 11.34km²，占水土流失总面积的 100%。

从水土流失的土地利用分布来看，建设用地水土流失面积最大，占水土流失总面积的 59.08%；其次为耕地，占 36.51%。

从水土流失的高程分布来看，20m 以下，占水土流失总面积的 51.59%；20～50m，占 48.41%。

从不同坡度等级水土流失面积的分布来看，0°～5°，占水土流失总面积的 55.03%；5°～8°，占水土流失总面积的 26.63%；8°～10°以上，占水土流失总面积的 8.73%。

(2) 水土保持率远期目标值及分阶段目标值

根据黄泛平原防沙农田防护区的研判规则和城市发展趋势，确定德城区2025年水土保持率目标值为98.05%，比现有水土保持率提升0.13%；水土保持率远期目标值为98.36%，比现有水土保持率提升0.44%。远期目标值各指标计算结果详见表4.14-2。

表4.14-2 德城区水土保持率远期目标值一览表

<table>
<tr><td colspan="4">指标</td><td>面积/km²</td></tr>
<tr><td colspan="4">国土总面积</td><td>544</td></tr>
<tr><td colspan="4">现状水土流失面积(2020年)</td><td>11.34</td></tr>
<tr><td rowspan="10">远期水土流失状况分析(2050年)</td><td colspan="3">不需治理的水土流失面积</td><td>0</td></tr>
<tr><td colspan="3">应当治理的水土流失面积</td><td>11.34</td></tr>
<tr><td rowspan="7">不可完全治理的水土流失面积</td><td rowspan="5">水力侵蚀</td><td>耕地</td><td>0</td></tr>
<tr><td>园地</td><td>0</td></tr>
<tr><td>林地</td><td>0</td></tr>
<tr><td>草地</td><td>0.01</td></tr>
<tr><td>建设用地</td><td>8.9</td></tr>
<tr><td colspan="2">风力侵蚀</td><td>0</td></tr>
<tr><td colspan="2">合计</td><td>8.91</td></tr>
<tr><td colspan="3">可完全治理的水土流失面积</td><td>2.43</td></tr>
<tr><td colspan="4">远期存在的水土流失面积</td><td>8.91</td></tr>
<tr><td colspan="4">远期土壤侵蚀强度轻度以下的国土面积上限</td><td>535.09</td></tr>
<tr><td colspan="4">水土保持率远期目标值</td><td>98.36%</td></tr>
</table>

4.14.2 陵城区

(1) 水土流失现状

陵城区水土流失类型为水力侵蚀，面积13.56km²，占行政面积1.12%，水土保持率现状值为98.88%，主要分布在西南和东北部。全区轻度侵蚀面积为13.56km²，占水土流失总面积的100%。

从水土流失的土地利用分布来看，建设用地水土流失面积最大，占水土流失面积的48.01%；其次为耕地，占46.98%。

从水土流失的高程分布来看，20m以下，占水土流失总面积的77.85%；20～50m，占22.15%。

从不同坡度等级水土流失面积的分布来看，0°～5°，占水土流失总面积的

64.82%；5°～8°，占水土流失总面积的23.3%；8°～10°，占水土流失总面积的5.9%，25°以上，占水土流失总面积的0.22%。

(2) 水土保持率远期目标值及分阶段目标值

根据黄泛平原防沙农田防护区的研判规则和城市发展趋势，确定陵城区2025年水土保持率目标值为98.95%，比现有水土保持率提升0.07%；水土保持率远期目标值为99.29%，比现有水土保持率提升0.41%。远期目标值各指标计算结果详见表4.14-3。

表4.14-3 陵城区水土保持率远期目标值一览表

<table>
<tr><th colspan="4">指标</th><th>面积/km^2</th></tr>
<tr><td colspan="4">国土总面积</td><td>1213</td></tr>
<tr><td colspan="4">现状水土流失面积(2020年)</td><td>13.56</td></tr>
<tr><td rowspan="10">远期水土流失状况分析(2050年)</td><td colspan="3">不需治理的水土流失面积</td><td>0</td></tr>
<tr><td colspan="3">应当治理的水土流失面积</td><td>13.56</td></tr>
<tr><td rowspan="7">不可完全治理的水土流失面积</td><td rowspan="5">水力侵蚀</td><td>耕地</td><td>0</td></tr>
<tr><td>园地</td><td>0</td></tr>
<tr><td>林地</td><td>0.01</td></tr>
<tr><td>草地</td><td>0</td></tr>
<tr><td>建设用地</td><td>8.64</td></tr>
<tr><td colspan="2">风力侵蚀</td><td>0</td></tr>
<tr><td colspan="2">合计</td><td>8.65</td></tr>
<tr><td colspan="3">可完全治理的水土流失面积</td><td>4.91</td></tr>
<tr><td colspan="4">远期存在的水土流失面积</td><td>8.65</td></tr>
<tr><td colspan="4">远期土壤侵蚀强度轻度以下的国土面积上限</td><td>1204.35</td></tr>
<tr><td colspan="4">水土保持率远期目标值</td><td>99.29%</td></tr>
</table>

4.14.3 乐陵市

(1) 水土流失现状

乐陵市水土流失类型为水力侵蚀，面积10.09km^2，占行政面积0.86%，水土保持率现状值为99.14%，水土流失主要分布于中部。全市轻度侵蚀面积为10.09km^2，占水土流失总面积的100%。

从水土流失的土地利用分布来看，耕地水土流失面积最大，占水土流失总面积的19.23%；其次为建设用地，占74.43%。

从水土流失的高程分布来看，水土流失主要集中于20m以下，占水土流失总面积的96.4%。

从不同坡度等级水土流失面积的分布来看，0°～5°，占水土流失总面积的85.43%；5°～8°，占水土流失总面积的12.39%；8°～10°，占水土流失总面积的1.39%，25°以上，占水土流失总面积的0%。

（2）水土保持率远期目标值及分阶段目标值

根据黄泛平原防沙农田防护区的研判规则和城市发展趋势，确定乐陵市2025年水土保持率目标值为99.15%，比现有水土保持率提升0.01%；水土保持率远期目标值为99.18%，比现有水土保持率提升0.04%。远期目标值各指标计算结果详见表4.14-4。

表4.14-4 乐陵市水土保持率远期目标值一览表

<table>
<tr><th colspan="4">指标</th><th>面积/km²</th></tr>
<tr><td colspan="4">国土总面积</td><td>1173</td></tr>
<tr><td colspan="4">现状水土流失面积(2020年)</td><td>10.09</td></tr>
<tr><td rowspan="10">远期水土流失状况分析(2050年)</td><td colspan="3">不需治理的水土流失面积</td><td>0</td></tr>
<tr><td colspan="3">应当治理的水土流失面积</td><td>10.09</td></tr>
<tr><td rowspan="7">不可完全治理的水土流失面积</td><td rowspan="5">水力侵蚀</td><td>耕地</td><td>0</td></tr>
<tr><td>园地</td><td>0</td></tr>
<tr><td>林地</td><td>0</td></tr>
<tr><td>草地</td><td>0</td></tr>
<tr><td>建设用地</td><td>9.6</td></tr>
<tr><td colspan="2">风力侵蚀</td><td>0</td></tr>
<tr><td colspan="2">合计</td><td>9.6</td></tr>
<tr><td colspan="3">可完全治理的水土流失面积</td><td>0.49</td></tr>
<tr><td colspan="4">远期存在的水土流失面积</td><td>9.6</td></tr>
<tr><td colspan="4">远期土壤侵蚀强度轻度以下的国土面积上限</td><td>1163.4</td></tr>
<tr><td colspan="4">水土保持率远期目标值</td><td>99.18%</td></tr>
</table>

4.14.4 禹城市

（1）水土流失现状

禹城市水土流失类型主要为水力侵蚀，面积5.93km²，占行政面积0.6%，水土保持率现状值为99.4%，水土流失主要分布于中部区域。全市轻度侵蚀面积为5.93km²，占水土流失总面积的100%。

从水土流失的土地利用分布来看，建设用地水土流失面积最大，占水土流失总面积的 58.52%；其次为耕地，占 31.03%。

从水土流失的高程分布来看，20～50m，占水土流失总面积的 67.74%；20m 以下，占水土流失总面积的 32.26%。

从不同坡度等级水土流失面积的分布来看，0°～5°，占水土流失总面积的 58.85%；5°～8°，占水土流失总面积的 25.97%；8°～10°以上，占水土流失总面积的 7.08%。

(2) 水土保持率远期目标值及分阶段目标值

根据黄泛平原防沙农田防护区的研判规则和城市发展趋势，确定禹城市 2025 年水土保持率目标值为 99.44%，比现有水土保持率提升 0.04%；水土保持率远期目标值为 99.53%，比现有水土保持率提升 0.13%。远期目标值各指标计算结果详见表 4.14-5。

表 4.14-5　禹城市水土保持率远期目标值一览表

<table>
<tr><td colspan="4">指标</td><td>面积/km²</td></tr>
<tr><td colspan="4">国土总面积</td><td>992</td></tr>
<tr><td colspan="4">现状水土流失面积(2020 年)</td><td>5.93</td></tr>
<tr><td rowspan="10">远期水土流失状况分析(2050 年)</td><td colspan="3">不需治理的水土流失面积</td><td>0</td></tr>
<tr><td colspan="3">应当治理的水土流失面积</td><td>5.93</td></tr>
<tr><td rowspan="7">不可完全治理的水土流失面积</td><td rowspan="5">水力侵蚀</td><td>耕地</td><td>0</td></tr>
<tr><td>园地</td><td>0</td></tr>
<tr><td>林地</td><td>0.01</td></tr>
<tr><td>草地</td><td>0.01</td></tr>
<tr><td>建设用地</td><td>4.61</td></tr>
<tr><td colspan="2">风力侵蚀</td><td>0</td></tr>
<tr><td colspan="2">合计</td><td>4.63</td></tr>
<tr><td colspan="3">可完全治理的水土流失面积</td><td>1.3</td></tr>
<tr><td colspan="4">远期存在的水土流失面积</td><td>4.63</td></tr>
<tr><td colspan="4">远期土壤侵蚀强度轻度以下的国土面积上限</td><td>987.37</td></tr>
<tr><td colspan="4">水土保持率远期目标值</td><td>99.53%</td></tr>
</table>

4.14.5 宁津县

(1) 水土流失现状

宁津县水土流失类型为水力侵蚀，面积 11.15km²，占行政面积 1.34%，水土保持率现状值为 98.66%。全县轻度侵蚀面积为 11.15km²，占水土流失总面积的 100%。

从水土流失的土地利用分布来看，建设用地水土流失面积最大，占水土流失总面积的 68.52%；其次为耕地，占 31.48%。

从水土流失的高程分布来看，水土流失主要集中于 20m 以下，占水土流失总面积的 87.9%；其次为 20～50m，占 12.1%。

从不同坡度等级水土流失面积的分布来看，0°～5°，占水土流失总面积的 79.46%；5°～8°，占水土流失总面积的 15.96%；8°～10°，占水土流失总面积的 2.6%。

(2) 水土保持率远期目标值及分阶段目标值

根据黄泛平原防沙农田防护区的研判规则和城市发展趋势，确定宁津县 2025 年水土保持率目标值为 98.67%，比现有水土保持率提升 0.01%；水土保持率远期目标值为 98.78%，比现有水土保持率提升 0.12%。远期目标值各指标计算结果详见表 4.14-6。

表 4.14-6　宁津县水土保持率远期目标值一览表

<table>
<tr><th colspan="4">指标</th><th>面积/km²</th></tr>
<tr><td colspan="4">国土总面积</td><td>833</td></tr>
<tr><td colspan="4">现状水土流失面积(2020 年)</td><td>11.15</td></tr>
<tr><td rowspan="10">远期水土流失状况分析(2050 年)</td><td colspan="3">不需治理的水土流失面积</td><td>0</td></tr>
<tr><td colspan="3">应当治理的水土流失面积</td><td>11.15</td></tr>
<tr><td rowspan="7">不可完全治理的水土流失面积</td><td rowspan="5">水力侵蚀</td><td>耕地</td><td>0</td></tr>
<tr><td>园地</td><td>0</td></tr>
<tr><td>林地</td><td>0</td></tr>
<tr><td>草地</td><td>0</td></tr>
<tr><td>建设用地</td><td>10.15</td></tr>
<tr><td colspan="2">风力侵蚀</td><td>0</td></tr>
<tr><td colspan="2">合计</td><td>10.15</td></tr>
<tr><td colspan="3">可完全治理的水土流失面积</td><td>1</td></tr>
<tr><td colspan="4">远期存在的水土流失面积</td><td>10.15</td></tr>
<tr><td colspan="4">远期土壤侵蚀强度轻度以下的国土面积上限</td><td>822.85</td></tr>
<tr><td colspan="4">水土保持率远期目标值</td><td>98.78%</td></tr>
</table>

4.14.6 庆云县

(1) 水土流失现状

庆云县水土流失类型主要为水力侵蚀，面积 4.92km²，占行政面积 0.98%，水土保持率现状值为99.02%，水土流失主要分布于县域西部。全县轻度侵蚀面积为4.92km²，占水土流失总面积的100%。

从各土地利用水土流失面积来看，耕地水土流失面积最大，占水土流失总面积的56.71%；其次为建设用地，占28.46%。

从水土流失的高程分布来看，水土流失全部集中于20m以下。

从不同坡度等级水土流失面积的分布来看，水土流失主要集中于0°～5°，占水土流失总面积的82.72%；5°～8°区域，占水土流失总面积的13.01%；8°～10°以上区域，占水土流失总面积的2.64%。

(2) 水土保持率远期目标值及分阶段目标值

根据黄泛平原防沙农田防护区的研判规则和城市发展趋势，确定庆云县2025年水土保持率目标值为99.08%，比现有水土保持率提升0.06%；水土保持率远期目标值为99.63%，比现有水土保持率提升0.61%。远期目标值各指标计算结果详见表4.14-7。

表4.14-7 庆云县水土保持率远期目标值一览表

<table>
<tr><th colspan="4">指标</th><th>面积/km²</th></tr>
<tr><td colspan="4">国土总面积</td><td>502</td></tr>
<tr><td colspan="4">现状水土流失面积(2020年)</td><td>4.92</td></tr>
<tr><td rowspan="10">远期水土流失状况分析(2050年)</td><td colspan="3">不需治理的水土流失面积</td><td>0</td></tr>
<tr><td colspan="3">应当治理的水土流失面积</td><td>4.92</td></tr>
<tr><td rowspan="7">不可完全治理的水土流失面积</td><td rowspan="5">水力侵蚀</td><td>耕地</td><td>0</td></tr>
<tr><td>园地</td><td>0</td></tr>
<tr><td>林地</td><td>0</td></tr>
<tr><td>草地</td><td>0</td></tr>
<tr><td>建设用地</td><td>1.86</td></tr>
<tr><td colspan="2">风力侵蚀</td><td>0</td></tr>
<tr><td colspan="2">合计</td><td>1.86</td></tr>
<tr><td colspan="3">可完全治理的水土流失面积</td><td>3.06</td></tr>
<tr><td colspan="4">远期存在的水土流失面积</td><td>1.86</td></tr>
<tr><td colspan="4">远期土壤侵蚀强度轻度以下的国土面积上限</td><td>500.14</td></tr>
<tr><td colspan="4">水土保持率远期目标值</td><td>99.63%</td></tr>
</table>

4.14.7 临邑县

(1) 水土流失现状

临邑县水土流失类型为水力侵蚀，面积8.63km²，占行政面积0.85%，水土保持率现状值为99.15%，水土流失主要分布于县域中部。全县轻度侵蚀面积为8.6km^2，占水土流失总面积的99.65%。

从水土流失的土地利用分布来看，建设用地水土流失面积最大，占水土流失总面积的77.4%；其次为耕地，占22.48%。

从水土流失的高程分布来看，水土流失主要集中于300m以下，占水土流失总面积的100%。

从不同坡度等级水土流失面积的分布来看，0°～5°，占水土流失总面积的69.41%；5°～8，占水土流失总面积的21.78%；8°～10°，占水土流失总面积的4.75%；25°以上，占水土流失总面积的0%。

(2) 水土保持率远期目标值及分阶段目标值

根据黄泛平原防沙农田防护区的研判规则和城市发展趋势，确定临邑县2025年水土保持率目标值为99.16%，比现有水土保持率提升0.01%；水土保持率远期目标值为99.19%，比现有水土保持率提升0.04%。远期目标值各指标计算结果详见表4.14-8。

表4.14-8 临邑县水土保持率远期目标值一览表

<table>
<tr><th colspan="4">指标</th><th>面积/km^2</th></tr>
<tr><td colspan="4">国土总面积</td><td>1016</td></tr>
<tr><td colspan="4">现状水土流失面积(2020年)</td><td>8.63</td></tr>
<tr><td rowspan="10">远期水土流失状况分析(2050年)</td><td colspan="3">不需治理的水土流失面积</td><td>0</td></tr>
<tr><td colspan="3">应当治理的水土流失面积</td><td>8.63</td></tr>
<tr><td rowspan="7">不可完全治理的水土流失面积</td><td rowspan="5">水力侵蚀</td><td>耕地</td><td>0</td></tr>
<tr><td>园地</td><td>0</td></tr>
<tr><td>林地</td><td>0</td></tr>
<tr><td>草地</td><td>0</td></tr>
<tr><td>建设用地</td><td>8.21</td></tr>
<tr><td colspan="2">风力侵蚀</td><td>0</td></tr>
<tr><td colspan="2">合计</td><td>8.21</td></tr>
<tr><td colspan="3">可完全治理的水土流失面积</td><td>0.42</td></tr>
<tr><td colspan="4">远期存在的水土流失面积</td><td>8.21</td></tr>
<tr><td colspan="4">远期土壤侵蚀强度轻度以下的国土面积上限</td><td>1007.79</td></tr>
<tr><td colspan="4">水土保持率远期目标值</td><td>99.19%</td></tr>
</table>

4.14.8 齐河县

(1) 水土流失现状

齐河县水土流失类型为水力侵蚀，面积 23.85km²，占行政面积 1.69%，水土保持率现状值为 98.31%，水土流失主要分布于县域中部。全县轻度侵蚀面积为 23.85km²，占水土流失总面积的 100%。

从水土流失的土地利用分布来看，建设用地水土流失面积最大，占水土流失总面积的 74%；其次为耕地，占 21.05%。

从水土流失的高程分布来看，20～50m，占水土流失总面积的 73.51%；20m 以下，占 26.49%。

从不同坡度等级水土流失面积的分布来看，0°～5°，占水土流失总面积的 58.03%；5°～8°，占水土流失总面积的 26.12%；8°～10°以上，占水土流失总面积的 7.71%；25°以上，占水土流失总面积的 0.04%。

(2) 水土保持率远期目标值及分阶段目标值

根据黄泛平原防沙农田防护区的研判规则和城市发展趋势，确定齐河县 2025 年水土保持率目标值为 98.32%，比现有水土保持率提升 0.01%；水土保持率远期目标值为 98.35%，比现有水土保持率提升 0.04%。远期目标值各指标计算结果详见表 4.14-9。

表 4.14-9　齐河县水土保持率远期目标值一览表

<table>
<tr><th colspan="4">指标</th><th>面积/km²</th></tr>
<tr><td colspan="4">国土总面积</td><td>1411</td></tr>
<tr><td colspan="4">现状水土流失面积(2020 年)</td><td>23.85</td></tr>
<tr><td rowspan="10">远期水土流失状况分析(2050 年)</td><td colspan="3">不需治理的水土流失面积</td><td>0</td></tr>
<tr><td colspan="3">应当治理的水土流失面积</td><td>23.85</td></tr>
<tr><td rowspan="7">不可完全治理的水土流失面积</td><td rowspan="5">水力侵蚀</td><td>耕地</td><td>0</td></tr>
<tr><td>园地</td><td>0</td></tr>
<tr><td>林地</td><td>0</td></tr>
<tr><td>草地</td><td>0.03</td></tr>
<tr><td>建设用地</td><td>23.3</td></tr>
<tr><td colspan="2">风力侵蚀</td><td>0</td></tr>
<tr><td colspan="2">合计</td><td>23.33</td></tr>
<tr><td colspan="3">可完全治理的水土流失面积</td><td>0.52</td></tr>
</table>

续表

指标	面积/km²
远期存在的水土流失面积	23.33
远期土壤侵蚀强度轻度以下的国土面积上限	1387.67
水土保持率远期目标值	98.35%

4.14.9 平原县

(1) 水土流失现状

平原县水土流失类型为水力侵蚀，面积 12.77km^2，占行政面积 1.22%，水土保持率现状值为 98.78%，水土流失主要分布于县域中部。全县轻度侵蚀面积为 12.77km^2，占水土流失总面积的 100%。

从水土流失的土地利用分布来看，建设用地水土流失面积最大，占水土流失总面积的 56.85%；其次为耕地，占 41.27%。

从水土流失的高程分布来看，20～50m，占水土流失总面积的 53.96%；20m 以下，占 46.04%。

从不同坡度等级水土流失面积的分布来看，0°～5°，占水土流失总面积的 47.45%；5°～8°，占水土流失总面积的 24.51%；10°～15°，占水土流失总面积的 9.95%；25°以上，占水土流失总面积的 2.97%。

(2) 水土保持率远期目标值及分阶段目标值

根据黄泛平原防沙农田防护区的研判规则和城市发展趋势，确定平原县 2025 年水土保持率目标值为 98.86%，比现有水土保持率提升 0.08%；水土保持率远期目标值为 99.08%，比现有水土保持率提升 0.30%。远期目标值各指标计算结果详见表 4.14-10。

表 4.14-10 平原县水土保持率远期目标值一览表

<table>
<tr><th colspan="4">指标</th><th>面积/km²</th></tr>
<tr><td colspan="4">国土总面积</td><td>1047</td></tr>
<tr><td colspan="4">现状水土流失面积(2020 年)</td><td>12.77</td></tr>
<tr><td rowspan="7">远期水土流失状况分析(2050 年)</td><td colspan="3">不需治理的水土流失面积</td><td>0</td></tr>
<tr><td colspan="3">应当治理的水土流失面积</td><td>12.77</td></tr>
<tr><td rowspan="5">不可完全治理的水土流失面积</td><td rowspan="5">水力侵蚀</td><td>耕地</td><td>0</td></tr>
<tr><td>园地</td><td>0</td></tr>
<tr><td>林地</td><td>0</td></tr>
<tr><td>草地</td><td>0.02</td></tr>
<tr><td>建设用地</td><td>9.64</td></tr>
</table>

续表

指标			面积/km²
远期水土流失状况分析(2050年)	不可完全治理的水土流失面积	风力侵蚀	0
		合计	9.66
	可完全治理的水土流失面积		3.11
远期存在的水土流失面积			9.66
远期土壤侵蚀强度轻度以下的国土面积上限			1037.34
水土保持率远期目标值			99.08%

4.14.10 夏津县

(1) 水土流失现状

夏津县水土流失类型为风力侵蚀和水力侵蚀，面积分别为 31.07km² 和 2.32km²，水土流失总面积为 33.39km²，占行政面积 3.79%，水土保持率现状值为 96.21%，水土流失在县域范围内均有分布。全县轻度侵蚀面积为 33.39km²，占水土流失总面积的 100%。

从水土流失的土地利用分布来看，耕地水土流失面积最大，占水土流失总面积的 88.62%；其次为林地，占 10.45%。

从水土流失的高程分布来看，水土流失全部位于 20～50m 区域，占水土流失总面积的 100%。

从不同坡度等级水土流失面积的分布来看，0°～5°，占水土流失总面积的 63.73%；5°～8°，占水土流失总面积的 24.86%；8°～10°以上，占水土流失总面积的 6.56%。

(2) 水土保持率远期目标值及分阶段目标值

根据黄泛平原防沙农田防护区的研判规则和城市发展趋势，确定夏津县 2025 年水土保持率目标值为 96.45%，比现有水土保持率提升 0.24%；水土保持率远期目标值为 98.24%，比现有水土保持率提升 2.03%。远期目标值各指标计算结果详见表 4.14-11。

表 4.14-11 夏津县水土保持率远期目标值一览表

指标	面积/km²
国土总面积	882
现状水土流失面积(2020 年)	33.39

续表

<table>
<tr><td colspan="4">指标</td><td>面积/km²</td></tr>
<tr><td rowspan="10">远期水土流失状况分析(2050年)</td><td colspan="3">不需治理的水土流失面积</td><td>0</td></tr>
<tr><td colspan="3">应当治理的水土流失面积</td><td>33.39</td></tr>
<tr><td rowspan="7">不可完全治理的水土流失面积</td><td rowspan="5">水力侵蚀</td><td>耕地</td><td>0</td></tr>
<tr><td>园地</td><td>0</td></tr>
<tr><td>林地</td><td>0</td></tr>
<tr><td>草地</td><td>0</td></tr>
<tr><td>建设用地</td><td>0</td></tr>
<tr><td colspan="2">风力侵蚀</td><td>15.55</td></tr>
<tr><td colspan="2">合计</td><td>15.55</td></tr>
<tr><td colspan="3">可完全治理的水土流失面积</td><td>17.84</td></tr>
<tr><td colspan="4">远期存在的水土流失面积</td><td>15.55</td></tr>
<tr><td colspan="4">远期土壤侵蚀强度轻度以下的国土面积上限</td><td>866.45</td></tr>
<tr><td colspan="4">水土保持率远期目标值</td><td>98.24%</td></tr>
</table>

4.14.11 武城县

(1) 水土流失现状

武城县水土流失类型为风力侵蚀和水力侵蚀，面积分别为 16.50km² 和 2.93km²，水土流失总面积为 19.43km²，占行政面积 2.6%，水土保持率现状值为 97.4%。全县轻度侵蚀面积为 229.83km²，占水土流失总面积的 100%。

从水土流失的土地利用分布来看，耕地水土流失面积最大，占水土流失总面积的 92.43%；其次为林地，占 5.56%。

从水土流失的高程分布来看，水土流失主要集中于 20～50m 之间，占水土流失总面积的 90.63%。

从不同坡度等级水土流失面积的分布来看，0°～5°，占水土流失总面积的 58.62%；5°～8°，占水土流失总面积的 23.73%；8°～10°以上，占水土流失总面积的 7%；25°以上，占水土流失总面积的 0.72%。

(2) 水土保持率远期目标值及分阶段目标值

根据黄泛平原防沙农田防护区的研判规则和城市发展趋势，确定武城县 2025 年水土保持率目标值为 97.57%，比现有水土保持率提升 0.17%；水土保持率远期目标值为 98.89%，比现有水土保持率提升 1.49%。远期目标值各指标计算结果详见表 4.14-12。

表 4.14-12 武城县水土保持率远期目标值一览表

<table>
<tr><td colspan="4">指标</td><td>面积/km²</td></tr>
<tr><td colspan="4">国土总面积</td><td>748</td></tr>
<tr><td colspan="4">现状水土流失面积(2020 年)</td><td>19.43</td></tr>
<tr><td rowspan="10">远期水土流失状况分析(2050 年)</td><td colspan="3">不需治理的水土流失面积</td><td>0</td></tr>
<tr><td colspan="3">应当治理的水土流失面积</td><td>19.43</td></tr>
<tr><td rowspan="7">不可完全治理的水土流失面积</td><td rowspan="5">水力侵蚀</td><td>耕地</td><td>0</td></tr>
<tr><td>园地</td><td>0</td></tr>
<tr><td>林地</td><td>0</td></tr>
<tr><td>草地</td><td>0</td></tr>
<tr><td>建设用地</td><td>0.09</td></tr>
<tr><td colspan="2">风力侵蚀</td><td>8.25</td></tr>
<tr><td colspan="2">合计</td><td>8.34</td></tr>
<tr><td colspan="3">可完全治理的水土流失面积</td><td>11.09</td></tr>
<tr><td colspan="4">远期存在的水土流失面积</td><td>8.34</td></tr>
<tr><td colspan="4">远期土壤侵蚀强度轻度以下的国土面积上限</td><td>739.66</td></tr>
<tr><td colspan="4">水土保持率远期目标值</td><td>98.89%</td></tr>
</table>

4.15 聊城市

(1) 水土流失现状

聊城市 2020 年水土流失类型为水力侵蚀和风力侵蚀，总水土流失面积 462.68km²，占行政面积 5.31%，水土保持率现状值为 94.69%。其中，轻度侵蚀面积 462.66km²，占水土流失面积的 99.99%；中度侵蚀面积 0.02km²，占 0.01%；无强烈侵蚀、极强烈侵蚀和剧烈侵蚀面积。

从水土流失的土地利用分布来看，聊城市水土流失面积主要集中于耕地，其次为林地和建设用地。其中，耕地水土流失面积 409.33km²，以水浇地轻度侵蚀为主；林地水土流失面积 33.53km²，以有林地轻度侵蚀为主；建设用地水土流失面积 19.05km²，以轻度侵蚀为主。

(2) 水土保持率远期目标值及分阶段目标值

聊城市位于黄泛平原防沙农田防护区，根据黄泛平原防沙农田防护区的研判规则和城市发展趋势，确定聊城市 2025 年水土保持率目标值为 95.05%，比现有水土保持率提升 0.36%；水土保持率远期目标值为 98.33%，比现有水土保持率提升 3.64%。远期目标值各指标计算结果详见表 4.15-1。

表 4.15-1 聊城市水土保持率远期目标值一览表

<table>
<tr><td colspan="4">指标</td><td>面积/km²</td></tr>
<tr><td colspan="4">国土总面积</td><td>8721</td></tr>
<tr><td colspan="4">现状水土流失面积(2020 年)</td><td>462.68</td></tr>
<tr><td rowspan="10">远期水土流失状况分析(2050 年)</td><td colspan="3">不需治理的水土流失面积</td><td>0</td></tr>
<tr><td colspan="3">应当治理的水土流失面积</td><td>462.68</td></tr>
<tr><td rowspan="7">不可完全治理的水土流失面积</td><td rowspan="5">水力侵蚀</td><td>耕地</td><td>0.16</td></tr>
<tr><td>园地</td><td>0.01</td></tr>
<tr><td>林地</td><td>0.23</td></tr>
<tr><td>草地</td><td>0.05</td></tr>
<tr><td>建设用地</td><td>41.57</td></tr>
<tr><td colspan="2">风力侵蚀</td><td>103.43</td></tr>
<tr><td colspan="2">合计</td><td>145.45</td></tr>
<tr><td colspan="3">可完全治理的水土流失面积</td><td>317.23</td></tr>
<tr><td colspan="4">远期存在的水土流失面积</td><td>145.45</td></tr>
<tr><td colspan="4">远期土壤侵蚀强度轻度以下的国土面积上限</td><td>8575.55</td></tr>
<tr><td colspan="4">水土保持率远期目标值</td><td>98.33%</td></tr>
</table>

4.15.1 东昌府区

(1) 水土流失现状

东昌府区水土流失类型为水力侵蚀，面积 10.39km²，占行政面积 0.72%，水土保持率现状值为 99.28%，水土流失主要分布于中部和西北部。轻度侵蚀面积为 10.39km²，占水土流失总面积的 100%。

从水土流失的土地利用分布来看，耕地水土流失面积最大，占水土流失总面积的 67.56%；其次为建设用地，占 29.64%。

从水土流失的土地利用分布来看，水土流失主要集中于 20～50m 之间，占水土流失总面积的 94.31%。

从不同坡度等级水土流失面积的分布来看，0°～5°，占水土流失总面积的 49.28%；5°～8°，占水土流失总面积的 27.14%；8°～10°和 10°～15°以上，均占水土流失总面积的 9.43%；25°以上，占水土流失总面积的 0.68%。

(2) 水土保持率远期目标值及分阶段目标值

根据黄泛平原防沙农田防护区的研判规则和城市发展趋势，确定东昌府区

2025年水土保持率目标值为99.33%，比现有水土保持率提升0.05%；水土保持率远期目标值为99.72%，比现有水土保持率提升0.44%。远期目标值各指标计算结果详见表4.15-2。

表4.15-2 东昌府区水土保持率远期目标值一览表

<table>
<tr><th colspan="4">指标</th><th>面积/km²</th></tr>
<tr><td colspan="4">国土总面积</td><td>1443</td></tr>
<tr><td colspan="4">现状水土流失面积(2020年)</td><td>10.39</td></tr>
<tr><td rowspan="10">远期水土流失状况分析(2050年)</td><td colspan="3">不需治理的水土流失面积</td><td>0</td></tr>
<tr><td colspan="3">应当治理的水土流失面积</td><td>10.39</td></tr>
<tr><td rowspan="7">不可完全治理的水土流失面积</td><td rowspan="5">水力侵蚀</td><td>耕地</td><td>0</td></tr>
<tr><td>园地</td><td>0</td></tr>
<tr><td>林地</td><td>0</td></tr>
<tr><td>草地</td><td>0</td></tr>
<tr><td>建设用地</td><td>4.09</td></tr>
<tr><td colspan="2">风力侵蚀</td><td>0</td></tr>
<tr><td colspan="2">合计</td><td>4.09</td></tr>
<tr><td colspan="3">可完全治理的水土流失面积</td><td>6.3</td></tr>
<tr><td colspan="4">远期存在的水土流失面积</td><td>4.09</td></tr>
<tr><td colspan="4">远期土壤侵蚀强度轻度以下的国土面积上限</td><td>1438.91</td></tr>
<tr><td colspan="4">水土保持率远期目标值</td><td>99.72%</td></tr>
</table>

4.15.2 茌平区

(1) 水土流失现状

茌平区水土流失类型为水力侵蚀，面积11.97m^2，占行政面积1.19%，水土保持率现状值为98.81%，水土流失主要分布于中部区域。全区轻度侵蚀面积为11.97km^2，占水土流失总面积的100%。

从水土流失的土地利用分布来看，建设用地水土流失面积最大，占水土流失总面积的73.85%；其次为耕地，占25.23%。

从水土流失的高程分布来看，水土流失主要集中于20～50m之间，占水土流失面积的94.7%。

从不同坡度等级水土流失面积的分布来看，0°～5°，占水土流失总面积的46.7%；5°～8°，占水土流失总面积的27.9%；8°～10°以上，占水土流失总面积的10%；25°以上，占水土流失总面积的1%。

(2) 水土保持率远期目标值及分阶段目标值

根据黄泛平原防沙农田防护区的研判规则和城市发展趋势，确定茌平区2025年水土保持率目标值为98.82%，比现有水土保持率提升0.01%；水土保持率远期目标值为98.85%，比现有水土保持率提升0.04%。远期目标值各指标计算结果详见表4.15-3。

表 4.15-3 茌平区水土保持率远期目标值一览表

<table>
<tr><td colspan="4">指标</td><td>面积/km²</td></tr>
<tr><td colspan="4">国土总面积</td><td>1003</td></tr>
<tr><td colspan="4">现状水土流失面积(2020年)</td><td>11.97</td></tr>
<tr><td rowspan="10">远期水土流失状况分析(2050年)</td><td colspan="3">不需治理的水土流失面积</td><td>0</td></tr>
<tr><td colspan="3">应当治理的水土流失面积</td><td>11.97</td></tr>
<tr><td rowspan="7">不可完全治理的水土流失面积</td><td rowspan="5">水力侵蚀</td><td>耕地</td><td>0</td></tr>
<tr><td>园地</td><td>0</td></tr>
<tr><td>林地</td><td>0</td></tr>
<tr><td>草地</td><td>0.05</td></tr>
<tr><td>建设用地</td><td>11.5</td></tr>
<tr><td colspan="2">风力侵蚀</td><td>0</td></tr>
<tr><td colspan="2">合计</td><td>11.55</td></tr>
<tr><td colspan="3">可完全治理的水土流失面积</td><td>0.42</td></tr>
<tr><td colspan="4">远期存在的水土流失面积</td><td>11.55</td></tr>
<tr><td colspan="4">远期土壤侵蚀强度轻度以下的国土面积上限</td><td>991.45</td></tr>
<tr><td colspan="4">水土保持率远期目标值</td><td>98.85%</td></tr>
</table>

4.15.3 临清市

(1) 水土流失现状

临清市水土流失类型为风力侵蚀和水力侵蚀，面积分别为13.32km² 和7.99km²，水土流失总面积为21.31km²，占行政面积2.24%，水土保持率现状值为97.76%。全市轻度侵蚀面积为21.31km²，占水土流失总面积的100%。

从水土流失的土地利用分布来看，耕地水土流失面积最大，占水土流失总面积的93.01%；其次为建设用地，占3.75%。

从水土流失的高程分布来看，水土流失全部集中于20～50m之间，占水土流失总面积的100%。

从不同坡度等级水土流失面积的分布来看，0°～5°，占水土流失总面积的

57.06%；5°～8°，占水土流失总面积的25.67%；8°～10°以上，占水土流失总面积的7.88%；25°以上，占水土流失总面积的0.14%。

(2) 水土保持率远期目标值及分阶段目标值

根据黄泛平原防沙农田防护区的研判规则和城市发展趋势，确定临清市2025年水土保持率目标值为97.90%，比现有水土保持率提升0.14%；水土保持率远期目标值为99.19%，比现有水土保持率提升1.43%。远期目标值各指标计算结果详见表4.15-4。

表4.15-4 临清市水土保持率远期目标值一览表

<table>
<tr><th colspan="4">指标</th><th>面积/km²</th></tr>
<tr><td colspan="4">国土总面积</td><td>950</td></tr>
<tr><td colspan="4">现状水土流失面积(2020年)</td><td>21.31</td></tr>
<tr><td rowspan="11">远期水土流失状况分析(2050年)</td><td colspan="3">不需治理的水土流失面积</td><td>0</td></tr>
<tr><td colspan="3">应当治理的水土流失面积</td><td>21.31</td></tr>
<tr><td rowspan="8">不可完全治理的水土流失面积</td><td rowspan="5">水力侵蚀</td><td>耕地</td><td>0.02</td></tr>
<tr><td>园地</td><td>0</td></tr>
<tr><td>林地</td><td>0</td></tr>
<tr><td>草地</td><td>0</td></tr>
<tr><td>建设用地</td><td>1.05</td></tr>
<tr><td colspan="2">风力侵蚀</td><td>6.66</td></tr>
<tr><td colspan="2">合计</td><td>7.73</td></tr>
<tr><td colspan="2"></td><td></td></tr>
<tr><td colspan="3">可完全治理的水土流失面积</td><td>13.58</td></tr>
<tr><td colspan="4">远期存在的水土流失面积</td><td>7.73</td></tr>
<tr><td colspan="4">远期土壤侵蚀强度轻度以下的国土面积上限</td><td>942.27</td></tr>
<tr><td colspan="4">水土保持率远期目标值</td><td>99.19%</td></tr>
</table>

4.15.4 阳谷县

(1) 水土流失现状

阳谷县水土流失类型为风力侵蚀和水力侵蚀，面积分别为13.45km²和28.04km²，水土流失总面积为41.49km²，占行政面积3.89%，水土保持率现状值为96.11%。全县轻度侵蚀面积为41.49km²，占水土流失总面积的100%。

从水土流失的土地利用分布来看，耕地水土流失面积最大，占水土流失总面积的67.75%；其次为建设用地，占23.11%。

从水土流失的高程分布来看，水土流失主要集中于20～50m之间，占水土流失总面积的90%；其次为50～100m区域，占10%。

从不同坡度等级水土流失面积的分布来看，0°～5°，占水土流失总面积的51.7%；5°～8°，占水土流失总面积的27.57%；8°～10°以上，占水土流失总面积的9.11%；25°以上，占水土流失总面积的0.14%。

（2）水土保持率远期目标值及分阶段目标值

根据黄泛平原防沙农田防护区的研判规则和城市发展趋势，确定阳谷县2025年水土保持率目标值为96.35%，比现有水土保持率提升0.24%；水土保持率远期目标值为99.35%，比现有水土保持率提升3.24%。远期目标值各指标计算结果详见表4.15-5。

表4.15-5　阳谷县水土保持率远期目标值一览表

<table>
<tr><th colspan="4">指标</th><th>面积/km²</th></tr>
<tr><td colspan="4">国土总面积</td><td>1066</td></tr>
<tr><td colspan="4">现状水土流失面积(2020年)</td><td>41.49</td></tr>
<tr><td rowspan="10">远期水土流失状况分析(2050年)</td><td colspan="3">不需治理的水土流失面积</td><td>0</td></tr>
<tr><td colspan="3">应当治理的水土流失面积</td><td>41.49</td></tr>
<tr><td rowspan="7">不可完全治理的水土流失面积</td><td rowspan="5">水力侵蚀</td><td>耕地</td><td>0.02</td></tr>
<tr><td>园地</td><td>0</td></tr>
<tr><td>林地</td><td>0</td></tr>
<tr><td>草地</td><td>0</td></tr>
<tr><td>建设用地</td><td>0.13</td></tr>
<tr><td colspan="2">风力侵蚀</td><td>6.73</td></tr>
<tr><td colspan="2">合计</td><td>6.88</td></tr>
<tr><td colspan="3">可完全治理的水土流失面积</td><td>34.61</td></tr>
<tr><td colspan="4">远期存在的水土流失面积</td><td>6.88</td></tr>
<tr><td colspan="4">远期土壤侵蚀强度轻度以下的国土面积上限</td><td>1059.12</td></tr>
<tr><td colspan="4">水土保持率远期目标值</td><td>99.35%</td></tr>
</table>

4.15.5 莘县

（1）水土流失现状

莘县水土流失类型为风力侵蚀和水力侵蚀，面积分别为223.93km²和5.9km²，水土流失总面积为229.83km²，占行政面积16.19%，水土保持率现状值为83.81%，水土流失主要分布于县域北部和中部。全县轻度侵蚀面积为229.83km²，占水土流失总面积的100%。

从水土流失的土地利用分布来看，耕地水土流失面积最大，占水土流失总面积的92.42%；其次为林地，占7.19%。

从水土流失的高程分布来看，水土流失主要集中于20～50m区域，占水土流失总面积的90.77%。

从不同坡度等级水土流失面积的分布来看，0°～5°，占水土流失总面积的60.36%；5°～8°，占水土流失总面积的25.25%；8°～10°以上，占水土流失总面积的7.27%；25°以上，占水土流失总面积的0.08%。

(2) 水土保持率远期目标值及分阶段目标值

根据黄泛平原防沙农田防护区的研判规则和城市发展趋势，确定莘县2025年水土保持率目标值为84.99%，比现有水土保持率提升1.18%；水土保持率远期目标值为96.61%，比现有水土保持率提升12.80%。远期目标值各指标计算结果详见表4.15-6。

表 4.15-6　莘县水土保持率远期目标值一览表

指标				面积/km^2
国土总面积				1420
现状水土流失面积(2020年)				229.83
远期水土流失状况分析(2050年)	不需治理的水土流失面积			0
	应当治理的水土流失面积			229.83
	不可完全治理的水土流失面积	水力侵蚀	耕地	0.09
			园地	0
			林地	0
			草地	0
			建设用地	17.3
		风力侵蚀		30.79
		合计		48.18
	可完全治理的水土流失面积			181.65
远期存在的水土流失面积				48.18
远期土壤侵蚀强度轻度以下的国土面积上限				1371.82
水土保持率远期目标值				96.61%

4.15.6 东阿县

(1) 水土流失现状

东阿县水土流失类型为风力侵蚀和水力侵蚀，面积分别为51.77km^2和

10.14km²，水土流失总面积为 61.91km²，占行政面积 8.49%，水土保持率现状值为 91.51%。全县轻度侵蚀面积为 61.89km²，占水土流失总面积的 99.97%；中度侵蚀面积为 0.02km²，占水土流失总面积的 0.03%。

从水土流失的土地利用分布来看，耕地水土流失面积最大，占水土流失总面积的 81.83%；其次为林地，占 17.51%。

从水土流失的高程分布来看，水土流失主要集中于 20～50m 之间，占水土流失总面积的 81.33%；其次为 50～100m 之间区域，占 17.33%。

从不同坡度等级水土流失面积的分布来看，0°～5°，占水土流失总面积的 43.45%；5°～8°，占水土流失总面积的 28.43%；10°～15°以上，占水土流失总面积的 12.13%；25°以上，占水土流失总面积的 0.55%。

(2) 水土保持率远期目标值及分阶段目标值

根据黄泛平原防沙农田防护区的研判规则和城市发展趋势，确定东阿县 2025 年水土保持率目标值为 92.05%，比现有水土保持率提升 0.54%；水土保持率远期目标值为 96.37%，比现有水土保持率提升 4.86%。远期目标值各指标计算结果详见表 4.15-7。

表 4.15-7 东阿县水土保持率远期目标值一览表

<table>
<tr><th colspan="4">指标</th><th>面积/km²</th></tr>
<tr><td colspan="4">国土总面积</td><td>729</td></tr>
<tr><td colspan="4">现状水土流失面积(2020 年)</td><td>61.91</td></tr>
<tr><td rowspan="10">远期水土流失状况分析(2050 年)</td><td colspan="3">不需治理的水土流失面积</td><td>0</td></tr>
<tr><td colspan="3">应当治理的水土流失面积</td><td>61.91</td></tr>
<tr><td rowspan="7">不可完全治理的水土流失面积</td><td rowspan="5">水力侵蚀</td><td>耕地</td><td>0.03</td></tr>
<tr><td>园地</td><td>0.01</td></tr>
<tr><td>林地</td><td>0.22</td></tr>
<tr><td>草地</td><td>0</td></tr>
<tr><td>建设用地</td><td>0.27</td></tr>
<tr><td colspan="2">风力侵蚀</td><td>25.9</td></tr>
<tr><td colspan="2">合计</td><td>26.43</td></tr>
<tr><td colspan="3">可完全治理的水土流失面积</td><td>35.48</td></tr>
<tr><td colspan="4">远期存在的水土流失面积</td><td>26.43</td></tr>
<tr><td colspan="4">远期土壤侵蚀强度轻度以下的国土面积上限</td><td>702.57</td></tr>
<tr><td colspan="4">水土保持率远期目标值</td><td>96.37%</td></tr>
</table>

4.15.7 冠县

(1) 水土流失现状

冠县水土流失类型为风力侵蚀和水力侵蚀，面积分别为 66.68km² 和 8.89km²，水土流失总面积为 75.57km²，占行政面积 6.51%，水土保持率现状值为 93.49%。全县轻度侵蚀面积为 75.57km²，占水土流失总面积的 100%。

从水土流失的土地利用分布来看，耕地水土流失面积最大，占水土流失总面积的 97.3%；其次为林地，占 2.66%。

从水土流失的高程分布来看，水土流失主要集中于 20～50m 之间，占水土流失总面积的 98.96%。

从不同坡度等级水土流失面积的分布来看，0°～5°，占水土流失总面积的 63.44%；5°～8°，占水土流失总面积的 23.69%；8°～10°以上，占水土流失总面积的 6.4%；25°以上，占水土流失总面积的 0.18%。

(2) 水土保持率远期目标值及分阶段目标值

根据黄泛平原防沙农田防护区的研判规则和城市发展趋势，确定冠县 2025 年水土保持率目标值为 93.90%，比现有水土保持率提升 0.41%；水土保持率远期目标值为 97.12%，比现有水土保持率提升 3.63%。远期目标值各指标计算结果详见表 4.15-8。

表 4.15-8 冠县水土保持率远期目标值一览表

<table>
<tr><th colspan="4">指标</th><th>面积/km²</th></tr>
<tr><td colspan="4">国土总面积</td><td>1161</td></tr>
<tr><td colspan="4">现状水土流失面积(2020 年)</td><td>75.57</td></tr>
<tr><td rowspan="10">远期水土流失状况分析(2050 年)</td><td colspan="3">不需治理的水土流失面积</td><td>0</td></tr>
<tr><td colspan="3">应当治理的水土流失面积</td><td>75.57</td></tr>
<tr><td rowspan="7">不可完全治理的水土流失面积</td><td rowspan="5">水力侵蚀</td><td>耕地</td><td>0</td></tr>
<tr><td>园地</td><td>0</td></tr>
<tr><td>林地</td><td>0.01</td></tr>
<tr><td>草地</td><td>0</td></tr>
<tr><td>建设用地</td><td>0.04</td></tr>
<tr><td colspan="2">风力侵蚀</td><td>33.35</td></tr>
<tr><td colspan="2">合计</td><td>33.4</td></tr>
<tr><td colspan="3">可完全治理的水土流失面积</td><td>42.17</td></tr>
</table>

续表

指标	面积/km²
远期存在的水土流失面积	33.4
远期土壤侵蚀强度轻度以下的国土面积上限	1127.6
水土保持率远期目标值	97.12%

4.15.8 高唐县

(1) 水土流失现状

高唐县水土流失类型为水力侵蚀，面积 10.21km²，占行政面积 1.08%，水土保持率现状值为 98.92%。全县轻度侵蚀面积为 10.21km²，占水土流失总面积的 100%。

从水土流失的土地利用分布来看，建设用地水土流失面积最大，占水土流失总面积的 53.09%；其次为耕地，占 45.84%。

从水土流失的高程分布来看，水土流失主要集中于 300m 以下，占水土流失总面积的 100%。

从不同坡度等级水土流失面积的分布来看，0°～5°，占水土流失总面积的 53.99%；5°～8°，占水土流失总面积的 25.76%；10°～15°以上，占水土流失总面积的 8.91%；25°以上，占水土流失总面积的 0.49%。

(2) 水土保持率远期目标值及分阶段目标值

根据黄泛平原防沙农田防护区的研判规则和城市发展趋势，确定高唐县 2025 年水土保持率目标值为 98.99%，比现有水土保持率提升 0.07%；水土保持率远期目标值为 99.24%，比现有水土保持率提升 0.32%。远期目标值各指标计算结果详见表 4.15-9。

表 4.15-9 高唐县水土保持率远期目标值一览表

<table>
<tr><th colspan="4">指标</th><th>面积/km²</th></tr>
<tr><td colspan="4">国土总面积</td><td>949</td></tr>
<tr><td colspan="4">现状水土流失面积(2020 年)</td><td>10.21</td></tr>
<tr><td rowspan="7">远期水土流失状况分析(2050 年)</td><td colspan="3">不需治理的水土流失面积</td><td>0</td></tr>
<tr><td colspan="3">应当治理的水土流失面积</td><td>10.21</td></tr>
<tr><td rowspan="5">不可完全治理的水土流失面积</td><td rowspan="5">水力侵蚀</td><td>耕地</td><td>0</td></tr>
<tr><td>园地</td><td>0</td></tr>
<tr><td>林地</td><td>0</td></tr>
<tr><td>草地</td><td>0</td></tr>
<tr><td>建设用地</td><td>7.19</td></tr>
</table>

续表

指标			面积/km^2
远期水土流失状况分析(2050年)	不可完全治理的水土流失面积	风力侵蚀	0
		合计	7.19
	可完全治理的水土流失面积		3.02
远期存在的水土流失面积			7.19
远期土壤侵蚀强度轻度以下的国土面积上限			941.81
水土保持率远期目标值			99.24%

4.16 滨州市

(1) 水土流失现状

滨州市2020年水土流失类型为水力侵蚀和风力侵蚀，总水土流失面积178.84km^2，占行政面积1.95%，水土保持率现状值为98.05%。其中，轻度侵蚀面积174.14km^2，占水土流失面积的97.37%；中度侵蚀面积3.79km^2，占2.12%；强烈侵蚀面积0.9km^2，占0.5%；极强烈侵蚀面积0.01km^2，占0.01%；剧烈侵蚀面积为零。

从水土流失的土地利用分布来看，滨州市水土流失主要集中于耕地，其次为林地和建设用地。其中，耕地水土流失面积89.19km^2，以水浇地轻度侵蚀为主；林地水土流失面积57.27km^2，以有林地轻度侵蚀为主；建设用地水土流失面积22.53km^2，以轻度侵蚀为主。

(2) 水土保持率远期目标值及分阶段目标值

滨州市主要涉及鲁中南低山丘陵土壤保持区（1个县级行政区）、渤海湾生态维护区（2个县级行政区）和黄泛平原防沙农田防护区（4个县级行政区），根据鲁中南低山丘陵土壤保持区、渤海湾生态维护区和黄泛平原防沙农田防护区的研判规则和城市发展趋势，确定滨州市2025年水土保持率目标值为98.10%，比现有水土保持率提升0.05%；水土保持率远期目标值为98.51%，比现有水土保持率提升0.46%。远期目标值各指标计算结果详见表4.16-1。

表4.16-1 滨州市水土保持率远期目标值一览表

指标	面积/km^2
国土总面积	9156
现状水土流失面积(2020年)	178.84

续表

<table>
<tr><th colspan="4">指标</th><th>面积/km²</th></tr>
<tr><td rowspan="10">远期水土流失状况分析(2050年)</td><td colspan="3">不需治理的水土流失面积</td><td>5.87</td></tr>
<tr><td colspan="3">应当治理的水土流失面积</td><td>172.97</td></tr>
<tr><td rowspan="7">不可完全治理的水土流失面积</td><td rowspan="5">水力侵蚀</td><td>耕地</td><td>6.36</td></tr>
<tr><td>园地</td><td>51.79</td></tr>
<tr><td>林地</td><td>35.49</td></tr>
<tr><td>草地</td><td>0.06</td></tr>
<tr><td>建设用地</td><td>37.09</td></tr>
<tr><td colspan="2">风力侵蚀</td><td>0</td></tr>
<tr><td colspan="2">合计</td><td>130.79</td></tr>
<tr><td colspan="3">可完全治理的水土流失面积</td><td>42.18</td></tr>
<tr><td colspan="4">远期存在的水土流失面积</td><td>136.66</td></tr>
<tr><td colspan="4">远期土壤侵蚀强度轻度以下的国土面积上限</td><td>9019.34</td></tr>
<tr><td colspan="4">水土保持率远期目标值</td><td>98.51%</td></tr>
</table>

4.16.1 滨城区

(1) 水土流失现状

滨城区水土流失类型为水力侵蚀，面积 9.22m²，占行政面积 0.89%，水土保持率现状值为 99.11%，水土流失主要分布于中部区域。全区轻度侵蚀面积为 9.22km²，占水土流失总面积的 100%。

从水土流失的土地利用分布来看，耕地水土流失面积最大，占水土流失总面积的 91.11%；其次为草地，占 7.05%。

从水土流失的高程分布来看，水土流失主要集中于 20m 以下，占水土流失总面积的 98.17%。

从不同坡度等级水土流失面积的分布来看，0°～5°，占水土流失总面积的 89.37%；5°～8°，占水土流失总面积的 8.46%；8°～10°以上，占水土流失总面积的 1.94%。

(2) 水土保持率远期目标值及分阶段目标值

根据黄泛平原防沙农田防护区的研判规则和城市发展趋势，确定滨城区 2025 年水土保持率目标值为 99.17%，比现有水土保持率提升 0.06%；水土保持率远期目标值为 99.41%，比现有水土保持率提升 0.30%。远期目标值各指标计算结果详见表 4.16-2。

表 4.16-2 滨城区水土保持率远期目标值一览表

<table>
<tr><td colspan="4">指标</td><td>面积/km²</td></tr>
<tr><td colspan="4">国土总面积</td><td>1041</td></tr>
<tr><td colspan="4">现状水土流失面积(2020 年)</td><td>9.22</td></tr>
<tr><td rowspan="10">远期水土流失状况分析(2050 年)</td><td colspan="3">不需治理的水土流失面积</td><td>0</td></tr>
<tr><td colspan="3">应当治理的水土流失面积</td><td>9.22</td></tr>
<tr><td rowspan="7">不可完全治理的水土流失面积</td><td rowspan="5">水力侵蚀</td><td>耕地</td><td>0</td></tr>
<tr><td>园地</td><td>0</td></tr>
<tr><td>林地</td><td>0</td></tr>
<tr><td>草地</td><td>0</td></tr>
<tr><td>建设用地</td><td>6.18</td></tr>
<tr><td colspan="2">风力侵蚀</td><td>0</td></tr>
<tr><td colspan="2">合计</td><td>6.18</td></tr>
<tr><td colspan="3">可完全治理的水土流失面积</td><td>3.04</td></tr>
<tr><td colspan="4">远期存在的水土流失面积</td><td>6.18</td></tr>
<tr><td colspan="4">远期土壤侵蚀强度轻度以下的国土面积上限</td><td>1034.82</td></tr>
<tr><td colspan="4">水土保持率远期目标值</td><td>99.41%</td></tr>
</table>

4.16.2 沾化区

(1) 水土流失现状

沾化区水土流失类型为水力侵蚀，面积 6.63km²，占行政面积 0.3%，水土保持率现状值为 99.7%，水土流失分布于中部。全区轻度侵蚀面积为 6.63km²，占水土流失总面积的 100%。

从水土流失的土地利用分布来看，建设用地水土流失面积最大，占水土流失总面积的 52.34%；其次为耕地，占 27.75%。

从水土流失的高程分布来看，水土流失主要集中于 20m 以下，占水土流失总面积的 98.15%。

从不同坡度等级水土流失面积的分布来看，0°～5°，占水土流失总面积的 86.43%；5°～8°，占水土流失总面积的 9.2%；10°～15°以上，占水土流失总面积的 1.96%；25°以上，占水土流失总面积的 0.15%。

(2) 水土保持率远期目标值及分阶段目标值

根据渤海湾生态维护区的研判规则和城市发展趋势，确定沾化区 2025 年水土保持率目标值为 99.72%，比现有水土保持率提升 0.02%；水土保持率远期目标值为 99.87%，比现有水土保持率提升 0.17%。远期目标值各指标计算结果详见表 4.16-3。

表 4.16-3 沾化区水土保持率远期目标值一览表

<table>
<tr><th colspan="4">指标</th><th>面积/km²</th></tr>
<tr><td colspan="4">国土总面积</td><td>2218</td></tr>
<tr><td colspan="4">现状水土流失面积(2020 年)</td><td>6.63</td></tr>
<tr><td rowspan="10">远期水土流失状况分析(2050 年)</td><td colspan="3">不需治理的水土流失面积</td><td>0</td></tr>
<tr><td colspan="3">应当治理的水土流失面积</td><td>6.63</td></tr>
<tr><td rowspan="7">不可完全治理的水土流失面积</td><td rowspan="5">水力侵蚀</td><td>耕地</td><td>0</td></tr>
<tr><td>园地</td><td>0.07</td></tr>
<tr><td>林地</td><td>0</td></tr>
<tr><td>草地</td><td>0</td></tr>
<tr><td>建设用地</td><td>2.87</td></tr>
<tr><td colspan="2">风力侵蚀</td><td>0</td></tr>
<tr><td colspan="2">合计</td><td>2.94</td></tr>
<tr><td colspan="3">可完全治理的水土流失面积</td><td>3.69</td></tr>
<tr><td colspan="4">远期存在的水土流失面积</td><td>2.94</td></tr>
<tr><td colspan="4">远期土壤侵蚀强度轻度以下的国土面积上限</td><td>2215.06</td></tr>
<tr><td colspan="4">水土保持率远期目标值</td><td>99.87%</td></tr>
</table>

4.16.3 邹平市

(1) 水土流失现状

邹平市水土流失类型为水力侵蚀，面积 115.86km²，占行政面积 9.27%，水土保持率现状值为 90.73%，水土流失主要分布于南部。从侵蚀强度占比来看，邹平市主要为轻度侵蚀，面积为 111.16km²，占水土流失总面积的 95.94%；中度侵蚀面积为 3.79km²，占 3.27%；强烈侵蚀面积为 0.9km²，占 0.78%；极强烈侵蚀面积为 0.01km²，占 0.01%。

从水土流失的土地利用分布来看，林地水土流失面积最大，占水土流失总面积的 46.24%；其次为耕地，占 45.49%。

从水土流失的高程分布来看，邹平市水土流失主要位于 300m 以下区域，占水土流失总面积的 76.82%；300～500m，占 18.79%；500～1000m，占 4.39%。

从不同坡度等级水土流失面积的分布来看，0°～5°，占水土流失总面积的 24.97%；5°～8°，占水土流失总面积的 16.17%；25°以上，占水土流失总面积

的16.8%。

(2) 水土保持率远期目标值及分阶段目标值

根据鲁中南低山丘陵土壤保持区的研判规则和城市发展趋势，确定邹平市2025年水土保持率目标值为90.78%，比现有水土保持率提升0.05%；水土保持率远期目标值为91.59%，比现有水土保持率提升0.86%。远期目标值各指标计算结果详见表4.16-4。

表4.16-4 邹平市水土保持率远期目标值一览表

<table>
<tr><td colspan="4">指标</td><td>面积/km²</td></tr>
<tr><td colspan="4">国土总面积</td><td>1250</td></tr>
<tr><td colspan="4">现状水土流失面积(2020年)</td><td>115.86</td></tr>
<tr><td rowspan="10">远期水土流失状况分析(2050年)</td><td colspan="3">不需治理的水土流失面积</td><td>5.87</td></tr>
<tr><td colspan="3">应当治理的水土流失面积</td><td>109.99</td></tr>
<tr><td rowspan="7">不可完全治理的水土流失面积</td><td rowspan="5">水力侵蚀</td><td>耕地</td><td>6.36</td></tr>
<tr><td>园地</td><td>51.72</td></tr>
<tr><td>林地</td><td>35.48</td></tr>
<tr><td>草地</td><td>0.06</td></tr>
<tr><td>建设用地</td><td>5.67</td></tr>
<tr><td colspan="2">风力侵蚀</td><td>0</td></tr>
<tr><td colspan="2">合计</td><td>99.29</td></tr>
<tr><td colspan="3">可完全治理的水土流失面积</td><td>10.7</td></tr>
<tr><td colspan="4">远期存在的水土流失面积</td><td>105.16</td></tr>
<tr><td colspan="4">远期土壤侵蚀强度轻度以下的国土面积上限</td><td>1144.84</td></tr>
<tr><td colspan="4">水土保持率远期目标值</td><td>91.59%</td></tr>
</table>

4.16.4 惠民县

(1) 水土流失现状

惠民县水土流失类型为水力侵蚀，面积25.69km²，占行政面积1.88%，水土保持率现状值为98.12%，水土流失主要分布于县域西南和北部。全县轻度侵蚀面积为25.69km²，占水土流失总面积的100%。

从水土流失的土地利用分布来看，耕地水土流失面积最大，占水土流失总面积的60.84%；其次为建设用地，占29.97%。

从水土流失的高程分布来看，水土流失主要集中于20m以下，占水土流失总面积的97.28%。

从不同坡度等级水土流失面积的分布来看，水土流失主要集中于0°～5°，占水土流失总面积的84%；5°～8°，占水土流失总面积的11.76%；8°～10°以上，占水土流失总面积的1.53%；25°以上，占水土流失总面积的0.04%。

（2）水土保持率远期目标值及分阶段目标值

根据黄泛平原防沙农田防护区的研判规则和城市发展趋势，确定惠民县2025年水土保持率目标值为98.23%，比现有水土保持率提升0.11%；水土保持率远期目标值为99.25%，比现有水土保持率提升1.13%。远期目标值各指标计算结果详见表4.16-5。

表4.16-5　惠民县水土保持率远期目标值一览表

<table>
<tr><th colspan="4">指标</th><th>面积/km²</th></tr>
<tr><td colspan="4">国土总面积</td><td>1363</td></tr>
<tr><td colspan="4">现状水土流失面积(2020年)</td><td>25.69</td></tr>
<tr><td rowspan="10">远期水土流失状况分析(2050年)</td><td colspan="3">不需治理的水土流失面积</td><td>0</td></tr>
<tr><td colspan="3">应当治理的水土流失面积</td><td>25.69</td></tr>
<tr><td rowspan="7">不可完全治理的水土流失面积</td><td rowspan="5">水力侵蚀</td><td>耕地</td><td>0</td></tr>
<tr><td>园地</td><td>0</td></tr>
<tr><td>林地</td><td>0</td></tr>
<tr><td>草地</td><td>0</td></tr>
<tr><td>建设用地</td><td>10.23</td></tr>
<tr><td colspan="2">风力侵蚀</td><td>0</td></tr>
<tr><td colspan="2">合计</td><td>10.23</td></tr>
<tr><td colspan="3">可完全治理的水土流失面积</td><td>15.46</td></tr>
<tr><td colspan="4">远期存在的水土流失面积</td><td>10.23</td></tr>
<tr><td colspan="4">远期土壤侵蚀强度轻度以下的国土面积上限</td><td>1352.77</td></tr>
<tr><td colspan="4">水土保持率远期目标值</td><td>99.25%</td></tr>
</table>

4.16.5 阳信县

（1）水土流失现状

阳信县水土流失类型为水力侵蚀，面积10.79km²，占行政面积1.35%，水土保持率现状值为98.65%，水土流失主要分布于县域中部，轻度侵蚀面积为10.79km²，占水土流失总面积的100%。

从水土流失的土地利用分布来看，耕地水土流失面积最大，占水土流失总面积的55.89%；其次为建设用地，占35.77%。

从水土流失的高程分布来看，水土流失主要集中于20m以下，占水土流失总面积的99.19%。

从不同坡度等级水土流失面积的分布来看，水土流失主要集中于0°～5°，占水土流失总面积的92.68%；5°～8°，占水土流失总面积的4.82%；10°～15°以上，占水土流失总面积的1.11%。

(2) 水土保持率远期目标值及分阶段目标值

根据黄泛平原防沙农田防护区的研判规则和城市发展趋势，确定阳信县2025年水土保持率目标值为98.73%，比现有水土保持率提升0.08%；水土保持率远期目标值为99.36%，比现有水土保持率提升0.71%。远期目标值各指标计算结果详见表4.16-6。

表 4.16-6 阳信县水土保持率远期目标值一览表

<table>
<tr><th colspan="4">指标</th><th>面积/km²</th></tr>
<tr><td colspan="4">国土总面积</td><td>798</td></tr>
<tr><td colspan="4">现状水土流失面积(2020年)</td><td>10.79</td></tr>
<tr><td rowspan="10">远期水土流失状况分析(2050年)</td><td colspan="3">不需治理的水土流失面积</td><td>0</td></tr>
<tr><td colspan="3">应当治理的水土流失面积</td><td>10.79</td></tr>
<tr><td rowspan="7">不可完全治理的水土流失面积</td><td rowspan="5">水力侵蚀</td><td>耕地</td><td>0</td></tr>
<tr><td>园地</td><td>0</td></tr>
<tr><td>林地</td><td>0</td></tr>
<tr><td>草地</td><td>0</td></tr>
<tr><td>建设用地</td><td>5.13</td></tr>
<tr><td colspan="2">风力侵蚀</td><td>0</td></tr>
<tr><td colspan="2">合计</td><td>5.13</td></tr>
<tr><td colspan="3">可完全治理的水土流失面积</td><td>5.66</td></tr>
<tr><td colspan="4">远期存在的水土流失面积</td><td>5.13</td></tr>
<tr><td colspan="4">远期土壤侵蚀强度轻度以下的国土面积上限</td><td>792.87</td></tr>
<tr><td colspan="4">水土保持率远期目标值</td><td>99.36%</td></tr>
</table>

4.16.6 无棣县

(1) 水土流失现状

无棣县水土流失类型为水力侵蚀，面积7.15km²，占行政面积0.45%，水土保持率现状值为99.55%。水土流失主要分布于县域中部。全县轻度侵蚀面积为7.15km²，占水土流失总面积的100%。

从水土流失的土地利用分布来看，耕地水土流失面积最大，占水土流失总面积的54.41%；其次为建设用地，占43.5%。

从水土流失的高程分布来看，水土流失全部集中于20m以下。

从不同坡度等级水土流失面积的分布来看，水土流失主要集中于0°～5°，占水土流失总面积的84.62%；5°～8°，占水土流失总面积的10.63%；8°～10°以上，占水土流失总面积的2.24%。

(2) 水土保持率远期目标值及分阶段目标值

根据渤海湾生态维护区的研判规则和城市发展趋势，确定无棣县2025年水土保持率目标值为99.58%，比现有水土保持率提升0.03%；水土保持率远期目标值为99.74%，比现有水土保持率提升0.19%。远期目标值各指标计算结果详见表4.16-7。

表4.16-7 无棣县水土保持率远期目标值一览表

<table>
<tr><td colspan="4">指标</td><td>面积/km^2</td></tr>
<tr><td colspan="4">国土总面积</td><td>1586</td></tr>
<tr><td colspan="4">现状水土流失面积(2020年)</td><td>7.15</td></tr>
<tr><td rowspan="10">远期水土流失状况分析(2050年)</td><td colspan="3">不需治理的水土流失面积</td><td>0</td></tr>
<tr><td colspan="3">应当治理的水土流失面积</td><td>7.15</td></tr>
<tr><td rowspan="7">不可完全治理的水土流失面积</td><td rowspan="5">水力侵蚀</td><td>耕地</td><td>0</td></tr>
<tr><td>园地</td><td>0</td></tr>
<tr><td>林地</td><td>0.01</td></tr>
<tr><td>草地</td><td>0</td></tr>
<tr><td>建设用地</td><td>4.13</td></tr>
<tr><td colspan="2">风力侵蚀</td><td>0</td></tr>
<tr><td colspan="2">合计</td><td>4.14</td></tr>
<tr><td colspan="3">可完全治理的水土流失面积</td><td>3.01</td></tr>
<tr><td colspan="4">远期存在的水土流失面积</td><td>4.14</td></tr>
<tr><td colspan="4">远期土壤侵蚀强度轻度以下的国土面积上限</td><td>1581.86</td></tr>
<tr><td colspan="4">水土保持率远期目标值</td><td>99.74%</td></tr>
</table>

4.16.7 博兴县

(1) 水土流失现状

博兴县水土流失类型为水力侵蚀，面积3.5m^2，占行政面积0.39%，水土保持率现状值为99.61%，水土流失主要分布于县域中部和南部。全县轻度侵蚀面积为3.5km^2，占水土流失总面积的100%。

从水土流失的土地利用分布来看，建设用地水土流失面积最大，占水土流失总面积的62%；其次为耕地，占36.57%。

从水土流失的高程分布来看，水土流失全部集中于20m以下，占水土流失总面积的100%。

从不同坡度等级水土流失面积的分布来看，0°～5°，占水土流失总面积的71.43%；5°～8°，占水土流失总面积的20.86%；8°～10°以上，占水土流失总面积的4.86%。

(2) 水土保持率远期目标值及分阶段目标值

根据黄泛平原防沙农田防护区的研判规则和城市发展趋势，确定博兴县2025年水土保持率目标值为99.62%，比现有水土保持率提升0.01%；水土保持率远期目标值为99.68%，比现有水土保持率提升0.07%。远期目标值各指标计算结果详见表4.16-8。

表 4.16-8 博兴县水土保持率远期目标值一览表

<table>
<tr><td colspan="4">指标</td><td>面积/km^2</td></tr>
<tr><td colspan="4">国土总面积</td><td>900</td></tr>
<tr><td colspan="4">现状水土流失面积(2020年)</td><td>3.5</td></tr>
<tr><td rowspan="10">远期水土流失状况分析(2050年)</td><td colspan="3">不需治理的水土流失面积</td><td>0</td></tr>
<tr><td colspan="3">应当治理的水土流失面积</td><td>3.5</td></tr>
<tr><td rowspan="7">不可完全治理的水土流失面积</td><td rowspan="5">水力侵蚀</td><td>耕地</td><td>0</td></tr>
<tr><td>园地</td><td>0</td></tr>
<tr><td>林地</td><td>0</td></tr>
<tr><td>草地</td><td>0</td></tr>
<tr><td>建设用地</td><td>2.88</td></tr>
<tr><td colspan="2">风力侵蚀</td><td>0</td></tr>
<tr><td colspan="2">合计</td><td>2.88</td></tr>
<tr><td colspan="3">可完全治理的水土流失面积</td><td>0.62</td></tr>
<tr><td colspan="4">远期存在的水土流失面积</td><td>2.88</td></tr>
<tr><td colspan="4">远期土壤侵蚀强度轻度以下的国土面积上限</td><td>897.12</td></tr>
<tr><td colspan="4">水土保持率远期目标值</td><td>99.68%</td></tr>
</table>

4.17 菏泽市

（1）水土流失现状

菏泽市2020年水土流失类型为水力侵蚀和风力侵蚀，总水土流失面积357.16km²，占行政面积2.91%，水土保持率现状值为97.09%。从侵蚀强度占比来看，以轻度侵蚀为主。其中，轻度侵蚀面积356.93km²，占水土流失面积的99.94%；中度侵蚀面积0.23km²，占0.06%；无强烈侵蚀、极强烈侵蚀和剧烈侵蚀面积。

从水土流失的土地利用分布来看，菏泽市水土流失主要集中于耕地，其次为建设用地。其中，耕地水土流失面积342.78km²，以水浇地轻度侵蚀为主；建设用地水土流失面积11.33km²，以轻度侵蚀为主。

（2）水土保持率远期目标值及分阶段目标值

菏泽市位于黄泛平原防沙农田防护区，根据黄泛平原防沙农田防护区的研判规则和城市发展趋势，确定菏泽市2025年水土保持率目标值为97.12%，比现有水土保持率提升0.03%；水土保持率远期目标值为97.35%，比现有水土保持率提升0.26%。远期目标值各指标计算结果详见表4.17-1。

表4.17-1 菏泽市水土保持率远期目标值一览表

<table>
<tr><th colspan="4">指标</th><th>面积/km²</th></tr>
<tr><td colspan="4">国土总面积</td><td>12256</td></tr>
<tr><td colspan="4">现状水土流失面积(2020年)</td><td>357.16</td></tr>
<tr><td rowspan="10">远期水土流失状况分析(2050年)</td><td colspan="3">不需治理的水土流失面积</td><td>0</td></tr>
<tr><td colspan="3">应当治理的水土流失面积</td><td>357.16</td></tr>
<tr><td rowspan="7">不可完全治理的水土流失面积</td><td rowspan="5">水力侵蚀</td><td>耕地</td><td>0</td></tr>
<tr><td>园地</td><td>0</td></tr>
<tr><td>林地</td><td>0.2</td></tr>
<tr><td>草地</td><td>0.69</td></tr>
<tr><td>建设用地</td><td>28.99</td></tr>
<tr><td colspan="2">风力侵蚀</td><td>295.04</td></tr>
<tr><td colspan="2">合计</td><td>324.92</td></tr>
<tr><td colspan="3">可完全治理的水土流失面积</td><td>32.24</td></tr>
<tr><td colspan="4">远期存在的水土流失面积</td><td>324.92</td></tr>
<tr><td colspan="4">远期土壤侵蚀强度轻度以下的国土面积上限</td><td>11931.08</td></tr>
<tr><td colspan="4">水土保持率远期目标值</td><td>97.35%</td></tr>
</table>

4.17.1 牡丹区

(1) 水土流失现状

牡丹区水土流失类型为风力侵蚀和水力侵蚀，面积分别为 51.33km^2 和 0.3km^2，水土流失总面积为 51.63km^2，占行政面积 3.65%，水土保持率现状值为 96.35%。从侵蚀强度占比来看，牡丹区全部为轻度侵蚀，面积为 51.63km^2，占水土流失总面积的 100%。

从水土流失的土地利用分布来看，耕地水土流失面积最大，占水土流失总面积的 99.42%；其次为草地和建设用地，分别占 0.27%和 0.21%。

从水土流失的高程分布来看，牡丹区水土流失全部位于 50～100m 区域，占水土流失总面积的 100%。

从不同坡度等级水土流失面积的分布来看，0°～5°，占水土流失总面积的 58.11%；5°～8°，占水土流失总面积的 25.04%；25°以上，占水土流失总面积的 0.08%。

(2) 水土保持率远期目标值及分阶段目标值

根据黄泛平原防沙农田防护区的研判规则和城市发展趋势，确定牡丹区 2025 年水土保持率目标值为 96.36%，比现有水土保持率提升 0.01%；水土保持率远期目标值为 96.39%，比现有水土保持率提升 0.04%。远期目标值各指标计算结果详见表 4.17-2。

表 4.17-2 牡丹区水土保持率远期目标值一览表

指标				面积/km^2
国土总面积				1415
现状水土流失面积(2020 年)				51.63
远期水土流失状况分析(2050 年)	不需治理的水土流失面积			0
	应当治理的水土流失面积			51.63
	不可完全治理的水土流失面积	水力侵蚀	耕地	0
			园地	0
			林地	0
			草地	0
			建设用地	0.15
		风力侵蚀		51
		合计		51.15
	可完全治理的水土流失面积			0.48

续表

指标	面积/km²
远期存在的水土流失面积	51.15
远期土壤侵蚀强度轻度以下的国土面积上限	1363.85
水土保持率远期目标值	96.39%

4.17.2 定陶区

（1）水土流失现状

定陶区水土流失类型为水力侵蚀，面积 8.28km²，占行政面积 0.98%，水土保持率现状值为 99.02%，水土流失主要分布于中部和东部。从侵蚀强度占比来看，全区轻度侵蚀面积为 8.21km²，占水土流失总面积的 99.15%；中度侵蚀面积为 0.07km²，占水土流失总面积的 0.85%。

从水土流失的土地利用分布来看，耕地水土流失面积最大，占水土流失总面积的 94.2%；其次为林地，占 3.26%。

从水土流失的高程分布来看，定陶区水土流失全部位于 100m 以下；20～50m，占水土流失总面积的 56.52%。

从不同坡度等级水土流失面积的分布来看，0°～5°，占水土流失总面积的 61.96%；5°～8°，占水土流失总面积的 24.76%；20°以上，占水土流失总面积的 0.12%。

（2）水土保持率远期目标值及分阶段目标值

根据黄泛平原防沙农田防护区的研判规则和城市发展趋势，确定定陶区 2025 年水土保持率目标值为 99.08%，比现有水土保持率提升 0.06%；水土保持率远期目标值为 99.28%，比现有水土保持率提升 0.26%。远期目标值各指标计算结果详见表 4.17-3。

表 4.17-3 定陶区水土保持率远期目标值一览表

<table>
<tr><th colspan="4">指标</th><th>面积/km²</th></tr>
<tr><td colspan="4">国土总面积</td><td>846</td></tr>
<tr><td colspan="4">现状水土流失面积(2020 年)</td><td>8.28</td></tr>
<tr><td rowspan="7">远期水土流失状况分析(2050 年)</td><td colspan="3">不需治理的水土流失面积</td><td>0</td></tr>
<tr><td colspan="3">应当治理的水土流失面积</td><td>8.28</td></tr>
<tr><td rowspan="5">不可完全治理的水土流失面积</td><td rowspan="5">水力侵蚀</td><td>耕地</td><td>0</td></tr>
<tr><td>园地</td><td>0</td></tr>
<tr><td>林地</td><td>0</td></tr>
<tr><td>草地</td><td>0</td></tr>
<tr><td>建设用地</td><td>6.05</td></tr>
</table>

续表

指标			面积/km²
远期水土流失状况分析(2050 年)	不可完全治理的水土流失面积	风力侵蚀	0
		合计	6.05
	可完全治理的水土流失面积		2.23
远期存在的水土流失面积			6.05
远期土壤侵蚀强度轻度以下的国土面积上限			839.95
水土保持率远期目标值			99.28%

4.17.3 曹县

(1) 水土流失现状

曹县水土流失类型为风力侵蚀和水力侵蚀，面积分别为 71.33km² 和 1.32km²，水土流失总面积为 72.65km²，占行政面积 3.68%，水土保持率现状值为 96.32%，水土流失主要分布于县域南部和中部。从侵蚀强度占比来看，曹县轻度侵蚀面积为 72.65km²，占水土流失总面积的 100%。

从水土流失的土地利用分布来看，耕地水土流失面积最大，占水土流失总面积的 98.29%；其次为建设用地，占 0.76%。

从水土流失的高程分布来看，水土流失全部位于 100m 以下；50～100m 之间，占水土流失总面积的 71.98%。

从不同坡度等级水土流失面积的分布来看，0°～5°，占水土流失总面积的 55.36%；5°～8°，占水土流失总面积的 27.03%；25°以上，占水土流失总面积的 0.06%。

(2) 水土保持率远期目标值及分阶段目标值

根据黄泛平原防沙农田防护区的研判规则和城市发展趋势，确定曹县 2025 年水土保持率目标值为 96.33%，比现有水土保持率提升 0.01%；水土保持率远期目标值为 96.36%，比现有水土保持率提升 0.04%。远期目标值各指标计算结果详见表 4.17-4。

表 4.17-4 曹县水土保持率远期目标值一览表

指标	面积/km²
国土总面积	1974
现状水土流失面积(2020 年)	72.65

续表

<table>
<tr><th colspan="4">指标</th><th>面积/km²</th></tr>
<tr><td rowspan="10">远期水土流失状况分析(2050年)</td><td colspan="3">不需治理的水土流失面积</td><td>0</td></tr>
<tr><td colspan="3">应当治理的水土流失面积</td><td>72.65</td></tr>
<tr><td rowspan="7">不可完全治理的水土流失面积</td><td rowspan="5">水力侵蚀</td><td>耕地</td><td>0</td></tr>
<tr><td>园地</td><td>0</td></tr>
<tr><td>林地</td><td>0</td></tr>
<tr><td>草地</td><td>0</td></tr>
<tr><td>建设用地</td><td>0.73</td></tr>
<tr><td colspan="2">风力侵蚀</td><td>71.15</td></tr>
<tr><td colspan="2">合计</td><td>72.88</td></tr>
<tr><td colspan="3">可完全治理的水土流失面积</td><td>0.77</td></tr>
<tr><td colspan="4">远期存在的水土流失面积</td><td>71.88</td></tr>
<tr><td colspan="4">远期土壤侵蚀强度轻度以下的国土面积上限</td><td>1902.12</td></tr>
<tr><td colspan="4">水土保持率远期目标值</td><td>96.36%</td></tr>
</table>

4.17.4 单县

(1) 水土流失现状

单县水土流失类型为风力侵蚀和水力侵蚀，面积分别为 29.92km² 和 0.96km²，水土流失总面积为 30.88km²，占行政面积 1.85%，水土保持率现状值为 98.15%。从侵蚀强度占比来看，单县全部为轻度侵蚀，面积为 30.88km²。

从水土流失的土地利用分布来看，耕地水土流失面积最大，占水土流失总面积的 97.13%；其次为建设用地，占 1.91%。

从水土流失的高程分布来看，单县水土流失全部位于 100m 以下；20～50m，占水土流失面积的 58.94%。

从不同坡度等级水土流失面积的分布来看，0°～5°，占水土流失总面积的 61.14%；5°～8°，占水土流失总面积的 27.14%；25°以上，占水土流失总面积的 0.03%。

(2) 水土保持率远期目标值及分阶段目标值

根据黄泛平原防沙农田防护区的研判规则和城市发展趋势，确定单县 2025 年水土保持率目标值为 98.16%，比现有水土保持率提升 0.01%；水土保持率远期目标值为 98.19%，比现有水土保持率提升 0.04%。远期目标值各指标计算结果详见表 4.17-5。

表 4.17-5 单县水土保持率远期目标值一览表

<table>
<tr><td colspan="4">指标</td><td>面积/km²</td></tr>
<tr><td colspan="4">国土总面积</td><td>1670</td></tr>
<tr><td colspan="4">现状水土流失面积(2020 年)</td><td>30.88</td></tr>
<tr><td rowspan="10">远期水土流失状况分析(2050 年)</td><td colspan="3">不需治理的水土流失面积</td><td>0</td></tr>
<tr><td colspan="3">应当治理的水土流失面积</td><td>30.88</td></tr>
<tr><td rowspan="7">不可完全治理的水土流失面积</td><td rowspan="5">水力侵蚀</td><td>耕地</td><td>0</td></tr>
<tr><td>园地</td><td>0</td></tr>
<tr><td>林地</td><td>0</td></tr>
<tr><td>草地</td><td>0</td></tr>
<tr><td>建设用地</td><td>0.79</td></tr>
<tr><td colspan="2">风力侵蚀</td><td>29.49</td></tr>
<tr><td colspan="2">合计</td><td>30.28</td></tr>
<tr><td colspan="3">可完全治理的水土流失面积</td><td>0.6</td></tr>
<tr><td colspan="4">远期存在的水土流失面积</td><td>30.28</td></tr>
<tr><td colspan="4">远期土壤侵蚀强度轻度以下的国土面积上限</td><td>1639.72</td></tr>
<tr><td colspan="4">水土保持率远期目标值</td><td>98.19%</td></tr>
</table>

4.17.5 成武县

(1) 水土流失现状

成武县水土流失类型为水力侵蚀，面积 9.44km²，占行政面积 0.95%，水土保持率现状值为 99.05%，水土流失主要分布于县域西部和南部。从侵蚀强度占比来看，成武县全部为轻度侵蚀，侵蚀面积为 9.44km²。

从水土流失的土地利用分布来看，耕地水土流失面积最大，占水土流失总面积的 76.8%；其次为建设用地，占 23.2%。

从水土流失的高程分布来看，水土流失全部位于 100m 以下；20～50m，占水土流失面积的 77.45%。

从不同坡度等级水土流失面积的分布来看，0°～5°，占水土流失总面积的 57.83%；5°～8°，占水土流失总面积的 26.91%；15°以上，占水土流失总面积的 0.74%。

(2) 水土保持率远期目标值及分阶段目标值

根据黄泛平原防沙农田防护区的研判规则和城市发展趋势，确定成武县 2025 年水土保持率目标值为 99.11%，比现有水土保持率提升 0.06%；水土保持率远期目标值为 99.37%，比现有水土保持率提升 0.32%。远期目标值各指标计算结果详见表 4.17-6。

表 4.17-6　成武县水土保持率远期目标值一览表

<table>
<tr><th colspan="4">指标</th><th>面积/km²</th></tr>
<tr><td colspan="4">国土总面积</td><td>998</td></tr>
<tr><td colspan="4">现状水土流失面积(2020 年)</td><td>9.44</td></tr>
<tr><td rowspan="11">远期水土流失状况分析(2050 年)</td><td colspan="3">不需治理的水土流失面积</td><td>0</td></tr>
<tr><td colspan="3">应当治理的水土流失面积</td><td>9.44</td></tr>
<tr><td rowspan="7">不可完全治理的水土流失面积</td><td rowspan="5">水力侵蚀</td><td>耕地</td><td>0</td></tr>
<tr><td>园地</td><td>0</td></tr>
<tr><td>林地</td><td>0</td></tr>
<tr><td>草地</td><td>0</td></tr>
<tr><td>建设用地</td><td>6.27</td></tr>
<tr><td colspan="2">风力侵蚀</td><td>0</td></tr>
<tr><td colspan="2">合计</td><td>6.27</td></tr>
<tr><td colspan="3">可完全治理的水土流失面积</td><td>3.17</td></tr>
<tr><td colspan="4">远期存在的水土流失面积</td><td>6.27</td></tr>
<tr><td colspan="4">远期土壤侵蚀强度轻度以下的国土面积上限</td><td>991.73</td></tr>
<tr><td colspan="4">水土保持率远期目标值</td><td>99.37%</td></tr>
</table>

4.17.6 巨野县

(1) 水土流失现状

巨野县水土流失类型主要为水力侵蚀，面积 25.34km²，占行政面积 1.94%，水土保持率现状值为 98.06%，水土流失主要分布于县域西北和东部。从侵蚀强度占比来看，巨野县主要为轻度侵蚀，面积为 25.25km²，占水土流失总面积的 99.64%；中度侵蚀面积为 0.09km²，占 0.36%。

从水土流失的土地利用分布来看，耕地水土流失面积最大，占水土流失总面积的 69.78%；其次为建设用地，占 24.66%。

从水土流失的高程分布来看，巨野县水土流失主要位于 20～50m 之间，占水土流失总面积的 84.1%；其次为 50～100m 区域，占 15.9%。

从不同坡度等级水土流失面积的分布来看，0°～5°，占水土流失总面积的 52.84%；5°～8°，占水土流失总面积的 27.62%；25°以上，占水土流失总面积的 0.16%。

(2) 水土保持率远期目标值及分阶段目标值

根据黄泛平原防沙农田防护区的研判规则和城市发展趋势，确定巨野县

2025 年水土保持率目标值为 98.19%，比现有水土保持率提升 0.13%；水土保持率远期目标值为 98.94%，比现有水土保持率提升 0.88%。远期目标值各指标计算结果详见表 4.17-7。

表 4.17-7　巨野县水土保持率远期目标值一览表

<table>
<tr><td colspan="4">指标</td><td>面积/km²</td></tr>
<tr><td colspan="4">国土总面积</td><td>1308</td></tr>
<tr><td colspan="4">现状水土流失面积(2020 年)</td><td>25.34</td></tr>
<tr><td rowspan="10">远期水土流失状况分析(2050 年)</td><td colspan="3">不需治理的水土流失面积</td><td>0</td></tr>
<tr><td colspan="3">应当治理的水土流失面积</td><td>25.34</td></tr>
<tr><td rowspan="7">不可完全治理的水土流失面积</td><td rowspan="5">水力侵蚀</td><td>耕地</td><td>0</td></tr>
<tr><td>园地</td><td>0</td></tr>
<tr><td>林地</td><td>0.2</td></tr>
<tr><td>草地</td><td>0.69</td></tr>
<tr><td>建设用地</td><td>12.96</td></tr>
<tr><td colspan="2">风力侵蚀</td><td>0</td></tr>
<tr><td colspan="2">合计</td><td>13.85</td></tr>
<tr><td colspan="3">可完全治理的水土流失面积</td><td>11.49</td></tr>
<tr><td colspan="4">远期存在的水土流失面积</td><td>13.85</td></tr>
<tr><td colspan="4">远期土壤侵蚀强度轻度以下的国土面积上限</td><td>1294.15</td></tr>
<tr><td colspan="4">水土保持率远期目标值</td><td>98.94%</td></tr>
</table>

4.17.7 郓城县

(1) 水土流失现状

郓城县水土流失类型为风力侵蚀和水力侵蚀，面积分别为 29.01km² 和 0.77km²，水土流失总面积为 29.78km²，占行政面积 1.81%，水土保持率现状值为 98.19%，水土流失主要分布于县域西北、南和东部。从侵蚀强度占比来看，郓城县全部为轻度侵蚀，面积为 29.78km²，占水土流失总面积的 100%。

从水土流失的土地利用分布来看，耕地水土流失面积最大，占水土流失总面积的 97.42%；其次为建设用地，占 2.48%。

从水土流失的高程分布来看，郓城县水土流失全部位于 100m 以下；20～50m，占水土流失总面积的 72.7%。

从不同坡度等级水土流失面积的分布来看，0°～5°，占水土流失总面积的 53.8%；5°～8°，占水土流失总面积的 28.98%；25°以上，占水土流失总面积

的 0.03%。

(2) 水土保持率远期目标值及分阶段目标值

根据黄泛平原防沙农田防护区的研判规则和城市发展趋势，确定郓城县 2025 年水土保持率目标值为 98.20%，比现有水土保持率提升 0.01%；水土保持率远期目标值为 98.24%，比现有水土保持率提升 0.05%。远期目标值各指标计算结果详见表 4.17-8。

表 4.17-8 郓城县水土保持率远期目标值一览表

<table>
<tr><td colspan="4">指标</td><td>面积/km²</td></tr>
<tr><td colspan="4">国土总面积</td><td>1643</td></tr>
<tr><td colspan="4">现状水土流失面积(2020 年)</td><td>29.78</td></tr>
<tr><td rowspan="10">远期水土流失状况分析(2050 年)</td><td colspan="3">不需治理的水土流失面积</td><td>0</td></tr>
<tr><td colspan="3">应当治理的水土流失面积</td><td>29.78</td></tr>
<tr><td rowspan="7">不可完全治理的水土流失面积</td><td rowspan="5">水力侵蚀</td><td>耕地</td><td>0</td></tr>
<tr><td>园地</td><td>0</td></tr>
<tr><td>林地</td><td>0</td></tr>
<tr><td>草地</td><td>0</td></tr>
<tr><td>建设用地</td><td>0.98</td></tr>
<tr><td colspan="2">风力侵蚀</td><td>28.01</td></tr>
<tr><td colspan="2">合计</td><td>28.99</td></tr>
<tr><td colspan="3">可完全治理的水土流失面积</td><td>0.79</td></tr>
<tr><td colspan="4">远期存在的水土流失面积</td><td>28.99</td></tr>
<tr><td colspan="4">远期土壤侵蚀强度轻度以下的国土面积上限</td><td>1614.01</td></tr>
<tr><td colspan="4">水土保持率远期目标值</td><td>98.24%</td></tr>
</table>

4.17.8 鄄城县

(1) 水土流失现状

鄄城县水土流失类型为风力侵蚀和水力侵蚀，面积分别为 68.75km² 和 0.85km²，水土流失总面积为 69.6km²，占行政面积 6.74%，水土保持率现状值为 93.26%，水土流失主要分布于县域西部。从侵蚀强度占比来看，全部为轻度侵蚀。

从水土流失的土地利用分布来看，耕地水土流失面积最大，占水土流失总面积的 98.78%；其次为建设用地，占 1.15%。

从水土流失的高程分布来看，鄄城县水土流失全部位于 100m 以下，主要位于 20m 以下，占水土流失面积的 91.58%。

从不同坡度等级水土流失面积的分布来看，0°～5°，占水土流失总面积的 61.38%；5°～8°，占水土流失总面积的 25.47%；25°以上，占水土流失总面积的 0.01%。

(2) 水土保持率远期目标值及分阶段目标值

根据黄泛平原防沙农田防护区的研判规则和城市发展趋势，确定鄄城县 2025 年水土保持率目标值为 93.29%，比现有水土保持率提升 0.03%；水土保持率远期目标值为 93.59%，比现有水土保持率提升 0.33%。远期目标值各指标计算结果详见表 4.17-9。

表 4.17-9　鄄城县水土保持率远期目标值一览表

<table>
<tr><th colspan="4">指标</th><th>面积/km²</th></tr>
<tr><td colspan="4">国土总面积</td><td>1032</td></tr>
<tr><td colspan="4">现状水土流失面积(2020 年)</td><td>69.6</td></tr>
<tr><td rowspan="10">远期水土流失状况分析(2050 年)</td><td colspan="3">不需治理的水土流失面积</td><td>0</td></tr>
<tr><td colspan="3">应当治理的水土流失面积</td><td>69.6</td></tr>
<tr><td rowspan="7">不可完全治理的水土流失面积</td><td rowspan="5">水力侵蚀</td><td>耕地</td><td>0</td></tr>
<tr><td>园地</td><td>0</td></tr>
<tr><td>林地</td><td>0</td></tr>
<tr><td>草地</td><td>0</td></tr>
<tr><td>建设用地</td><td>1.06</td></tr>
<tr><td colspan="2">风力侵蚀</td><td>65.14</td></tr>
<tr><td colspan="2">合计</td><td>66.2</td></tr>
<tr><td colspan="3">可完全治理的水土流失面积</td><td>3.4</td></tr>
<tr><td colspan="4">远期存在的水土流失面积</td><td>66.2</td></tr>
<tr><td colspan="4">远期土壤侵蚀强度轻度以下的国土面积上限</td><td>965.8</td></tr>
<tr><td colspan="4">水土保持率远期目标值</td><td>93.59%</td></tr>
</table>

4.17.9 东明县

(1) 水土流失现状

东明县水土流失类型主要为风力侵蚀，面积 59.56km²，占行政面积 4.35%，水土保持率现状值为 95.65%，水土流失主要分布于县域中部和南部。从侵蚀强度占比来看，全部为轻度侵蚀。

从水土流失的土地利用分布来看，水土流失全部来自耕地，占水土流失总面积的100%。

从水土流失的高程分布来看，东明县水土流失主要位于50～100m之间，占水土流失总面积的99.7%。

从不同坡度等级水土流失面积的分布来看，0°～5°，占水土流失总面积的68.39%；5°～8°，占水土流失总面积的23.81%；25°以上，占水土流失总面积的0.02%。

（2）水土保持率远期目标值及分阶段目标值

根据黄泛平原防沙农田防护区的研判规则和城市发展趋势，确定东明县2025年水土保持率目标值为95.67%，比现有水土保持率提升0.02%；水土保持率远期目标值为96.33%，比现有水土保持率提升0.68%。远期目标值各指标计算结果详见表4.17-10。

表4.17-10 东明县水土保持率远期目标值一览表

<table>
<tr><th colspan="4">指标</th><th>面积/km²</th></tr>
<tr><td colspan="4">国土总面积</td><td>1370</td></tr>
<tr><td colspan="4">现状水土流失面积(2020年)</td><td>59.56</td></tr>
<tr><td rowspan="10">远期水土流失状况分析(2050年)</td><td colspan="3">不需治理的水土流失面积</td><td>0</td></tr>
<tr><td colspan="3">应当治理的水土流失面积</td><td>59.56</td></tr>
<tr><td rowspan="7">不可完全治理的水土流失面积</td><td rowspan="5">水力侵蚀</td><td>耕地</td><td>0</td></tr>
<tr><td>园地</td><td>0</td></tr>
<tr><td>林地</td><td>0</td></tr>
<tr><td>草地</td><td>0</td></tr>
<tr><td>建设用地</td><td>0</td></tr>
<tr><td colspan="2">风力侵蚀</td><td>50.25</td></tr>
<tr><td colspan="2">合计</td><td>50.25</td></tr>
<tr><td colspan="3">可完全治理的水土流失面积</td><td>9.31</td></tr>
<tr><td colspan="4">远期存在的水土流失面积</td><td>50.25</td></tr>
<tr><td colspan="4">远期土壤侵蚀强度轻度以下的国土面积上限</td><td>1319.75</td></tr>
<tr><td colspan="4">水土保持率远期目标值</td><td>96.33%</td></tr>
</table>

附录

附录一　山东省各县(市、区)水土保持率远期目标值及分阶段目标值总表

山东省		土地总面积/km²	水土保持率目标值/%		
			2020 年	2025 年	2050 年
		158219	**84.97**	**86.77**	**93.25**
济南市	**济南市**	**10423**	**81.79**	**85.00**	**91.09**
	市中区	280	77.05	78.07	87.86
	历下区	101	77.09	78.86	87.13
	槐荫区	151	95.94	96.27	98.81
	天桥区	249	97.69	97.78	98.74
	历城区	1298	73.32	79.36	86.11
	长清区	1178	70.71	77.34	87.82
	章丘区	1855	78.53	83.39	88.85
	济阳区	1076	99.17	99.22	99.72
	莱芜区	1740	75.68	79.12	88.27
	钢城区	506	72.31	74.97	86.08
	平阴县	827	85.45	86.37	92.78
	商河县	1162	98.62	98.70	99.28
青岛市	**青岛市**	**11064**	**86.21**	**88.50**	**95.84**
	市南区	30	97.67	97.80	99.07
	市北区	63	96.73	96.94	99.48
	黄岛区	2096	77.94	82.93	93.37
	崂山区	396	90.36	90.55	93.01
	李沧区	99	92.57	93.04	94.72
	城阳区	532	83.95	84.58	94.29
	即墨区	1780	89.99	90.95	96.61
	胶州市	1324	90.58	91.48	97.34
	平度市	3176	89.90	91.33	96.72
	莱西市	1568	80.47	84.89	96.36
淄博市	**淄博市**	**5964**	**75.28**	**78.61**	**87.28**
	张店区	360	93.18	93.61	96.68
	淄川区	960	60.92	69.76	80.10
	博山区	698	60.80	66.34	77.49

续表

山东省		土地总面积/km²	水土保持率目标值/%		
			2020 年	2025 年	2050 年
		158219	**84.97**	**86.77**	**93.25**
淄博市	临淄区	664	87.26	88.19	95.47
	周村区	306	91.27	92.11	97.64
	桓台县	509	97.02	97.21	98.84
	高青县	831	97.97	98.10	99.25
	沂源县	1636	59.79	63.66	78.66
枣庄市	**枣庄市**	**4564**	**81.57**	**84.55**	**93.39**
	薛城区	508	90.05	90.68	94.08
	市中区	374	68.34	72.81	90.25
	峄城区	635	87.13	88.95	94.27
	台儿庄区	533	91.42	92.04	97.19
	山亭区	1019	59.65	68.78	86.02
	滕州市	1495	91.06	91.63	97.24
东营市	**东营市**	**8617**	**99.4**	**99.43**	**99.67**
	东营区	1187	99.25	99.30	99.88
	河口区	2267	99.50	99.53	99.86
	垦利区	2331	99.44	99.45	99.49
	利津县	1666	99.45	99.49	99.77
	广饶县	1166	99.24	99.26	99.33
烟台市	**烟台市**	**13654**	**68.55**	**71.80**	**87.41**
	莱山区	285	69.52	72.45	88.63
	芝罘区	179	91.99	92.27	93.31
	福山区	711	66.79	69.98	85.85
	牟平区	1375	58.55	62.53	82.99
	蓬莱区	1186	73.97	76.52	90.13
	龙口市	901	86.73	87.57	91.21
	莱阳市	1732	70.02	74.26	91.91
	莱州市	1928	75.42	77.78	91.42
	招远市	1432	72.45	76.34	90.79
	栖霞市	2016	63.43	66.95	82.09
	海阳市	1909	56.32	59.50	81.92

续表

山东省		土地总面积/km^2	水土保持率目标值/%		
			2020年	2025年	2050年
		158219	**84.97**	**86.77**	**93.25**
潍坊市	**潍坊市**	**16138**	**84.63**	**86.40**	**94.88**
	奎文区	163	97.74	97.88	98.99
	潍城区	270	94.59	94.93	99.10
	寒亭区	1301	99.22	99.27	99.66
	坊子区	895	94.14	94.52	99.36
	青州市	1569	73.15	76.94	85.81
	诸城市	2151	75.50	77.85	94.86
	寿光市	1990	98.82	98.90	99.46
	安丘市	1712	69.90	74.15	90.59
	高密市	1527	94.93	95.25	99.20
	昌邑市	1628	95.04	95.35	99.45
	临朐县	1831	65.04	69.20	85.93
	昌乐县	1101	89.61	90.61	97.50
济宁市	**济宁市**	**11191**	**91.04**	**92.14**	**96.79**
	任城区	889	99.19	99.24	99.72
	兖州区	648	98.87	98.94	99.21
	曲阜市	815	91.01	91.58	95.99
	邹城市	1616	74.36	77.98	91.74
	微山县	1738	97.96	98.09	98.71
	鱼台县	654	98.84	98.91	99.28
	金乡县	888	97.82	97.96	98.88
	嘉祥县	975	97.52	97.68	98.12
	汶上县	889	94.42	94.77	98.85
	泗水县	1118	68.76	73.18	89.94
	梁山县	961	98.39	98.49	99.27
泰安市	**泰安市**	**7762**	**81.13**	**83.75**	**93.38**
	泰山区	337	83.80	84.83	93.05
	岱岳区	1750	78.76	83.57	94.14
	新泰市	1934	72.36	76.27	90.64
	肥城市	1277	79.05	81.07	91.67
	宁阳县	1125	91.54	92.07	96.82
	东平县	1339	89.45	90.12	95.20

续表

山东省		土地总面积/km²	水土保持率目标值/%		
			2020 年	2025 年	2050 年
		158219	**84.97**	**86.77**	**93.25**
威海市	**威海市**	**5797**	**70.27**	**74.26**	**89.57**
	环翠区	991	73.14	76.93	88.10
	文登区	1615	66.46	70.45	89.18
	乳山市	1665	64.74	69.72	88.41
	荣成市	1526	78.48	81.52	92.20
日照市	**日照市**	**5359**	**72.74**	**76.93**	**90.31**
	东港区	1266	76.18	81.56	91.36
	岚山区	646	74.94	77.35	88.18
	五莲县	1497	65.15	70.07	88.29
	莒县	1950	75.59	79.04	91.89
临沂市	**临沂市**	**17192**	**74.37**	**76.50**	**89.98**
	兰山区	818	91.23	92.07	96.90
	罗庄区	642	90.79	91.46	97.34
	河东区	834	96.10	96.39	98.95
	沂南县	1719	74.94	77.11	88.03
	郯城县	1195	91.49	92.11	97.28
	沂水县	2414	66.42	69.33	86.71
	兰陵县	1724	78.50	80.56	89.02
	费县	1660	61.81	64.59	84.56
	平邑县	1823	59.77	62.70	86.30
	莒南县	1751	70.65	73.47	89.84
	蒙阴县	1602	68.54	71.27	87.11
	临沭县	1010	85.80	86.70	96.71
德州市	**德州市**	**10361**	**98.50**	**98.57**	**98.95**
	德城区	544	97.92	98.05	98.36
	陵城区	1213	98.88	98.95	99.29
	乐陵市	1173	99.14	99.15	99.18
	禹城市	992	99.40	99.44	99.53
	宁津县	833	98.66	98.67	98.78
	庆云县	502	99.02	99.08	99.63
	临邑县	1016	99.15	99.16	99.19
	齐河县	1411	98.31	98.32	98.35

续表

山东省		土地总面积/km²	水土保持率目标值/%		
			2020年	2025年	2050年
		158219	**84.97**	**86.77**	**93.25**
德州市	平原县	1047	98.78	98.86	99.08
	夏津县	882	96.21	96.45	98.24
	武城县	748	97.40	97.57	98.89
聊城市	**聊城市**	**8721**	**94.69**	**95.05**	**98.33**
	东昌府区	1443	99.28	99.33	99.72
	茌平区	1003	98.81	98.82	98.85
	临清市	950	97.76	97.90	99.19
	阳谷县	1066	96.11	96.35	99.35
	莘县	1420	83.81	84.99	96.61
	东阿县	729	91.51	92.05	96.37
	冠县	1161	93.49	93.90	97.12
	高唐县	949	98.92	98.99	99.24
滨州市	**滨州市**	**9156**	**98.05**	**98.10**	**98.51**
	滨城区	1041	99.11	99.17	99.41
	沾化区	2218	99.70	99.72	99.87
	邹平市	1250	90.73	90.78	91.59
	惠民县	1363	98.12	98.23	99.25
	阳信县	798	98.65	98.73	99.36
	无棣县	1586	99.55	99.58	99.74
	博兴县	900	99.61	99.62	99.68
菏泽市	**菏泽市**	**12256**	**97.09**	**97.12**	**97.35**
	牡丹区	1415	96.35	96.36	96.39
	定陶区	846	99.02	99.08	99.28
	曹县	1974	96.32	96.33	96.36
	单县	1670	98.15	98.16	98.19
	成武县	998	99.05	99.11	99.37
	巨野县	1308	98.06	98.19	98.94
	郓城县	1643	98.19	98.20	98.24
	鄄城县	1032	93.26	93.29	93.59
	东明县	1370	95.65	95.67	96.33

附录二　山东省各县(市、区)现阶段目标值及远期目标值总表

山东省		土地总面积/km²	2020年		2050年		可完全治理水土流失面积/km²	水土保持率提升值/%
			水土保持率/%	水土流失面积/km²	水土保持率/%	水土流失面积/km²		
济南市	**济南市**	**10423**	**81.79**	**1897.53**	**91.09**	**928.23**	**969.30**	**9.30**
	市中区	280	77.05	64.25	87.86	34.00	30.25	10.81
	历下区	101	77.09	23.14	87.13	13.00	10.14	10.04
	槐荫区	151	95.94	6.13	98.81	1.80	4.33	2.87
	天桥区	249	97.69	5.76	98.74	3.14	2.62	1.05
	历城区	1298	73.32	346.30	86.11	180.28	166.02	12.79
	长清区	1178	70.71	345.05	87.82	143.52	201.53	17.11
	章丘区	1855	78.53	398.30	88.85	206.83	191.47	10.32
	济阳区	1076	99.17	8.97	99.72	3.02	5.95	0.55
	莱芜区	1740	75.68	423.17	88.27	204.10	219.07	12.59
	钢城区	506	72.31	140.10	86.08	70.44	69.66	13.77
	平阴县	827	85.45	120.34	92.78	59.68	60.66	7.33
	商河县	1162	98.62	16.02	99.28	8.42	7.60	0.66
青岛市	**青岛市**	**11064**	**86.21**	**1525.88**	**95.84**	**459.81**	**1066.07**	**9.63**
	市南区	30	97.67	0.70	99.07	0.28	0.42	1.40
	市北区	63	96.73	2.06	99.48	0.33	1.73	2.75
	黄岛区	2096	77.94	462.46	93.37	139.02	323.44	15.43
	崂山区	396	90.36	38.19	93.01	27.70	10.49	2.65
	李沧区	99	92.57	7.36	94.72	5.23	2.13	2.15
	城阳区	532	83.95	85.38	94.29	30.40	54.98	10.34
	即墨区	1780	89.99	178.13	96.61	60.32	117.81	6.62
	胶州市	1324	90.58	124.72	97.34	35.27	89.45	6.76
	平度市	3176	89.90	320.67	96.72	104.26	216.41	6.82
	莱西市	1568	80.47	306.21	96.36	57.00	249.21	15.89
淄博市	**淄博市**	**5964**	**75.28**	**1474.53**	**87.28**	**758.70**	**715.83**	**12.00**
	张店区	360	93.18	24.56	96.68	11.94	12.62	3.50
	淄川区	960	60.92	375.19	80.10	191.02	184.17	19.18
	博山区	698	60.80	273.62	77.49	157.14	116.48	16.69

续表

山东省		土地总面积/km²	2020年		2050年		可完全治理水土流失面积/km²	水土保持率提升值/%
			水土保持率/%	水土流失面积/km²	水土保持率/%	水土流失面积/km²		
淄博市	临淄区	664	87.26	84.57	95.47	30.11	54.46	8.21
	周村区	306	91.27	26.72	97.64	7.22	19.50	6.37
	桓台县	509	97.02	15.18	98.84	5.92	9.26	1.82
	高青县	831	97.97	16.89	99.25	6.22	10.67	1.28
	沂源县	1636	59.79	657.80	78.66	349.13	308.67	18.87
枣庄市	**枣庄市**	**4564**	**81.57**	**841.26**	**93.39**	**301.63**	**539.63**	**11.82**
	薛城区	508	90.05	50.54	94.08	30.09	20.45	4.03
	市中区	374	68.34	118.42	90.25	36.47	81.95	21.91
	峄城区	635	87.13	81.74	94.27	36.39	45.35	7.14
	台儿庄区	533	91.42	45.74	97.19	14.97	30.77	5.77
	山亭区	1019	59.65	411.20	86.02	142.45	268.75	26.37
	滕州市	1495	91.06	133.62	97.24	41.26	92.36	6.18
东营市	**东营市**	**8617**	**99.40**	**51.32**	**99.67**	**28.23**	**23.09**	**0.27**
	东营区	1187	99.25	8.91	99.88	1.39	7.52	0.63
	河口区	2267	99.50	11.39	99.86	3.19	8.20	0.36
	垦利区	2331	99.44	13.08	99.49	12.00	1.08	0.05
	利津县	1666	99.45	9.11	99.77	3.79	5.32	0.32
	广饶县	1166	99.24	8.83	99.33	7.86	0.97	0.09
烟台市	**烟台市**	**13654**	**68.55**	**4294.23**	**87.41**	**1718.57**	**2575.66**	**18.86**
	莱山区	285	69.52	86.87	88.63	32.41	54.46	19.11
	芝罘区	179	91.99	14.33	93.31	11.97	2.36	1.32
	福山区	711	66.79	236.13	85.85	100.59	135.54	19.06
	牟平区	1375	58.55	569.97	82.99	233.87	336.10	24.44
	蓬莱区	1186	73.97	308.72	90.13	117.05	191.67	16.16
	龙口市	901	86.73	119.54	91.21	79.20	40.34	4.48
	莱阳市	1732	70.02	519.20	91.91	140.10	379.10	21.89
	莱州市	1928	75.42	473.98	91.42	165.35	308.63	16.00
	招远市	1432	72.45	394.51	90.79	131.91	262.60	18.34
	栖霞市	2016	63.43	737.21	82.09	361.03	376.18	18.66
	海阳市	1909	56.32	833.77	81.92	345.09	488.68	25.60
潍坊市	**潍坊市**	**16138**	**84.63**	**2480.73**	**94.88**	**825.58**	**1655.15**	**10.25**
	奎文区	163	97.74	3.68	98.99	1.64	2.04	1.25

续表

山东省		土地总面积/km²	2020年		2050年		可完全治理水土流失面积/km²	水土保持率提升值/%
			水土保持率/%	水土流失面积/km²	水土保持率/%	水土流失面积/km²		
潍坊市	潍城区	270	94.59	14.62	99.10	2.43	12.19	4.51
潍坊市	寒亭区	1301	99.22	10.19	99.66	4.46	5.73	0.44
潍坊市	坊子区	895	94.14	52.41	99.36	5.73	46.68	5.22
潍坊市	青州市	1569	73.15	421.3	85.81	222.58	198.72	12.66
潍坊市	诸城市	2151	75.50	527.00	94.86	110.62	416.38	19.36
潍坊市	寿光市	1990	98.82	23.46	99.46	10.73	12.73	0.64
潍坊市	安丘市	1712	69.90	515.33	90.59	161.12	354.21	20.69
潍坊市	高密市	1527	94.93	77.47	99.20	12.18	65.29	4.27
潍坊市	昌邑市	1628	95.04	80.74	99.45	8.96	71.78	4.41
潍坊市	临朐县	1831	65.04	640.12	85.93	257.6	382.52	20.89
潍坊市	昌乐县	1101	89.61	114.41	97.50	27.53	86.88	7.89
济宁市	**济宁市**	**11191**	**91.04**	**1002.87**	**96.79**	**358.75**	**644.12**	**5.75**
济宁市	任城区	889	99.19	7.18	99.72	2.45	4.73	0.53
济宁市	兖州区	648	98.87	7.30	99.21	5.11	2.19	0.34
济宁市	曲阜市	815	91.01	73.23	95.99	32.69	40.54	4.98
济宁市	邹城市	1616	74.36	414.36	91.74	133.45	280.91	17.38
济宁市	微山县	1738	97.96	35.38	98.71	22.36	13.02	0.75
济宁市	鱼台县	654	98.84	7.59	99.28	4.69	2.90	0.44
济宁市	金乡县	888	97.82	19.32	98.88	9.96	9.36	1.06
济宁市	嘉祥县	975	97.52	24.19	98.12	18.37	5.82	0.60
济宁市	汶上县	889	94.42	49.63	98.85	10.26	39.37	4.43
济宁市	泗水县	1118	68.76	349.22	89.94	112.43	236.79	21.18
济宁市	梁山县	961	98.39	15.47	99.27	6.98	8.49	0.88
泰安市	**泰安市**	**7762**	**81.13**	**1464.70**	**93.38**	**513.56**	**951.14**	**12.25**
泰安市	泰山区	337	83.80	54.58	93.05	23.41	31.17	9.25
泰安市	岱岳区	1750	78.76	371.70	94.14	102.63	269.07	15.38
泰安市	新泰市	1934	72.36	534.52	90.64	181.07	353.45	18.28
泰安市	肥城市	1277	79.05	267.49	91.67	106.41	161.08	12.62
泰安市	宁阳县	1125	91.54	95.21	96.82	35.74	59.47	5.28
泰安市	东平县	1339	89.45	141.20	95.20	64.30	76.90	5.75
威海市	**威海市**	**5797**	**70.27**	**1723.22**	**89.57**	**604.65**	**1118.57**	**19.30**
威海市	环翠区	991	73.14	266.20	88.10	117.89	148.31	14.96

续表

山东省		土地总面积/km²	2020年		2050年		可完全治理水土流失面积/km²	水土保持率提升值/%
			水土保持率/%	水土流失面积/km²	水土保持率/%	水土流失面积/km²		
威海市	文登区	1615	66.46	541.63	89.18	174.73	366.90	22.72
	乳山市	1665	64.74	587.04	88.41	192.98	394.06	23.67
	荣成市	1526	78.48	328.35	92.20	119.05	209.30	13.72
日照市	**日照市**	**5359**	**72.74**	**1461.13**	**90.31**	**519.30**	**941.83**	**17.57**
	东港区	1266	76.18	301.62	91.36	109.44	192.18	15.18
	岚山区	646	74.94	161.89	88.18	76.37	85.52	13.24
	五莲县	1497	65.15	521.67	88.29	175.25	346.42	23.14
	莒县	1950	75.59	475.95	91.89	158.24	317.71	16.30
临沂市	**临沂市**	**17192**	**74.37**	**4406.11**	**89.98**	**1723.31**	**2682.80**	**15.61**
	兰山区	818	91.23	71.76	96.90	25.38	46.38	5.67
	罗庄区	642	90.79	59.13	97.34	17.09	42.04	6.55
	河东区	834	96.10	32.51	98.95	8.75	23.76	2.85
	沂南县	1719	74.94	430.83	88.03	205.80	225.03	13.09
	郯城县	1195	91.49	101.74	97.28	32.53	69.21	5.79
	沂水县	2414	66.42	810.72	86.71	320.88	489.84	20.29
	兰陵县	1724	78.50	370.70	89.02	189.27	181.43	10.52
	费县	1660	61.81	633.97	84.56	256.23	377.74	22.75
	平邑县	1823	59.77	733.37	86.30	249.73	483.64	26.53
	莒南县	1751	70.65	513.9	89.84	177.90	336.00	19.19
	蒙阴县	1602	68.54	504.01	87.11	206.53	297.48	18.57
	临沭县	1010	85.80	143.47	96.71	33.22	110.25	10.91
德州市	**德州市**	**10361**	**98.50**	**155.06**	**98.95**	**108.89**	**46.17**	**0.45**
	德城区	544	97.92	11.34	98.36	8.91	2.43	0.44
	陵城区	1213	98.88	13.56	99.29	8.65	4.91	0.41
	乐陵市	1173	99.14	10.09	99.18	9.60	0.49	0.04
	禹城市	992	99.40	5.93	99.53	4.63	1.30	0.13
	宁津县	833	98.66	11.15	98.78	10.15	1.00	0.12
	庆云县	502	99.02	4.92	99.63	1.86	3.06	0.61
	临邑县	1016	99.15	8.63	99.19	8.21	0.42	0.04
	齐河县	1411	98.31	23.85	98.35	23.33	0.52	0.04
	平原县	1047	98.78	12.77	99.08	9.66	3.11	0.30
	夏津县	882	96.21	33.39	98.24	15.55	17.84	2.03
	武城县	748	97.40	19.43	98.89	8.34	11.09	1.49

续表

山东省		土地总面积/km²	2020年		2050年		可完全治理水土流失面积/km²	水土保持率提升值/%
			水土保持率/%	水土流失面积/km²	水土保持率/%	水土流失面积/km²		
聊城市	**聊城市**	**8721**	**94.69**	**462.68**	**98.33**	**145.45**	**317.23**	**3.64**
	东昌府区	1443	99.28	10.39	99.72	4.09	6.30	0.44
	茌平区	1003	98.81	11.97	98.85	11.55	0.42	0.04
	临清市	950	97.76	21.31	99.19	7.73	13.58	1.43
	阳谷县	1066	96.11	41.49	99.35	6.88	34.61	3.24
	莘县	1420	83.81	229.83	96.61	48.18	181.65	12.80
	东阿县	729	91.51	61.91	96.37	26.43	35.48	4.86
	冠县	1161	93.49	75.57	97.12	33.40	42.17	3.63
	高唐县	949	98.92	10.21	99.24	7.19	3.02	0.32
滨州市	**滨州市**	**9156**	**98.05**	**178.84**	**98.51**	**136.66**	**42.18**	**0.46**
	滨城区	1041	99.11	9.22	99.41	6.18	3.04	0.30
	沾化区	2218	99.70	6.63	99.87	2.94	3.69	0.17
	邹平市	1250	90.73	115.86	91.59	105.16	10.70	0.86
	惠民县	1363	98.12	25.69	99.25	10.23	15.46	1.13
	阳信县	798	98.65	10.79	99.36	5.13	5.66	0.71
	无棣县	1586	99.55	7.15	99.74	4.14	3.01	0.19
	博兴县	900	99.61	3.50	99.68	2.88	0.62	0.07
菏泽市	**菏泽市**	**12256**	**97.09**	**357.16**	**97.35**	**324.92**	**32.24**	**0.26**
	牡丹区	1415	96.35	51.63	96.39	51.15	0.48	0.04
	定陶区	846	99.02	8.28	99.28	6.05	2.23	0.26
	曹县	1974	96.32	72.65	96.36	71.88	0.77	0.04
	单县	1670	98.15	30.88	98.19	30.28	0.60	0.04
	成武县	998	99.05	9.44	99.37	6.27	3.17	0.32
	巨野县	1308	98.06	25.34	98.94	13.85	11.49	0.88
	郓城县	1643	98.19	29.78	98.24	28.99	0.79	0.05
	鄄城县	1032	93.26	69.60	93.59	66.20	3.40	0.33
	东明县	1370	95.65	59.56	96.33	50.25	9.31	0.68

主 要 参 考 文 献

[1] 秦书生．习近平关于建设美丽中国的理论阐释与实践要求［J］．党的文献，2018（05）：28-35.

[2] 国家发展改革委．国家发展改革委关于印发《美中国建设评估指标体系及实施方案》的通知：发改环境〔2020〕296号［A/OL］．［2021-03-01］．

[3] 薄朝勇．科学做好水土保持率目标确定和应用［J］．中国水土保持，2021（3）：1-3.